U0303031

国家自然科学基金重大项目（41590840）

特大城市群地区城镇化与生态环境耦合机理及胁迫效应系列成果

特大城市群地区城镇化与生态环境交互胁迫的病理分析及风险预估（41590843）

城市群地区城镇化与生态环境交互胁迫的病理分析与风险预估

李双成　陈彦光　孙然好　等　著

科学出版社

北　京

内 容 简 介

"城市病"由城市社会-生态系统结构与功能失调引起，全面认识系统间复杂的耦合互动关系，才能对"城市病"机理进行科学诊断。本书以京津冀特大城市群为案例区，围绕"城镇化与生态环境交互胁迫分析—病理诊断—风险预估"这一主线开展研究。在梳理和评述"城市病"国内外研究成果的基础上，构建了适合研究区的"城市病"评价指标体系，使用分形理论、机器学习技术、生态热力学途径、改进的生态足迹模型和景观生态学方法等诊断和评价了研究区的"城市病"程度。通过设定不同的人口和土地利用情景，预估了不同情景下2025年京津冀城市群可持续发展态势及2050年京津冀城市群生态风险的空间格局。

本书提供了一套诊断和评价城市群"城市病"的技术和方法，可供各级城市规划与管理、自然资源与生态环境管理等部门人员参考，也可以作为高等教育院校、科研机构相关专业的研究生教材和科研人员参考用书。

审图号：GS 京(2022)0695 号

图书在版编目（CIP）数据

城市群地区城镇化与生态环境交互胁迫的病理分析与风险预估 / 李双成等著. —北京：科学出版社，2022.9
ISBN 978-7-03-072356-7

Ⅰ. ①城⋯ Ⅱ. ①李⋯ Ⅲ. ①城市群-区域生态环境-研究-华北地区 Ⅳ. ①X321.272

中国版本图书馆 CIP 数据核字（2022）第 086253 号

责任编辑：石 珺 李嘉佳 / 责任校对：郝甜甜
责任印制：赵 博 / 封面设计：蓝正设计

科学出版社 出版
北京东黄城根北街 16 号
邮政编码：100717
http://www.sciencep.com
北京建宏印刷有限公司印刷
科学出版社发行 各地新华书店经销

*

2022 年 9 月第 一 版 开本：787×1092 1/16
2024 年 4 月第二次印刷 印张：20 1/4
字数：483 000

定价：208.00 元
（如有印装质量问题，我社负责调换）

前　言

　　城市群地区是国家经济发展的战略核心区和国家新型城镇化的主体区，是当前和今后中国经济发展最具活力和潜力的地区，肩负着世界经济重心转移承载地的历史重任，但其在发展过程中呈现出人口和产业高度集聚、城镇范围快速扩张、环境污染风险居高不下、资源基础受到耗损等"病态"指征，对中国社会经济的发展产生了严重的滞阻效应。

　　"城市病"由城市社会、经济、生态、环境和资源等各系统结构与功能失调引起，突出表征为环境污染、水资源短缺、能源紧张、人口膨胀、交通拥挤、土地紧张等问题。如何协调特大城市群地区城镇化与生态环境的关系问题是特大城市群地区可持续发展亟待解决的难点问题，也是目前学术界和政府部门普遍关注的热点问题。在《国家新型城镇化规划(2014—2020 年)》《京津冀发展报告(2013)：承载力测度与对策》蓝皮书等均指出城镇化与生态环境和资源问题。国务院 2006 年发布的《国家中长期科学和技术发展规划纲要(2006—2020 年)》把"城镇化与城市发展"作为 11 个重点领域之一。在其优先主题中，明确提出"重点研究开发城镇区域规划与人口、资源、环境、经济发展互动模拟预测和动态监测等技术"。在党的十九大报告中指出要以城市群为主体构建大中小城市和小城镇协调发展的城镇格局，建设美丽中国。《中华人民共和国国民经济和社会发展第十四个五年规划和 2035 年远景目标纲要》指出要立足资源环境承载能力，促进各类要素合理流动和高效集聚，优化提升中国各大城市群的区域经济布局，推动区域协调发展。

　　要治愈"城市病"，需要科学评价和诊断。综合分析已有的研究成果，"城市病"的评价途径可以划分为两类：一是建立指标体系，应用不同的数学模型，得到城市健康状况的数值；二是将城市系统视为一个生命机体，应用生态热力学指标测度其代谢和健康状况。然而，在研究中仍然存在一些问题，包括城镇化与资源、生态环境交互关系研究不平衡；在城镇化与生态环境交互关系研究中的统计性评价多，耦合机理分析较少；研究尺度比较单一，多集中在城市尺度的城市内部各种组分和要素的状态特征和物质能量流动，鲜有以城市为基本尺度的向上和向下多个尺度的分析，尤其缺乏在城市群尺度上城市之间物质、能量和信息等方面相互流动的研究；在城市问题的研究上学科交叉不够，对"城市病"的机理认识不够全面和系统；在研究理念上，将城市作为静态机械系统研究居多，作为有机体研究偏少。总而言之，目前相关研究对中国快速城镇化中出现的"城市病"还不够系统和深入，对于单一病症和表象研究较多，难以支撑制定有效的治理对策。

　　鉴于此，本书从城镇化与生态环境的交互胁迫和耦合关系分析入手，以包含大中小不同尺度的城市群为研究区，基于城市生命有机体理念，将城市群视为具有演进周期的多层级生命体系，紧紧围绕"城镇化与生态环境交互胁迫分析—病理诊断—风险预估"这一研究主线，综合最新的分形理论、机器学习、生态热力学途径、景观生态学等，从多学科综合集成视角分析城镇化与生态环境交互胁迫的病理关系与风险效应，旨在揭示"城市病"内在机理，为解决"城市病"提供科学依据和技术手段。具体研究内容包括：

首先，选择与城镇化关系密切的水资源、土地资源、能源、碳排放和大气污染进行互馈关系研究。以京津冀城市群为研究区，采用耦合模型、空间面板数据模型、地理加权回归模型、人工神经网络、系统综合分析模型等，建立了城镇化与水资源、植被生长、空气污染、热岛效应等要素耦合关系模型，定量表达城镇化与资源环境的综合耦合度、胁迫度和协调度，阐明相互耦合的内在机理，明晰相互增益或阻尼关系。

其次，综合应用多种技术和方法分析与诊断城市或城市群病理程度。将城市或城市群视为一个具有生命特征的系统，多途径构建了"城市病"诊断评价指标体系，基于遥感影像、LBS大数据和人工神经网络模型，识别了京津冀13个地市"城市病"空间格局和病理程度；基于能值、㶲值、三维生态足迹、深度学习、分形理论等方法，结合交互胁迫的耦合度指标，来综合诊断"城市病"的类型、程度和病理机制，并总结了一套适用性强的"城市病"诊断技术体系。

最后，构建城镇化与生态环境交互胁迫病理风险预估系统。以京津冀城市群地区为例，基于最小阻力模型，评价和预估了京津冀城市群地区水资源胁迫和水环境污染风险；揭示了京津冀地区面源污染风险等级的空间差异特征；构建了风险评估模型；探讨了不同土地利用情景下2050年京津冀地区国土空间风险格局。

本书是国家自然科学基金重大项目"特大城市群地区城镇化与生态环境耦合机理及胁迫效应"第三课题"特大城市群地区城镇化与生态环境交互胁迫的病理分析与风险预估(41590843)"的总结性成果，可为京津冀协同发展战略以及中国其他地区城市群"城市病"的诊断与评价提供强有力的科学支撑；有助于提升自然和社会经济系统的集成分析水平，进而推动地理综合研究进程；可为地理学的核心命题——人地关系研究提供重要的实践案例。

全书的撰写分工如下：第一章，李双成、李德龙；第二章，李德龙、刘来保、韦飞黎、王铮；第三章，谢爱丽、孙福月、王玥瑶、吴舒尧；第四章，吴舒尧、李双成、刘来保、申嘉澍；第五章，陈彦光；第六章，梁泽、李双成、刘来保、张亚彤；第七章，李双成、黄姣、谢爱丽、尹燕平；第八章，王晓玥、李双成、马冰莹、申嘉澍；第九章，侯文宇、梁泽、韦飞黎、王欢；第十章，孙然好；第十一章，李德龙、韦飞黎。刘迎陆、张雅娟、梁琛瑜、丁家祺、张莉金等参与了个别章节的初稿和专栏撰写工作。全书由李双成撰写大纲，李双成和韦飞黎负责统稿和定稿。

限于作者的学术水平，本书可能存在疏漏和不足，真诚欢迎修正意见和建议，使其至臻完善。

李双成

2022 年 5 月 4 日于燕园

目　　录

第一章 绪 论

第一节 研究背景和意义

城市是人类社会发展的产物,是人口、产业、与生产和生活相关的资源、服务及产品要素高度集聚的区域。这些有形或无形的要素过度聚集,超出城市自身的资源环境和社会经济承载范围,加之缺乏有效的管理和治理措施,就会导致"城市病"的发生。"城市病"是城市问题的形象描述,意即城市生态系统的结构、功能等出现了问题,城市功能无法正常发挥,城市的社会经济发展出现了阻碍因素,表征为城市中的大气污染、垃圾污染、噪声污染、水污染与水资源短缺、能源紧张、人口膨胀、交通拥堵、住宅短缺、土地紧张等问题(Duan,2001;郁亚娟等,2008;朱颖慧,2011;倪鹏飞,2011)。

"城市病"由城市的社会、经济、生态环境等各个层面的不协调发展引起,各层面之间具有相互影响和相互作用的内在联系(黄国和等,2006;赵弘,2014)。"城市病"是城镇化发展到一定阶段的产物。城镇化为人类社会带来了经济的繁荣和文明的进步,但作为一种强烈的人类地表活动过程,也对资源环境产生剧烈影响。根据联合国环境规划署的统计(UNEP,2012),城市地区消耗了全球 75%的自然资源,并排放了全球 60%~80%的温室气体。根据研究表明,全球居住在城市地区的人口比例从 2014 年的 54%上升到 2020 年的 66%(UNDESA,2014),这将进一步加重资源环境的负担。近年来,城镇化发展与资源、生态环境的矛盾开始激化,特别是在一些发展中国家的快速城镇化地区,人口膨胀、交通拥堵、资源枯竭、雾霾肆虐、垃圾围城、城市热岛和噪声污染等"城市病"突显,资源环境问题已经对城镇化进程产生负面影响(李双成等,2009;Bechle et al.,2011;Rao and Rao,2012;Yin et al.,2015;Beninde et al.,2015;Zardo et al.,2017)。此外,生活在城市的人可能会面临更大的健康压力,如肥胖、抑郁和心血管疾病(Post et al.,1998;Sunyer,2001;Gupta et al.,2015)。

新中国成立以来,中国的城镇化过程虽经历起伏,但总体保持快速上升态势,尤其在改革开放以来更是进入了高速发展的阶段(图 1-1)。根据《国家新型城镇化规划(2014—2020 年)》,1978~2013 年我国城镇常住人口从 1.7 亿人增加到7.3 亿人,城镇化率从 17.9%提升到 53.7%,年均提高 1.02%。城市数量从 193 个增加到 658 个,建制镇数量从 2173 个增加到 20113 个。2017 年中国城镇化率为

58.52%，户籍人口城镇化率为 42.35%，预计到 2020 年城镇化率将超过 60%，户籍人口城镇化率达到 45%。截至 2015 年末，中国共有 276 个地级以上城市（图 1-2），其中直辖市 4 个，副省级城市 15 个。地级以上城市总建成区面积达 40941 km²，建设用地面积达 38488 km²，其中居住用地面积 11542 km²；辖区总户籍人口达到 44638.53 万人，平均人口密度为 608.58 人/km²；2015 年市辖区总 GDP 为 42.83 万亿元，占全国 GDP 的 62.15%。由此可见，不论是人口集聚还是经济产出，地级以上城市都在中国社会经济发展中占据重要地位。高速的城镇化发展促进了人类社会中经济的繁荣和文明的进步，同时也带来了资源短缺、环境污染和生态退化等资源与生态环境问题（李双成等，2009）。"城市病"则是在城市化进程中城市经济社会和生态环境发展严重失调的具体表现（王晓玥和李双成，2017）。近年来，城镇化与生态环境的矛盾更加突出，"城市病"的恶化对人类的健康和社会的发展带来极大的威胁。

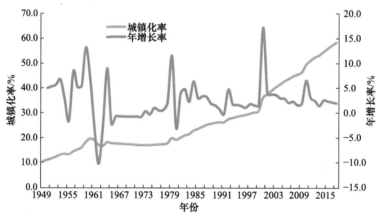

图 1-1　中国 1949～2017 年城镇化过程

　　城市群是指在特定地域范围内，以一个或几个特大城市为核心，由若干个大中城市相互联系相互依存构成的集合体（姚士谋等，2006；方创琳等，2010；顾朝林，2011）。城市群具有基础设施互联互通、空间组织紧凑、经济联系紧密和同城化程度高等特点。《中华人民共和国国民经济和社会发展第十三个五年规划纲要》明确提出加快城市群建设，并规划了 19 个城市群的空间布局（图 1-3）。截至 2018 年 3 月，国务院已先后批复了 9 个国家级城市群，包括长江三角洲（简称长三角）城市群、中原城市群、长江中游城市群、成渝城市群、哈长城市群、北部湾城市群、关中平原城市群、呼包鄂榆城市群和兰西城市群。珠江三角洲（简称珠三角）城市群、京津冀城市群、辽中南城市群、山东半岛城市群和海峡西岸城市群等未批复的城市群也都在不同程度上起着引领区域发展的重要作用。城市群在国家社会经济发展中的地位日渐突出。2016 年，京津冀、长三角、珠三角、长

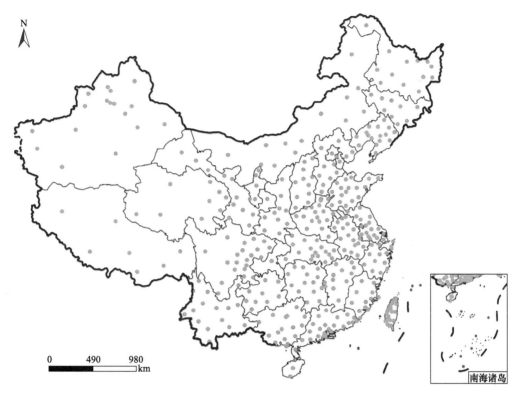

图 1-2 中国地级以上城市空间分布

江中游以及成渝五大城市群，以 11% 的国土面积集聚了全国 40% 的人口数量，产出了全国 55% 的 GDP。与单个城市相比，城市群中人口、产业和生产生活要素的聚集发生在更大尺度上，规模和通量比单个城市更大。同时，由于城市群内部的异质性和城市间的相互作用，城市群尺度上的城市问题的形成机制更加复杂、表象更加多样化，给治理带来很大困难。特大城市群是国家经济发展的战略核心区和国家新型城镇化的主体区，针对城市和城市群的"城市病"持续恶化的状况，我国在"十二五"规划、"十三五"规划中明确提出，城镇发展要"预防和治理城市病"，并通过转变城市发展方式等形式来加大"城市病"的防治力度，不断提升城市环境质量、居民生活质量和城市竞争力。

中国快速的城镇经济发展与人口集聚给区域资源环境造成了巨大压力。据统计，中国城镇化率每上升 1%，资源消耗量和污染物排放量均有不同程度的增加（蒋洪强等，2013）。其中，能源消耗增加 4940 万 tce，城镇居民生活用水量增加约 11.6 亿 m^3，钢材消耗增加 645 万 t，水泥消耗增加约 2190 万 t。在环境效应方面，城镇生活污水排放量增加约 11 亿 t，生活化学需氧量（chemical oxygen demand, COD）排放量增加约 3 万 t，生活氨氮排放量增加约 1 万 t，生活氮氧化物排放量增加约 19.5 万 t，城镇生活 CO_2 排放量增加 2525 万 t，城镇生活垃圾增加 527 万 t（蒋洪强等，2013）。在投资方面，城镇化率每提高1%，工业污染治理投资额将提高1.35%（熊升银，2017）。城镇化过程不仅对资源环境造成巨大压力，产生胁迫作用，反过来，资源耗竭与生态环境恶化也对中国的城镇化进程形成了约束，但整体上，约束效应要小于胁迫效应（李红祥等，2016）。

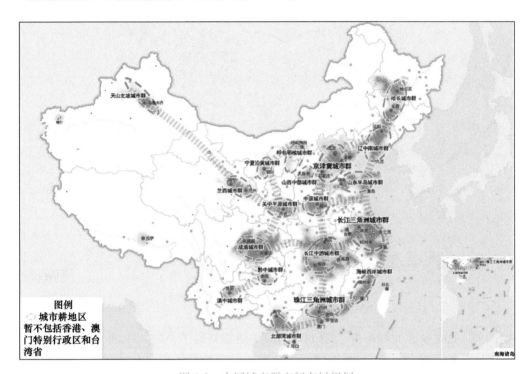

图 1-3　中国城市群空间布局规划

资料来源：《中华人民共和国国民经济和社会发展第十三个五年规划纲要》

在城市和城市群尺度上，资源环境的支撑能力与城镇化发展不协调的矛盾日渐突出。《国家新型城镇化规划（2014—2020年）》指出，"一些城市空间无序开发、人口过度集聚，重经济发展、轻环境保护，重城市建设、轻管理服务，交通拥堵问题严重，公共安全事件频发，城市污水和垃圾处理能力不足，大气、水、土壤等环境污染加剧，城市管理运行效率不高，公共服务供给能力不足，城中村和城乡接合部等外来人口集聚区人居环境较差。"特别是在特大城市群地区，"城市病"已经成为区域可持续发展的主要限制因子。例如，京津冀特大城市群地区正处于以雾霾为主的空气污染、水资源短缺、交通拥堵等"城市病"严重恶化的时期。2017年，全国空气质量最差的10个城市中，位于京津冀地区的就占6个，分别为石家庄、邯郸、邢台、保定、唐山和衡水。其余4个城市，即太原、西安、郑州和济南，也位于京津冀城市群的邻近区域，反映出这一地区严重的大气环境问题。

"城市病"带来的负面效应巨大。基于2005～2011年中国285个地级市的面板数据，围绕"城市病"对城市经济效率的影响研究（孙久文等，2015）表明，中国城市产业集聚虽然能够带动城市经济效率的提升，但以人口膨胀、交通拥堵、环境污染为主的"城市病"成为制约城市经济效率提高的重要因素。从城市规模等级来看，虽然中小城市能从集聚经济中获得较大收益，但是大城市集聚经济对城市经济效率的带动作用有限，且大城市"城市病"带来的损失程度高于中小城市。针对在城市和城市群尺度上日益严重的"城市病"状况，《中华人民共和国国民经济和社会发展第十三个五年规划纲要》明确提出，通过转变城市发展方式，提高城市治理能力，加大"城市病"防治力度，不断提升城市环境质量、居民生活质量和城市竞争力，努力打造和谐宜居、各具特色的城市。

对城市生命体特征的辨识、健康诊断及综合评价对于认清"城市病"产生的根本原因和提出有效的治理策略有重要价值（黄国和等，2006；赵弘，2014）。为了诊断和评价"城市病"，学者们提出了一系列的评价方法和指标体系，并完成了许多案例分析。已有的"城市病"评价途径可以划分为两类，一是建立指标体系，再应用不同的数学算法，获取城市健康状况的数值（郭秀锐等，2002；胡廷兰等，2005；苏美蓉等，2006；石忆邵，2014；李天健，2014）；二是将城市视为一个生命机体，应用生态热力学指标测度其代谢和健康状况（姜昧茗，2007；刘耕源等，2008；李恒等，2011）。

本书在已有文献的基础上，系统梳理了城市病诊断和评价的技术方法，并应用于京津冀特大城市群的诊断实践。除上述两类经典的城市病评价途径外，本书还发展了城市病诊断与评价的机器学习技术途径和以生态足迹模型为主要手段的系统统计学途径。城市是人类活动改变下垫面过程的典型区域，地理学中的综合研究方法论对城市问题的剖析具有重要指导作用。全面准确地诊断和评价"城市病"，可以丰富"人地关系"及其地域系统的研究案例，并提供解决"城市病"的思路和方案，具有重要的理论和实践意义。

第二节 研究思路和关键科学问题

本书以京津冀特大城市群为案例区，在梳理和评述"城市病"国内外研究成果的基础上，构建了适合研究区的"城市病"评价指标体系，使用机器学习技术方法、生态热力学途径和生态足迹模型诊断评价了研究区的"城市病"水平。在此基础上，改进了生态足迹模型算法，基于三维生态足迹理论构建了"可持续-效率-公平"多维度的可持续发展评价框架和指标体系，对京津冀城市群可持续发展状况进行了动态评价，通过设定不同的人口、消费和土地利用情景，探究了各情景下2025年京津冀城市群及各城市可持续发展状况并进行了权衡分析，以期为京津冀协同发展提供决策依据和参考。

本书拟解决的关键科学问题包括：

（1）如何选择能够反映京津冀特大城市群"城市病"的现状和成因的评价指标？

（2）怎样选择客观性强的评价模型，以降低评价结果的主观性？

（3）如何判断京津冀城市群在未来的发展是否可持续？

期望达到以下目标：

（1）明晰京津冀特大城市群"城市病"的程度、区内差异及变化趋势；

（2）诊断京津冀特大城市群"城市病"的致病因素；

（3）提供一套诊断和评价京津冀特大城市群"城市病"的典型技术方法。

第二章 "城市病"研究国内外进展

第一节 "城市病"概念及其症状

一、城市集聚体、城市群和城镇体系的关系

在国内城市地理学界和规划界，城镇体系、城市集聚体和城市群这三个基本概念在认知方面非常混乱。这不仅导致国内城市地理学界学术交流的障碍，甚至导致国际学术交流的误会。借助词义考证和逻辑推理等方法，分析上述三个概念的联系和区别。研究表明，城市集聚体（urban agglomeration）目前主要指代景观意义上的城市，在概念范畴中属于城内地理学（intra-urban geography），在分形城市研究中应用较多；城市群在理论上是某类城镇体系的俗名，在经验上则是城镇体系的俗称，在概念范畴中属于城际地理学（inter-urban geography）（表 2-1）。城市群的英文译名是 system of cities（城镇体系），而不是 urban agglomeration（城市集聚体）。城市群概念产生的根源在于国内城镇体系定义的失度——人们误以为一个区域的城镇集合不能简单地视为城镇体系，只好叫作城市群。

本书建议，判断城镇体系的简易定量方法是位序-规模分布和异速标度分析：一个区域的一群城市，如果服从位序-规模分布法则和异速标度律，就可以称为城镇体系。

表 2-1 常用的城市基本概念的比较

范畴	概念	定义	说明
城际地理学	城市（镇）体系（urban system, system of cities, system of cities and towns）	在一个特定区域中由城镇构成的相互依存的聚落群体	一个区域内的城市网络
	城市群	一定地域内城市分布较为密集的地区	一个区域内联系比城市体系或者城镇体系松散的城市集合
城内地理学	主城区（city proper, CP）	一个城市区域内建城连片的地方，不包括郊区	行政意义的城市
	城市化地区（urbanized area, UA）	以每平方千米 400 人为等值线确定的城区范围	形态意义的城市
	都市区（metropolitan area, MA）	基于城市影响如通勤联系，根据一定统计标准定义的城区范围	功能意义的城市
	城市集聚体（urban agglomeration, UA）	由主城区和周围毗邻的已建区域构成的城市地域概念	景观意义的城市，其范围与 UA 大体相当，有时包括卫星城

二、"城市病"定义

目前，尽管学术界已存在一些有关"城市病"内涵的描述，但仍然缺乏一个被普遍接受的权威定义。从广义上讲，凡是城镇化过程中出现在城市或城市群地区的负面效应均可称为"城市病"（覃剑，2012；焦晓云，2015）。这些负面效应包括人口向城市的无序流动集聚、严重的交通拥堵、能源和水土资源的短缺、严峻的社会公共安全形势、生态和环境危机的高度胁迫和城市贫困现象的加剧等。究其原因，是城市系统结构与功能存在缺陷从而对社会经济产生负面影响（周加来，2004；杨保军和陈鹏，2012）。陆铭（2013）认为，"城市病"是城市化发展到一定阶段的产物，即城市人口集聚程度超过了工业化和城市社会经济发展水平的支撑能力，从而引发的一系列社会经济问题，是工业化、城市化交织背景下城市系统发展失衡所出现的病症。叶艳（2013）则从供需角度对"城市病"进行了界定，认为"城市病"是在城市化和工业化进程中，城市基础建设等供给没有及时跟上城市化的步伐，不能满足城市居民生产和生活需求而产生的种种社会、经济和心理等病态社会症状的总称。段小梅（2001）从系统动态角度对"城市病"进行了阐述，认为除了交通拥堵、住房紧张、供水不足、能源短缺、环境污染和秩序混乱外，城市系统的物质流、能量流的输入和输出失去平衡也是"城市病"的重要指征。从自组织理论视角看，城市或城市群系统的自组织和容错能力超出阈值，从而导致种种失衡和失序问题，产生各种"城市病"（齐心，2015）。从区域经济学角度看，"城市病"是指人口及相关生产要素向城市过度集聚而产生的一系列社会管理和公共服务方面的问题（吴建忠和詹圣泽，2018）。

基于上述不同学科领域关于"城市病"的定义，可以总结出，"城市病"是城镇化发展过程中在城市或城市群地区出现的有损人民生产、生活的各种"病态"现象和后果。

三、"城市病"症状

"城市病"是社会发展过程的产物。不同区域发展阶段不同，资源环境基础有所差异，因而"城市病"的症状和表现形式就会有异质性。梳理和分析各种"城市病"的症状和表现形式有助于进行病理诊断和评估其严重程度。

基于对中国城市问题的研究，吕政等（2005）发现各个城市都不同程度上存在诸如交通拥堵、住房资源紧张、环境污染、水资源短缺、社区服务及管理不够完善等"城市病"。郁亚娟等（2008）从生态、环境、资源、能源、交通、基础设施、人口、经济、管理政策和技术手段等方面对"城市病"的症状进行了诊断分析。在分析中国城市发展面临的新挑战时，朱颖慧（2011）将人口无序集聚、能源资源紧张、生态环境恶化、交通拥堵严重、房价居高不下及安全形势严峻列为主要的城市危机。倪鹏飞（2011）在中国城市竞争力报告中将"城市病"的症状归纳为环境污染、交通拥堵、住房紧张、健康危害、城市灾害及安全弱化等类别。李天健（2014）在评价北京市的"城市病"时，将其主要症状概括为：自然资源短缺、生态环境污染、城市交通拥堵、居民生活困难、公共资源紧张及公共安全弱化。张喜玲（2015）则从生态破坏和环境恶化、社会矛盾增加、经济发展失衡、资源短缺和浪费、空间拥挤和身心疾病等方面总结了各类"城市病"发生的主要原因，并对其结构化进行了归类。

通过分析已有研究可以发现，尽管不同学者的认识有所不同，但均承认人口拥挤、环境污染、交通拥堵、社会矛盾加剧和经济活力降低等为"城市病"的一般症状。在总结已有研究的基础上，我们对"城市病"各类症状及病因进行了归纳（表2-2）。

表 2-2 "城市病"各类症状及病因归类

类别	具体症状	病因浅析
环境恶化	空气污染加剧 废水排放增加 固废处理不足	污染物排放超过城市处理和自净能力
生态危机	生态面积减少 生境破碎加剧 物种多样性降低 自然可达性下降	建设用地增速过快，生态基础设施规划和建设重视不够，生态系统服务供给能力降低
人口拥挤	公共资源紧张 住房矛盾突出 公共事件突发风险增加	人口无序流入城市，城市基础设施建设和管理滞后
交通拥堵	通勤时间加长 交通事故增加 空气污染加剧	车辆增加过快，交通基础设施建设和管理滞后
资源短缺	能源供给不足 城市用水短缺 大量占用耕地	人口和生产、生活要素向城市过度集聚，资源需求快速增长
社会失序	城市贫困加剧 治安形势严峻 邻里关系冷漠 阶层关系紧张	社会救助和保障体系不完善、资源分配不公平、城市文化建设滞后

续表

类别	具体症状	病因浅析
经济失活	经济效率下降 能源消耗上升 产业结构失衡 就业比率下滑	发展模式落后、技术创新和产业升级滞后
身心疾患	精神问题频发 身体疾患增多	高强度快节奏生活压力、环境污染、生活相对封闭与隔离

四、城镇化的风险预估

由于城镇化地区自然和社会经济要素高度聚集，发生各种风险的可能性很大。为了有效评估和应对各种风险，Uitto（1998）提出了一个评价大都市区自然灾害脆弱性的理论框架，强调了应用 GIS 技术分析各类数据的重要性。日本京都大学防灾所冈田教授建立了一个城市化进程中综合灾害风险管理的"塔模型"，明确了综合协调城市各要素间的关系在城市综合灾害风险管理中的重要性（Okada，2004）。大都市区是全球最大的风险区域，对于供给危机、社会失衡、政治冲突和自然灾害等风险都非常敏感。大都市区既是风险的受害者也是制造者，地震、火山爆发、洪涝、干旱、热浪等环境灾难和环境污染、交通事故、火灾、地面下沉、疫病传染、政治冲突等人为灾难是城市常见的风险类型。为了保持城市地区的可持续发展，必须采取有效的风险管理对策（Kraas，2008）。

在城市风险研究理论方面，社会-生态系统框架被引入城镇化过程中的风险研究中，如 Cheng（2013）应用社会-生态系统研究框架，构建了社会脆弱性指数（social vulnerability index），评价了美国马萨诸塞州查理士河流域城市化和气候变化诱发的洪涝灾害风险，并对未来（截至 2030 年）的洪涝灾害风险进行了预估。在研究案例方面，Heinrichs 等（2012）以拉美地区智利首都圣地亚哥为案例区，研究了大都市区的系统复杂性，探索了城市部门之间的深度联系。通过分析风险要素，阐述了大都市区风险的形成机制，评价了风险的范围和严重程度，提出应对风险的管理策略。Viguié 和 Hallegatte（2012）使用多准则分析方法，分析了法国巴黎在绿带建设、分区降低洪涝风险以及交通补贴三种适应气候变化政策的协同和权衡效应。Wamsler 等（2013）比较和评述了目前适应气候变化风险的城市规划理论和实践途径，识别了气候弹性城市的基本特征，在成因、短期和长期效应以及灾后响应和恢复等方面考虑灾害的生命周期，分析了气候灾害、城市形态和城市规划过程之间的相互关系。Aerts 等（2014）使用专门用于城市灾害风险评价的概率洪灾风险评价模型，评估了沿海特大城市的洪涝风险及其损失，并提出了降低城市脆弱性，提高恢复力的对策。

在城市区域的演化路径研究上，Cumming 等（2014）在 *Nature* 撰文，分析了人类社会在农业转型和城市化进程中对于自然生态系统服务的依存和作用，提出了"绿环"（green-loop）和"红环"（red-loop）及其相互转换的概念。所谓绿环是人类社会以自然生态系统服务为驱动力的状态，而红环则是非生态系统服务为主驱动的社会系统。他们指出，城镇化过程中人口的聚集、对自然生态系统的占用和破坏，极大地耗用了生态系统服务，增加了落入"红环"陷阱的可能。文中专门对北京市从绿环到红环转换的可能性进行了分析，对中国城镇化进程中可能遇到的问题有一定的警示作用。

特大城市群地区城市规模的巨型化和城市人口的多元复杂化，使其在资源、环境、公共安全等一系列领域遭遇了超出一般逻辑的社会风险（李友梅，2015）。符娟林和乔标（2008）根据模糊物元理论建立了城市化的生态预警模型，将警报级别分为无警、轻警、中警、重警和巨警 5 级，并从资源预警、生态预警和环境预警 3 个方面构建河西走廊城市化进程中的生态环境预警指标体系，设立了预警参照标准与预警界限、警灯、警度，对河西走廊进行了实证分析。龚艳冰（2012）针对城市化进程中生态风险评估中存在的模糊性和随机性问题，建立了基于正态云模型和熵权的综合评判模型。从资源风险、生态风险及环境风险 3 个方面构建河西走廊城市化进程中的生态风险指标体系，采用熵权法确定各个指标权重，借助正态云模型定量描述单指标条件下待评价城市的生态风险等级。

城市系统脆弱性是风险形成的重要前提。苏飞等（2008）从煤矿城市经济系统对区域可采煤炭资源储量的暴露-敏感性和应对能力两个方面构建了脆弱性评估模型，对全国 25 个地级以上煤矿城市进行了评估，并应用聚类分析对城市脆弱性进行分类。以大庆市为例，利用熵值法确定各脆弱性评价指标的权重，运用集对分析法构建了经济系统脆弱性评估模型（苏飞和张平宇，2010）。方创琳和王岩（2015）采用系统分析方法和综合指数评价法，从资源、生态环境、经济和社会 4 个方面确定 10 项分指数，选取 36 个具体指标，构建了中国城市脆弱性综合测度指标体系，并确定测度标准值，对中国地级以上城市脆弱性及其空间分异做了总体评价。田亚平等（2013）以气候变化和系统结构要素为分析框架，建立了包括敏感性、暴露性和适应性三类指标要素和本底脆弱性、潜在脆弱性和现实脆弱性三个评价层次的区域人地耦合脆弱性评价系统。廖文华等（2013）在分析区域生态风险因子的基础上，结合环境、经济、社会三方面内容，构建水土资源耦合生态系统风险评价指标体系。以西安市产霸生态区为例，采用改进熵权法和加权求和法进行评价研究。邵超峰等（2008）从天津滨海新区城市化趋势入手，系统分析了滨海新区城市化进程中产生的非突发性环境风险和突发性环境风险，并在此基础上进行了滨海新区区域生态环境安全和突发性环境污染事故的环境风险评估。罗军刚等（2008）将信息论中的熵值理论应用于西安市水资源短缺风险评价中，建立了基于熵权的水资源短缺风险模糊综合评价模型。采用风险率、脆弱性、可恢复性、事故周期和风险度作为区域水资源短缺风险的评价指标，建立了综合评价指标体系。运用信息熵所反映数据本身的效用值来计算评价指标的权重，有效地解决了权重分配困难的问题，并使权重的确定有了一定的理论依据。金冬梅等（2005）从造成城市干旱缺水的致灾因子危险性、承灾体的暴露性、脆弱性和防旱抗旱能力四个方面着手，利用自然灾害指数法、加权综合评价法和层次分析法，建立了城市干旱缺水风险评价模型，引用城市干旱缺水风险指数（UDRI），对城市干旱缺水风险程度进行了评价。

第二节 "城市病"评价指标体系

为了诊断和评价"城市病"，学者们提出了一系列的评价方法和指标体系，并完成了许多案例分析。按照评价指标数据的原始性程度，已有的"城市病"评价可以划分为两类，一是建立评价指标体系，赋予不同的权重并使用一定的模型算法，获取"城市病"严重程度的数值或等级；二是将城市看作一个生命有机体，应用能量、能值、㶲值或生态足迹等方法对其新陈代谢状况进行诊断，进而完成"城市病"评价。

一、基于统计指标的"城市病"评价指标体系

基于统计指标的"城市病"评价包括两种相反的角度，一是对"城市病"的反向测度，即城市生态系统健康评价，二是对"城市病"的正向测度，即对"城市病"严重程度的测度。

在城市生态系统健康评价方面，郭秀锐等（2002）采用活力、组织结构、恢复力、生态系统服务功能和人群健康状况等指标，构建了评价要素、评价指标和具体指标三级指标体系，制定了病态、不健康、临界状态、健康和很健康五级评价标准，最终采用模糊数学模型评价了广州、北京和上海的城市生态系统健康状况。胡廷兰等（2005）基于城市复合生态系统健康内涵，构建了由整合距离指数和协调指数组成的城市生态系统健康评价模型，并设定了健康状态的评价标准，对宁波的实例分析表明，距离指数和协调指数模型能够有效表征城市生态系统健康特征和地域空间分布特征。苏美蓉等（2006）利用集对分析方法，将评价城市生态系统健康状况的多个指标合成为与最优评价集的相对贴近度指数，用来描述城市生态系统健康状况。对北京、大连、上海、武汉、厦门和广州等城市 1995～

2003 年的城市生态系统健康状况进行的评价结果表明，不同时期各城市生态系统健康状况排序有所变化，但厦门和广州一直名列前茅。郁亚娟等（2008）将城市生态系统健康的五大功能，即承载力、支持力、吸引力、延续力和发展力，概括为 CSAED 模型，分析了与此相对应的限制城市发展的瓶颈因子，将"城市病"的各项病征与城市功能相联系，构建了城市生态系统健康评价体系，并计算了北京市 1999~2005 年的城市生态系统健康指数，用于分析北京市"城市病"的原因、所处的阶段等。向丽等（2008）运用模糊数学评价法对 2001~2005 年北京市城市生态系统健康进行定量诊断分析，结果表明，北京市城市生态系统健康状况逐年好转，但尚未达到健康的理想水平，未来还有很大的发展空间。文先明和熊鹰（2008）应用属性理论建立了城市生态系统健康属性综合评价模型，并将该方法应用于长沙市的实证研究中。结果表明，长沙城市生态系统属于一般健康类，其评价结果与实际情况大体吻合。

在"城市病"的严重程度测度方面，王大伟等（2012）采用现势性指标和趋势性指标对人口拥挤、交通拥堵、环境污染和住房困难等"城市病"进行了分析，并探讨了指标权重对评价结果的影响。石忆邵（2014）构建了由人口拥挤、交通拥堵、环境污染与风险和住房贫困四个维度共计 30 个具体指标组成的"城市病"评价指标体系，由各单项指数加总得到"城市病"总指数，并用北京、上海和广州三个案例对构建的指标体系进行了实证分析。结果表明，在"城市病"总指数方面，北京最高，上海居中，广州最低。就单项指数而言，拥挤指数上海最高，交通拥堵指数广州最高，而北京的环境污染与风险指数都明显高于其他两个城市。李天健（2014）在分析"城市病"病理成因的基础上，根据国际通行的评价指标体系构建原则，建立了由表现层、专题层及指标层组成的"城市病"评价指标体系。其中，表现层由自然资源短缺、生态环境污染、城市交通拥堵、居民生活困难、公共资源紧张及公共安全弱化 6 项组成，专题层由水资源、土地资源、植被资源、水污染、大气污染、道路拥堵、就业困难等 20 项组成，指标层共计包括 48 个指标。该指标体系试图体现"城市病"的量与质特性，是一个覆盖面广、指标齐全的"城市病"评价指标体系。靳永翥和徐鑫钰（2016）从社会、生态环境、公共服务和经济 4 个维度建立了包括 10 个一级指标 24 个二级指标在内的"城市病"评价指标体系，采用主成分分析法和聚类分析法对中国西部 25 个城市的"城市病"进行了综合评价和分类。任成好和张桂文（2016）在借鉴前人研究成果和征询专家意见的基础上，构建了由城市拥挤、资源短缺和环境污染 3 个一级指标，27 个二级指标组成的"城市病"评价系统。通过 KMO 和 Bartlett 球形度检验、因子提取与分析，得到各个一级指标得分，然后汇总为"城市病"综合指数。张洋子（2017）构建了一个相对简明的"城市病"评价指标体系，用于评估的"城市病"类型包括交通拥堵、环境污染、房价高企、医疗短缺和安全弱化，相对应的一级指标分别是拥堵延时指数、空气污染指数、房价收入比指数、万人人均床位指数和万人刑事案件率指数。通过主成分分析法确定各指标权重，最终通过加权平均法得到"城市病"综合指数。

通过分析"城市病"评价指标体系已有成果可以发现，大部分指标体系均由三层构成，其中最高层为"城市病"的各个维度，其下由一级和二级指标层组成。具体指标的数量不一，多则近 50 个，少则 10 余个，形成"全面"与"简明"不同特色的评价指标体系。对于指标权重，常通过专家打分法、层次分析法、熵值法和主成分分析法等方法获得。对于评价结果的呈现，一般采用计算分指数，然后合成总指数的工作模式。最后，通过指数阈值划分，得到被评价城市的"城市病"病情等级。

二、基于新陈代谢状况的"城市病"评价指标体系

基于新陈代谢状况的"城市病"评价途径一般不采用原始统计指标构建指标体系，而是使用能量、能值、㶲值或生态足迹等方法对城市机体的新陈代谢状况进行表征，构建新指数对"城市病"予以测度。

能值理论是美国著名生态学家 Odum 于 20 世纪 70 年代创立的系统分析理论。Odum（1971）使用能值构建了城市能量系统框架和评估指标体系。Zucchetto 和 Jansson（1985）将能值应用于城市生态系统，对美国迈阿密市进行能值分析。Ulgiati 等（1994）利用能值分析了意大利的资源消耗、环境负荷和可持续发展问题。蓝盛芳等（1995）把能值理论引入中国，出版了中国第一部能值论著《生态经济系统能值分析》（蓝盛芳等，2002）。黄书礼以中国台北市为案例，进一步完善了城市能值评估框架和指标体系，探讨了城市能量系统的时空演变机制（Huang，1998）。李双成等（2001）提出了以能值分析为理论支撑的区域性可持续发展评价指数。Jerry 等（2001）采用驱动力-压力-状态-暴露-影响-响应模型对哈瓦那城市的生态系统健康状况进行了诊断和评价。刘耕源等（2008）将能值分析理论引入城市生态系统健康评价中，提出了评估城市生态系统健康的能值指标——城市健康能值指数（EUEHI）。用净能值产出率、环境负载率和能值交换率分别代表城市系统的活力、组织结构和恢复力 3 种特性，以能值密度与能值货币比的比值来表征城市生态系统服务维持水平，最终综合上述分项指数得到城市健康能值指数。李恒等（2011）按照上述研究思路，用环境负荷率和废弃物产生率的乘积代表恢复力，对城市健康能值指数进行了改进，并以此评估了合肥市 2004~2008 年生态经济系统的健康状况。苏美蓉等（2009）将城市视为生命有机体，应用物质能量代谢分析方法，搭建了城市生命力指数框架，并应用能值分析理论，构建了城市

能值-生命力指数，以期深刻表征城市生态系统的健康状况。Inostroza（2014）提出了一个新指数"Technomas"，用来测度城市系统的输入和输出，建立城市代谢行为和城市形态的联系，以期为城市规划提供依据。Conke 和 Ferreira（2015）应用城市代谢理论，从输入、生产、存量和输出等方面核算了 2000～2010 年巴西库里蒂巴市的物质和能量使用以及代谢状况。结果表明，资源的大量使用提高了生活质量，但同时伴随着代谢废弃物的产生，为城市可持续发展带来压力和风险。刘贺贺和杨青山（2016）将城市新陈代谢分解为城市同化作用与城市异化作用两个方面，使用同化效率和异化效率构建了城市新陈代谢指数，利用数据包络分析（DEA）模型测度了城市新陈代谢效率，并对东北地区 34 个城市进行了实证分析。马程等（2017）利用能值方法对北京市的生态系统服务进行分析，揭示了城市化进程对生态系统服务的影响。Yang 等（2018）将能值分析与生态足迹方法相结合，对中国各省的生态安全评价和预警机制进行了探讨和分析。此外，一些学者利用能值理论对北京、青岛、广州和深圳等城市和京津冀城市群的城市新陈代谢、可持续性与健康状况等方面开展评价分析（苏美蓉等，2009；高阳等，2011；刘耕源等，2013；方创琳和任宇飞，2017）。

基于系统生态学的㶲值理论由中国的陈国谦教授（Chen, 2005）在能值分析方法（Odum, 1976）和积累㶲理论（Szargut, 1978）的基础上于 2005 年提出。Wall（1987）构建了社会㶲的核算框架与方法，对瑞典的社会经济系统边界的资源流进行了分析。Balocco 等（2004）应用生命周期理论对意大利锡耶纳省卡斯德尔诺沃贝拉登卡（Castelnuovo Berardenga）市建成区的建筑物热排放进行了估算，通过计算㶲值需求和㶲值使用之间的比值，定义了扩展㶲值指数，并以此测度了城市区域建筑物的环境效应。Chen（2006）将宇宙㶲核算深入到系统内部资源流动网络，构建了宇宙㶲系统核算方法框架，他利用㶲值对中国各产业部门的资源消耗进行系统核算和分析，全面反映了人类社会经济系统所面临的生态环境问题。姜昧茗（2007）构建了城市系统的㶲值核算方法体系和评价框架，揭示了城市系统的热力学系统特征。季曦（2008）将㶲值理论与系统生态模拟有机结合后运用到城市系统研究中，确定了城市生态流率变化对城市生态财富影响的动力机制。Liu 等（2011）利用㶲值对 1996～2006 年北京的社会经济系统进行分析，提出了三项新指标来衡量资源利用效率、投入产出结构和环境影响。Chen 等（2011）基于㶲值分析对北京市湿地进行综合评估，分析了生态系统的可持续性。杨卓翔（2012）基于㶲值对北京城市生态系统进行分析和评价，建立城市系统评价的㶲值指标体系，分析了城市发展的㶲值驱动机制。Shao 等（2013）使用基于㶲值的生态足迹方法对中国进行生态评价，客观地评估了资源枯竭和环境退化等状况。Chen 等（2014）将㶲值理论与扩展㶲相结合，建立了社会经济指标体系，分析了 2000～2007 年中国自然资源投入的变化。Liu 等（2017）使用烟值分析对中国北方农业生态系统的可持续性和可再生性进行了综合评估。

分析基于城市代谢途径研究"城市病"的成果可以发现，不论是基于物质（物质流、生命周期、生态足迹）还是基于能量（能量、能值、烟值）的城市代谢分析，都是将城市系统作为黑箱处理，通过输入和输出的对比关系定义指数，判断城市系统的健康或可持续发展状况。未来的城市代谢研究应当考虑不同的时间和空间尺度，着重分析城市代谢过程，并强化可视化表达（Li and Kwan, 2017）。

第三节　"城市病"评价模型方法

在建立指标体系之后，选择适当的评价方法和模型是诊断与评价"城市病"的重要工作步骤。

首先，需要对数据进行提前处理。由于各个指标单位不同，为了最大限度地消除数据的异质性，需要对收集到的原始数据进行标准化处理，使量纲统一。正向和反向数据需采用不同的标准化方法（王大伟等，2012）。常用的数据标准化方法有最小—最大标准化、Z-score 标准化和按小数定标标准化等。

其次是设定权重。由于"城市病"评价属于多指标综合评价，需要对各层或同一层不同指标进行赋权。常用的方法包括主观赋权法、客观赋权法和主客观组合赋权法。其中，主观赋权法如德尔菲法（专家打分法）和层次分析法等方法简单易行，但主观性强，结果可比性较差。客观赋权法包括主成分分析、因子分析和熵值法等。例如，通过主成分分析法确定指标权重，主要工作是计算评价指标的特征值、方差贡献率、累积贡献率以及各主成分对原来指标的载荷数。抽取累积贡献率大于 80%的若干主成分，计算各指标方差贡献率对该指标在各主成分线性组合中系数的加权平均值，最终得到各指标的权值（张洋子，2017）。

再次，正如人体健康诊断需要确定各个指标的标准值一样，"城市病"诊断也需要确定健康标准值。人体疾病诊断的正常值范围是通过大量正常人的检测结果而制定的，且不同国家、人种都会不一样，通常是一个正常值的参考区间。由于没有一个或多个公认的"健康"城市模板，所以通常采用一些诸如可持续发展城市、生态城市、健康城市、绿色城市、风景园林城市、低碳城市和海绵城市等建设目标和规范的各项指标标准值或区间值作为"城市病"诊断指标的参考值（郁亚娟等，2008；李天健，2012，2014；任成好和张桂文，2016）。

最后，在评价模型的选择上，多采用自下而上的多层指标体系评价框架。首先通过对底层具体指标加权求和得到某类"城市病"指数；然后再次加权得到某一城市的"城市病"总指数；最后根据阈值评定其"城市病"的等级（张洋子，

2017）。近年来，人工神经网络（artificial neural network，ANN）模型技术在"城市病"的单项预测和评价中得到了广泛应用，如城市空气污染（Viotti et al., 2002）、城市细颗粒物浓度排放和臭氧浓度变化（Memarianfard and Hatami, 2017；Taylan, 2017）、道路交通拥堵和噪声预测（Kumar et al., 2014; More et al., 2017）以及城市脆弱性评价（Espada et al., 2017）等，在"城市病"的综合评价方面还应用较少（李源源等，2017）。

第四节 "城市病"病理诊断技术

城市是一个复杂的巨系统，在其演进过程中可能会出现结构失衡和功能失调进而罹患"城市病"。病因的复杂性表现为，不同发展阶段不同产业结构甚至不同规模的城市之间，"城市病"的成因及症状会有差异。对"城市病"进行病理诊断，有助于提出并实施合理的防治对策。

一、"城市病"发生的阶段性

"城市病"是城市演进过程的产物，因而其严重程度和症状表现出时间变化特性。周加来（2004）认为，城市化过程呈现"S"形曲线上升的特征，而"城市病"则具有倒"U"形的发展规律，并进一步划分出"城市病"的隐性阶段、显性阶段、发作阶段和康复阶段。各个阶段均有不同的症状和成因（表 2-3）。任成好（2016）也将与城市化进程相伴的"城市病"划分为隐性期、显性期、发作期（或失控期、瓶颈期）和康复期四个阶段，并将中国的"城市病"阶段予以细分，表征为初现期（1979～1995 年）、加重期（1996～2010 年）和集中爆发期（2011 年至今）。与此类似，张喜玲（2013）将"城市病"各阶段命名为潜伏期、恶化期和失控期（瓶颈期、治愈期）。根据上述研究者的成果，将"城市病"随城市化进程的发展过程划分为孕育期、爆发期和恢复期（平稳期或恶化期）（图 2-1）。其中，孕育期表现为没有"城市病"症状或症状很轻微，表观上没有暴露各种矛盾与冲突；爆发期表现为各种"城市病"集中发生，城市复合系统中资源与生态环境、人口和社会经济等子系统之间的关系失衡、失调，矛盾与冲突集中呈现；恢复阶段是"城市病"基本治愈的阶段，各个子系统重新恢复耦合协调状态，城市功能得以复原。实际上，在爆发期过后也有可能呈现平稳或恶化两种可能，前者是"城市病"的治理起到了一定效果，病情维持在一种平稳可控的状态，后者是治理无效，"城市病"呈现急速恶化的状态，城市系统趋于崩溃。

表 2-3　"城市病"阶段及其症状和成因

"城市病"阶段	城市化率/%	主要症状	主要成因
隐性阶段	10～30	没有症状或症状不明显	城市数量少，结构简单，功能单一，低水平运行
显性阶段	30～50	交通拥堵，住房紧张，基础设施不足，环境污染显现	城市人口数量急剧增加，城市规模快速扩大，城市系统建设滞后
发作阶段	50～70	在显性阶段的各种"城市病"进一步恶化，同时在社会、心理方面出现病态	城市人口与城市规模增长过速，城市规划管理滞后，过分重视经济效益，忽视社会和生态效益，居民对生活质量的期望提升
康复阶段	>70	在显性和发作阶段的症状减轻或消失	城乡差别显著缩小或消失，城镇体系和空间结构趋于合理，城市基础设施完善，第三产业成为主要产业，功能日臻完善

资料来源：据周加来（2004）修改

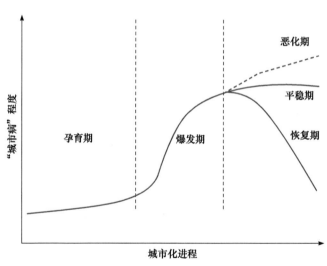

图 2-1　"城市病"程度随着城市化进程的可能变化趋势
据张喜玲（2013）修改

二、"城市病"病因解析

何种力量造成"城市病"的形成与爆发？到底是市场机制在起作用，还是政府管理出了问题？

一些学者认为，市场力量是造成"城市病"发生的主导力量，理由是，城市化过程中，公共设施和资源环境服务与产品的排他性与竞争性并不显著或者排他成本过高，常常导致这些服务和产品的供给小于需求量，且容易被过度消费，产生"公地悲剧"（徐传谌和秦海林，2007；曹钟雄和武良成，2010）。同时，由于物质和精神文化资源在城市地区高度集聚，基于人的逐利行为和市场流动机制，市场经济往往具有使城市规模趋于增大的倾向。人口和资源向城市地区集聚，产生的效益和成本是一个动态变化的过程。如图 2-2 所示，当城市人口规模增大到 N_* 以前时，集聚是经济的，具有净收益，收益在 N_* 最大。当人口规模超过 N_* 而小于 N_{max} 时，集聚虽然仍然为正效应，但收益在下降，直至 N_{max} 时净收益为零，此时对应的人口规模为经济学上的最大人口数量。当人口超过 N_{max} 时，集聚是不经济的，如果管理滞后，最终会出现或加剧"城市病"（王桂新，2010）。

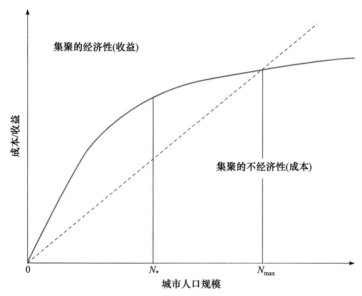

图 2-2　城市人口集聚增长的经济性与不经济性（王桂新，2010）

　　但也有学者认为，"城市病"与人口增长的关系不大，产生"城市病"的原因是供需矛盾和政府调配资源不公（陆铭，2016）。按照经典的经济学理论，完善的市场机制具有疏解城市人口的功能，因为随着城市规模的扩大，到达一定阈值后，资源竞争与获取难度增大，生产和生活成本将提高，最终会使一些人口离开城市。然而，在现实情形下，由于各种非市场力量的干预，使得市场的疏解功能不确定性增大。

　　政府干预在"城市病"中的作用不容忽视，尤其是在政府干预力度强和范围大的国家或地区。林家彬（2012）从中国体制性因素视角分析了"城市病"的成因，认为干部选拔和政绩考核、财税体制、土地制度、规划体制、中央与地方关系等制度方面的不完善是形成"城市病"的体制和政策因素。吴冕（2011）认为，中国的"大城市病"与不适当的城市化政策与模式有关联，尤其"冒进"式城市化和"虚胀"型城市化更加剧了"城市病"的严重程度。"土地财政"是中国社会经济发展的重要驱动力，也是造成"城市病"的重要原因。在一些城市，"土地财政"是造成房价居高不下的重要因素。实际上，政府对于资源配置手段的不恰当使用，是形成"城市病"的最大诱因之一。在中国，由行政权力强力主导的资源分配模式使得公共资源、服务和产品优先投向大城市，尤其是特大城市，造成不同等级城市间巨大的资源分配梯度，促使越来越多的人涌入大城市，形成资源和服务的供需矛盾，造成"城市病"。除此之外，一些城市缺乏整体、合理和科学的发展规划也是造成"城市病"的根源之一（蔡鸿岩，2013），表现为一些城市规划编制不够科学和权威，实施过程缺乏严肃性、连续性和时效性，随意变动，效能差。

从系统论视角看，城市和城市群是一个复杂的巨系统，与外界进行着物质、能量和信息的交换。在城市系统演进过程中，如果物质、能量和信息在系统中流转顺畅，系统的输入和输出基本平衡，城市的功能就会得到正常发挥。相反，一旦系统内部流通通道堵塞或者不畅，输入和输出长时间失去平衡，或者城市反馈调节机制失灵，都将使城市系统功能受到严重影响。从新陈代谢角度分析，城市机体或城市群聚集体与环境之间的物质和能量交换以及城市（群）内部物质和能量的自我更新过程叫作城市代谢过程，包括合成代谢和分解代谢。如果两个过程出现失衡，"城市病"就会产生。

综上所述，人口、产业和各种公共资源与服务向城市集聚造成大中小城市、城乡之间的发展差距是"城市病"的直接动因。然而，从根源上分析，市场机制和政府干预是"城市病"形成、发展和恶化的根本力量。"城市病"的治理也需要有效的市场作用和适度合理的政府干预。

第五节　基于文献计量统计的"城市病"研究进展

一、基于 Web of Science 核心数据库的英文文献分析

为了更全面地了解"城市病"的发展历程、研究热点和未来趋势，本章研究基于文献计量学和网络分析法，以"城市病"为研究对象，在 Web of Science 核心数据库的检索平台上搜集和整理了相关文献，利用美国德雷塞尔大学陈超美博士基于 Java 平台研发而成的 Citespace 统计和可视化软件，进行了共现分析（相关性

分析、关键词的共现），通过对文章主题的聚类，对核心关键词与所代表内容之间关联的分析等，揭示了本领域的研究热点、发展历程及趋势。

为保证检索数据全面覆盖与"城市病"有关的研究内容，在 Web of Science 检索中将主题词（topic）设定为："urban problems" OR "urban disease" OR "city problems" OR "city disease"。时间跨度为 1900 年 1 月 1 日～2017 年 12 月 31 日。检索所得的记录包括作者、篇名等文献全记录信息以及引用的参考文献。搜索一共得到 605 篇文献，经过逐一筛选，剔除无关和重复的文章后，最后剩下 592 篇。其中最早的关于"城市病"的文章出现于 1907 年。因早期关于"城市病"的文献出现时间不连续且篇数较少，所以本章研究选取了 1999～2017 年被收录的 462 篇英文文献作为研究对象。从图 2-3 可以看出，从 1999 年以来，关于"城市病"研究的文章数目呈波动上升趋势，2015 年以来文章数目直线上升，说明城市问题越来越受研究者的关注。

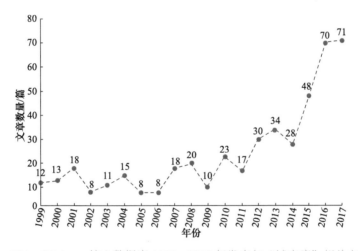

图 2-3　Web of Science 核心数据库 1999～2017 年发表与"城市病"相关文章数目

利用Citespace进行关键词的共现分析，设置每个时间切片为2年，结果如图2-4所示。可以明显看到，城市(city)，智慧城市(smart city)，城市规划(urban planning)，城市化 (urbanization)，城市病 (urban problem)，系统 (system)，可持续发展(sustainability)，环境 (environment)，政策 (politics)，管理 (management)，模型(model)、影响(impact)、土地利用(land use)、人口(population)、恢复力(resilience)和空气污染(air pollution)等是该领域研究文献中共同出现的高频词汇。

对"城市病"研究主题词的演进进行分析，发现主题词的演进集中性较明显，如图2-5所示。据此，可将 1999～2017 年"城市病"的研究主题分为三个阶段来分析：1999～2006 年研究主题集中在"城市病"、城市规划和政策制定等；2007～

2012 年研究主题集中在城市化(urbanization)、恢复力(resilience)、城市管理(urban management)和模式(model)等；2013～2017 年研究集中在智慧城市(smart city)，可持续(sustainability)，环境(environment)，影响(impact)、空气污染(air pollution)等新的研究主题上。

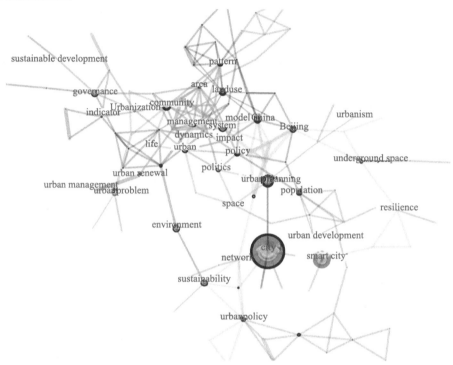

图 2-4　Web of Science 数据库关于"城市病"关键词的共现分析

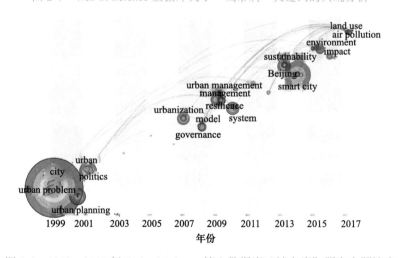

图 2-5　1999～2017 年 Web of Science 核心数据库"城市病"研究主题演变

对 462 篇英文文献中排名靠前的 10 个学科领域进行统计（表 2-4）。结果表明，研究"城市病"的主要学科领域包括城市研究、生态环境科学、工程、公共行政和地理学等（表 2-4）。

表 2-4 Web of Science 核心数据库中城市化与生态环境交互耦合研究的主要领域

学科领域	学科领域	记录数	占比/%
urban studies	城市研究	110	23.71
environmental sciences ecology	生态环境科学	88	18.97
engineering	工程	77	16.59
public administration	公共行政	58	12.50
geography	地理学	45	9.70
computer science	计算机科学	45	9.70
social sciences other topics	社会科学其他主题	44	9.48
business economics	商业经济学	24	5.17
history	历史学	24	5.17
science technology other topics	科学技术其他主题	23	4.96

二、基于 CNKI 数据库的中文文献分析

基于 CNKI 中文文献数据库，以"城市病"为主题词对期刊、硕博士论文、会议期刊等进行搜索，共得到 1487 篇文献，剔除无关和重复文献，剩下 1280 篇。对 1999～2017 年被 CNKI 数据库收录的 1280 篇中文文献进行分析。如图 2-6 所示，1999 年以来 CNKI 收录关于城市病的文章数量波动上升，尤其是 2010～2016 年城市病主题论文数量迅速增长，表明国内针对城市化与生态环境关系的研究比较丰富。2017 年关于"城市病"主题的文章大幅减少，可能是数据库更新不完全的结果。发表文章数量排在前 15 位的研究机构如图 2-7 所示，包括国务院发展研究中

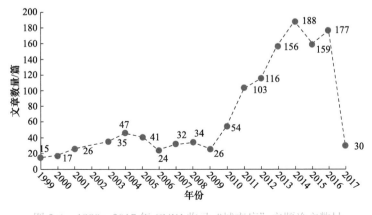

图 2-6　1999～2017 年 CNKI 收录"城市病"主题论文数量

心、武汉大学、上海交通大学等。共现词频次分析发现，城市病、大城市病、城市化、中华人民共和国等关键词共现频次较高（图 2-8）。

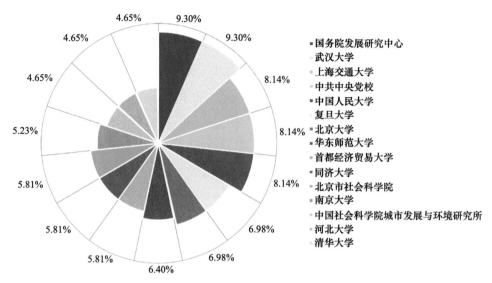

图 2-7　1999～2017 年 CNKI 收录"城市病"发表文章数量排前的机构比例

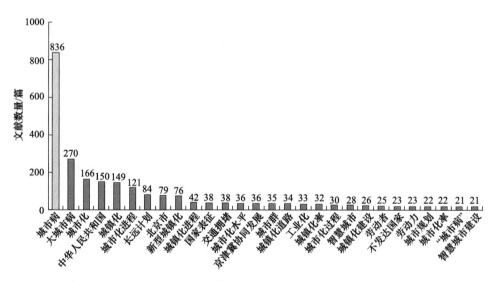

图 2-8　1999～2017 年 CNKI 收录"城市病"文献关键词共现频次统计

第三章 研究区域、数据和方法框架

第一节 研究区域基本状况

一、自然环境条件

京津冀城市群位于中国华北地区（图 3-1），主体位于河北平原，西部和北部有太行山、燕山和坝上高原作为屏障，东临渤海，由北京、天津和河北省的石家庄、邯郸、邢台、保定、张家口、承德、唐山、秦皇岛、沧州、衡水和廊坊 11 个地级市组成。京津冀城市群是我国重要的政治、经济和文化中心，被认为是继珠江三角洲和长江三角洲之后，我国社会经济增长的"第三极"（Peng et al., 2017）。地理范围为 36°01′N～42°37′N、113°04′E～119°53′E，区域土地总面积为 218000 km²，占全国国土面积的 2.35%。

该地区地貌形态多样，山地、高原、丘陵、盆地、平原俱全，地势西北高、东南低，由西北向东南倾斜，北部和西部有坝上高原、燕山和太行山地，中部和东南部是广阔的山麓洪积平原、洪积平原和滨海海积平原（图 3-2）。气候类型属温带大陆性季风气候，大部分地区四季分明，夏季炎热多雨，冬季寒冷干燥，降水量自东南向西北递减，年均 300～700 mm。土壤类型复杂多样，地带性土壤类型山地和丘陵为棕壤和褐土，广大平原地区为受地下水运动和耕作活动影响而形成的潮土。植被种类较为丰富，地带性植被类型为暖温带落叶阔叶林，优势树种由栎、杨、柳、榆、椴等属构成，天然林主要分布于太行山和燕山地区，塞罕坝地区分布着面积较大的华北落叶松林。水文条件较为复杂，水系发达，河流众多，主要河流从南到北依次有漳卫南运河、子牙河、大清河、永定河、潮白河、蓟运河、滦河等，分属海河、滦河、内陆河、辽河 4 个水系。土地覆被/土地利用类型空间分异明显，海岸滩涂、滨海湿地、农田、城市、灌丛、森林、草原从东南到西北依次更替，农业用地也呈现出自东南种植业用地向西北林牧业用地过渡的空间格局。

作为国家协同发展的示范区，京津冀城市群在社会经济快速发展的同时也凸显出明显的自然资源和生态环境约束态势，表现为区域大气环境污染仍较严重、水资源短缺、生物多样性降低、土地退化和水土流失严重、生态系统较为脆弱等（Li et al., 2016）。

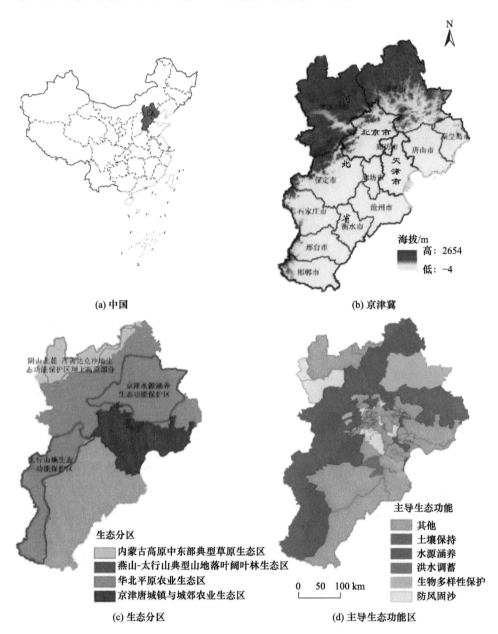

(a) 中国

(b) 京津冀

海拔/m

高: 2654

低: -4

生态分区

内蒙古高原中东部典型草原生态区
燕山-太行山典型山地落叶阔叶林生态区
华北平原农业生态区
京津唐城镇与城郊农业生态区

(c) 生态分区

主导生态功能

其他
土壤保持
水源涵养
洪水调蓄
生物多样性保护
防风固沙

0   50   100 km

(d) 主导生态功能区

图 3-1　京津冀城市群地理位置及生态功能分区

京津冀生态功能分区，主要为内蒙古高原中东部典型草原生态区、燕山-太行山典型山地落叶阔叶林生态区、京津唐城镇与城郊农业生态区、华北平原农业生态区；黑色标注为核心生态功能区。数据来源于生态系统服务空间数据库

　　京津冀城市群由于快速工业化和城镇化，城镇用地占用耕地现象严重，使得该区域生态系统服务功能大多有所下降或退化。再加上京津冀地区生态系统类型具有较高空间异质性，导致服务空间分布不均衡、区域供需矛盾突出。根据全国生态功能区划，京津冀地区的西北部是中国重要的防风固沙区，燕山-太行山是重

要的水土保持区，东南平原为粮食主产区（图 3-2）。北部的张家口、承德等地生态性贫困问题突出，受地形、地理区位和地域分工的影响，该地区居民生计对自然资本的依赖性很大，承受着生态保护和保持经济增长的双重压力。如何在有限的资金投入下统筹社会经济发展与生态保护，已成为紧迫而现实的问题（俞孔坚等，2009；陈利顶等，2016）。最新的国土空间规划要求统筹划分生态、城镇和农业空间，需要北京、天津和河北站在全局高度，打破行政区划限制，以国土空间规划为引领，从京津冀整体权衡生态环境保护和经济发展的关系，辨识出生态环境脆弱性空间格局，趋利避害，实现京津冀城市群地区的协同发展。

图 3-2　京津冀城市群海拔变化

二、社会经济条件

京津冀城市群包括北京、天津和河北三个省（市）级行政单位，其中河北省辖有石家庄、唐山、秦皇岛、邯郸、邢台、保定、张家口、承德、沧州、廊坊和衡水 11 个城市（图 3-3）。

截至 2017 年末，京津冀城市群地区人口数量为 10649.99 万人，占全国总人口的 11.87%。其中，城镇人口 6269.6 万人，占京津冀城市群地区总人口的 58.87%。京津冀城市群地区总人口中，河北人口数量为 7185.42 万人，北京人口 2170.7 万人，天津人口数量约为 1293.87 万人。从京津冀城市群各城市市辖区人口变化来看

（图 3-4），2000～2015 年各城市市辖区人口数量持续增加，北京与天津人口数量增加最多，且人口数量变化速率逐渐变快。整个区域平均人口密度为 488.53 人/km²，其中北京人口密度为 1324.09 人/km²，天津人口密度为 1310.85 人/km²。栅格尺度上人口密度空间格局，如图 3-5 所示，呈现高度不均衡状态，高值集中在大中城市建成区，广大农村地区为人口密度低值区。

图 3-3　京津冀城市群行政区划

　　京津冀城市群地区各城市经济发展水平差距较大，如图 3-6 所示，以北京地区生产总值最高，其次是天津，河北省各城市地区生产总值均相对较低。在河北省内，唐山和石家庄的经济总量规模较大，而承德、邢台和衡水的经济总量规模较小。京津冀城市群地区不同城市间经济发展水平差距明显，凸显了京津冀城市群协同发展战略的必要性。

　　历史上，京津冀地区的这些城市曾在我国社会、经济、文化和军事活动中发挥了重要作用，现在依然在国家生活中占有重要地位，有望成为我国经济增长的"第三极"。目前正在实施的"京津冀协同发展"和"雄安新区建设"均为国家层面的发展战略，必将对中国未来社会经济格局产生塑造性作用，也会对京津冀地区的社会经济发展和生态环境产生一定影响。

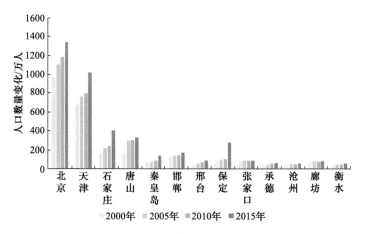

图 3-4 2000～2015 年京津冀城市群市辖区人口数量变化

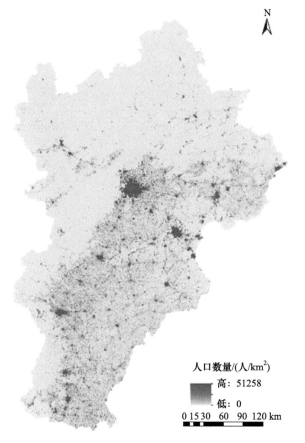

图 3-5 2015 年京津冀城市群人口分布

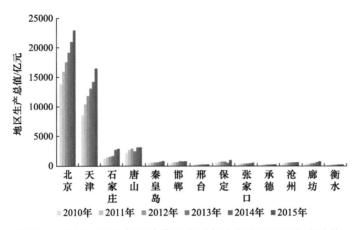

图 3-6　2010～2015 年京津冀城市群各城市辖区地区生产总值

1995～2015 年京津冀城市群建成区面积逐渐增加（图 3-7），由 1995 年的 1142 km²，增加到 2015 年的 3759 km²。其中，北京市的建成区面积增加速率显著高于其他城市。

与全国其他大多数城市及城市群一样，长期快速的社会经济发展，也给京津冀城市群地区的城市建设、资源利用和生态环境保护带来极大压力，"城市病"在该地区十分严重。其中，空气污染和交通拥堵问题尤为突出，已经引起社会各个方面的高度关注。

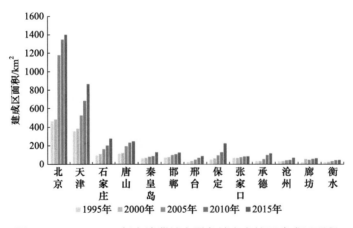

图 3-7　1995～2015 年京津冀城市群各城市市辖区建成区面积

根据百度地图发布的《2017 年 Q4&年度中国城市研究报告》数据，北京市上班路途最远，每天人均单程通勤距离为 11 km，拥堵指数 1.899，因交通拥堵额外产生的经济成本人均每年 4013.31 元，在全国 60 个主要城市中最高。同时上榜的京津冀城市中，天津居第 12 位，石家庄位列第 20 位。说明京津冀城市群的交通拥堵状况在全国较为严重。

京津冀城市群空气质量状况近年来有所好转，但与其他城市群相比，形势依然不容乐观。根据生态环境部监测资料，2017 年京津冀城市群地区的空气质量在三大城市群中最差（图 3-8）。环境保护部（现为生态环境部）发布 2018 年 1 月重点区域和 74 个城市空气质量状况，空气质量相对较差的后 10 位城市中，位于京津冀城市群的就占了 4 个，分别是邯郸、邢台、石家庄和保定。

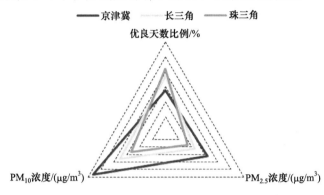

图 3-8　2017 年中国三大城市群空气质量比较

第二节　研究数据及其来源

本书研究用到的数据主要来自京津冀城市群省和市级统计年鉴、环境状况公报等统计数据，并结合城市与行业相关标准用以确定城市病诊断阈值，并用遥感数据进行相关评价与模拟预测。数据及来源总结如表 3-1 所示。

一、统计数据

研究中所用的统计数据主要为各城市社会经济数据、自然环境数据及城市基础数据，主要包括人口、土地面积、地区生产总值、进出口商品额、能源生产与消耗、农业产品种类和数量、气象数据和废弃物等数据。以上统计数据均来自《中国环境统计年鉴》《中国能源统计年鉴》《中国城市统计年鉴》《河北经济年鉴》及京津冀各城市统计年鉴等官方统计资料。所用土地利用数据来源于中国科学院空天信息创新研究院（原中国科学院遥感与数字地球研究所），空间分辨率为 30 m。土地利用类型按照中国科学院地理科学与资源研究所最新分类系统进行分类整合。研究中能值转换率数据主要参考 Odum（1996）、Ulgiati 和 Odum（1994）、Campbell（2016）、Brown 和 Ulgiati（2011、2016）及 Pang 等（2015）等学者的研究成果。烟值转换率数据主要参考 Chen（2005、2006）与 Jiang 和 Chen（2011）等学者的研究成果。

京津冀各县粮食产量数据，通过县域统计年鉴获取，用于模拟粮食供给服务。由于单一的统计年鉴无法统计各县的粮食产量，因此各县市粮食作物产量来自于

《中国县（市）社会经济统计年鉴》《北京统计年鉴》《天津统计年鉴》《河北统计年鉴》《河北经济年鉴》《河北区域统计年鉴》《河北农村统计年鉴》；粮食价格来自于《中国农产品价格调查年鉴》；社会经济统计数据包括京津冀地区 13 个城市2000～2015 年的总人口、城市人口、地区生产总值、工业产值、人口、三次产业增加值等指标，来源于《中国统计年鉴》《中国县域统计年鉴》《中国城市统计年鉴》和北京、天津、河北地方统计年鉴。

表 3-1 研究数据及其来源

数据名称	空间分辨率	数据来源	数据年份
《中国统计年鉴》	—	国家统计局	2000～2016
《中国城市统计年鉴》	—	国家统计局	1996～2016
城市交通延时拥堵指数	—	中国主要城市交通分析报告	2014～2015
《北京统计年鉴》	—	北京市统计局	1996～2016
《天津统计年鉴》	—	天津市统计局	1996～2016
《河北经济年鉴》	—	河北省统计局	1996～2016
《北京六十年》	—	北京市统计局	1949～2009
《天津五十年》	—	天津市统计局	1949～1999
《新河北 60 年》	—	河北省统计局	1949～2009
《石家庄统计年鉴》	—	石家庄市统计局	2011、2016
《承德统计年鉴》	—	承德市统计局	2011、2016
《秦皇岛统计年鉴》	—	秦皇岛市统计局	2011、2016
《唐山统计年鉴》	—	唐山市统计局	2011、2016
《衡水统计年鉴》	—	衡水市统计局	2011、2016
《保定经济统计年鉴》	—	保定市统计局	2011、2016
《张家口经济年鉴》	—	张家口市统计局	2011、2016
《张家口统计年鉴》	—	张家口市统计局	2011、2016
《沧州统计年鉴》	—	沧州市统计局	2011、2016
《天津市生态环境状况公报》	—	天津市环境保护局	2010、2015
《河北省生态环境状况公报》	—	河北省环境保护厅	2010、2015

续表

数据名称	空间分辨率	数据来源	数据年份
《承德市生态环境状况公报》	—	承德市环境保护局	2010、2015
《唐山市生态环境状况公报》	—	唐山市环境保护局	2010、2015
《邢台市生态环境状况公报》	—	邢台市环境保护局	2010、2015
《邯郸市生态环境质量公报》	—	邯郸市环境保护局	2010、2015
《廊坊市生态环境质量概要》	—	廊坊市环境保护局	2010、2015
土地利用数据	30 m	中国科学院空天信息创新研究院	2000～2015
数字高程模型（DEM）数据	90 m	CIAT-CSI SRTM	—
人口数据	1 km	LandScan	2015
DMSP-OLS 夜晚灯光数据	1 km	国家环境信息中心（NCEI）、国家海洋与大气管理局（NOAA）	1993～2013

二、气象数据

气象站点数据采用"中国国家级地面气象站基本气象要素日值数据集（V3.0）"，从国家气象科学数据中心下载（http://www.cma.gov.cn/2011qxfw/2011qsjgx/）。提取的日值气象要素包括最高温度、最低温度、平均温度、降水量、相对湿度、平均风速和日照时数。第一步，利用研究区经纬度范围分别提取京津冀地区周边 176 个气象站点。以站点号为索引提取所需站点数据并在提取完成后，将异常值去除，输出为 Excel 文件；第二步，在 ArcGIS 平台上将站点数据矢量化，并采用普通克里金插值方法对数据进行插值得到各气象要素图层；最后，利用 ArcGIS 中 Clip 工具以研究区边界为范围进行裁剪，得到各个研究区所需气象要素图层。根据日值数据结果，聚合成不同时期的月均温度、月均降水量与月均日照强度。温度数据通过站点数据用协同克里金插值获得。一般来说，地理参量用克里金插值能达到较高的精度。由于温度与高程具有较大的相关性，为了考虑高程因素，提高插值精度，选择使用协同克里金插值。具体做法：在 ArcGIS 工具栏打开 Geostatistical Analyst 工具条，选择 Geostatistical Wizard，按照提示操作。其他气候数据类似处理，不再赘述。

"1961～2014 年中国光合有效辐射重构数据集"来自中国科学数据银行发表的"中国生态系统研究网络 CERN 专题"，http://www.sciencedb.cn/dataSet/handle/400。

利用中国气象局常规观测数据模拟得到地面总辐射历史数据，然后由晴空指数（Ks）、太阳高度角和日照时数建立的光合有效辐射估算模块重构我国 724 个观测站日光合有效辐射数据，通过克里金插值后裁剪出京津冀研究区的数据。

气候情景数据（月温度、月降水）为 2040~2060 年的均值，来源于 WorldClim 数据库(http://www.worldclim.org/data/worldclim21.html)，空间分辨率为 30 弧秒(赤道约 1 km)。基线（1961~1990 年）气候数据是观察数据的插值，未来气候条件（2041~2060 年）是国际耦合模式比较计划第五计划（CMIP5）的全球气候模式（GCM）数据的均值。下载后裁剪得到京津冀研究区数据。

三、地理空间数据

研究区边界来自全国地理信息目录服务系统（http://www.webmap.cn/），交通路网数据来自研究组购买的百度导航数据，建站到 2018 年的国家级自然保护区边界来源于中国科学院地理科学与资源研究所（http://www.resdc.cn/data.aspx?DA TAID=272），生态功能区划与生态敏感性数据来自于中国生态系统评估与生态安全数据库（http://www.ecosystem.csdb.cn/index.jsp），2000 年、2005 年、2010 年和 2015 年空间分辨率为 30 m 的土地利用/覆盖现状数据购买于中国科学院地理科学与资源研究所，空间分辨率 30 m 的数字高程模型（DEM）数据来源于地理空间数据云平台（http://www.gscloud.cn/），中国陆地生态系统（2010s）的碳密度数据集来自于国家生态科学数据中心（http://www.cnern.org.cn/），空间分辨率 1 km 的土壤数据来源于世界土壤数据库（Harmonized World Soil Database version1.2, HWSD），空间分辨率 25 km 的积雪厚度分布数据来自国家青藏高原科学数据中心（http:// westdc.westgis.ac.cn/），分辨率 1 km 的空间化人口数据和地区生产总值来源于中国科学院地理科学与资源研究所，空间分辨率 1 km 的人类影响指数数据来自于社会经济数据和应用中心（https://sedac.ciesin.columbia.edu），DMSP/LOS 遥感灯光数据来源于美国国家海洋和大气管理局（https://www.ngdc.noaa.gov/eog/dmsp/download V4composites.html），空间分辨率 1 km 的中国长时间序列归一化植被指数（NDVI）数据来自中国科学院地理科学与资源研究所（http://www.resdc.cn/DOI/doi.aspx?DO Iid=50）。

土地利用数据包括六种类型，分别为耕地、林地、草地、水体、建设用地和未利用地，依次赋值为 1、2、3、4、5、6，数据分辨率为 1 km×1 km。文中其他数据图层和结果图层的分辨率除特别说明外，均与此保持一致。

第三节　研究方法框架

本书研究的方法框架如图 3-9 所示。基于"城市病"研究已有文献的搜集与整理，对"城市病"的概念、症状、指标、模型与技术进行了总结，根据京津冀城市群的自然生态条件和社会经济状况，综合多种"城市病"诊断评价方法与多源数据，构建了"城市病"诊断与评价的指标体系，并参考城市与行业相关环境标准制定阈值，对京津冀城市群的"城市病"时空特征进行诊断，从多方面提出了"城市病"防治对策。

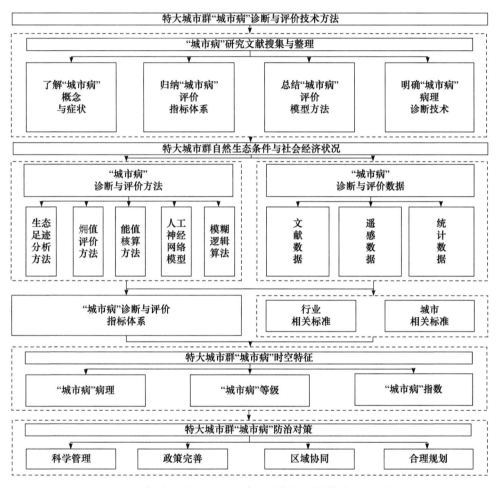

图 3-9 特大城市群"城市病"诊断与评价技术方法框架

第四章 "城市病"诊断与评价的框架和指标体系

本章在梳理国内外已有的"城市病"评价框架和指标体系的基础上,从"城市病"一体两面的城市健康评价的角度,提出基于城市组成成分的评估框架和指标体系,并采用基于统计的模糊逻辑方法对京津冀城市群的城市健康进行了两期评估,诊断产生"城市病"的原因。

第一节 国内外"城市病"评价框架和指标体系

"城市病"是人类社会经济发展的阶段性产物。从世界范围来看,绝大部分国家或地区的城镇化过程都在一定程度上与"城市病"相伴。为了寻求"城市病"的解决办法,国内外不同机构或学者开展了大量有关"城市病"评价指标体系的构建工作,取得了丰硕成果。表 4-1 总结了已有的"城市病"评价框架和指标体系,分析了其与本研究的关联,以期为本研究提供借鉴。

表 4-1 "城市病"评价相关成果汇总及与本研究的关联

指标体系名称	发布单位或作者	评价尺度	发布年份	指标体系构成	与本研究的关联
全球城市指数	科尔尼管理咨询公司等	全球城市	2017	由商业活动、人力资本、信息交流、政策参与和文化体验 5 个维度构成,计有 27 个具体指标	关联程度一般。提供了全球城市评价的一般框架
全球潜力城市指数	科尔尼管理咨询公司等	全球城市	2017	由居民幸福感、经济状况、创新、治理等 4 个维度构成,计有 13 个具体指标	关联程度较高。居民幸福感中的稳定与安全、卫生健康、基尼系数和环境状况可供借鉴
全球城市实力指数	日本森纪念财团	全球城市	2017	由经济、研发、文化、宜居、环境、可达性 6 个维度构成,计有 20 个具体指标	关联程度较高。提供了全球城市评价的一般框架。宜居、环境和可达性等维度指标可作借鉴
中国可持续发展指标体系	中国国际经济交流中心与哥伦比亚大学地球研究院	中国省级行政单元	2017	由经济发展、社会民生、资源环境、消耗排放和环境治理等 5 个领域构成,计有 22 个具体指标	关联程度较高。提供了国家层面可持续发展的评价框架,其中约 2/3 指标可作借鉴

续表

指标体系名称	发布单位或作者	评价尺度	发布年份	指标体系构成	与本研究的关联
城市可持续性发展指数	哥伦比亚大学、清华大学、麦肯锡"城市中国研究计划"	中国城市	2017	由经济、社会、资源、环境等4个维度构成，计有23个指标	关联程度高。提供了国家尺度城市可持续发展测度指标框架。其中的清洁程度、建成环境质量以及资源利用效率等可以借鉴
城市可持续发展状态指数	联合国开发计划署	中国城市	2016	城市生态投入指数 和人类发展指数两个维度。9项生态投入指标及3项人类发展指标	关联程度高。提供了测度国家尺度城市可持续发展状态的指标框架。对城市生态环境予以高度关注
亚洲绿色城市指数	经济学人智库	亚洲城市	2011	由二氧化碳与能源、建筑物与土地利用、交通运输、废弃物、水资源、环境卫生、空气质量和环境管理8个领域构成，计有29项指标	关联程度高。针对亚洲城市的实际情况，突出城市发展中的生态与环境问题，且指标有权重，借鉴意义较大
国家生态园林城市标准	住房和城乡建设部	中国城市	2016	由综合管理、绿地建设、建设管控、生态环境、市政设施、节能减排和综合否决项等项构成，计有47个指标	关联程度较高。其中的绿地建设和生态环境中的一些指标和阈值可以借鉴
中国人居环境奖评价指标体系	住房和城乡建设部	中国城市	2016	由居住环境、生态环境、社会和谐、公共安全、经济发展、节约资源和综合否定项等1级指标构成，计有2级指标23个，三级指标65个	关联程度高。其中的三级指标给出了标准值，可以作为"城市病"诊断的参考依据
国家环保模范城市考核指标	环境保护部	中国城市	2011	由社会经济、环境质量、环境建设和环境管理4项，26个指标	关联程度较高。一些指标的标准值可以作为"城市病"诊断的依据
国家生态市建设指标	环境保护部	中国城市	2007	由经济发展、生态环境保护和社会进步等4项构成，计有22个指标。其中16个为约束性指标，6个为参考性指标	关联程度较高。该指标体系针对市域评估，涉及市辖区的一些指标可以参考，且给出了目标值，借鉴价值较大
宜居城市科学评价标准	住房和城乡建设部	中国城市	2007	由社会文明度、经济富裕度、环境优美度、资源承载度、生活便宜度和公共安全度6项构成，共有85个计（扣）分项	关联程度高。提供各个指标的权重、分值、分级和标准值。2007年制定的评价标准，考虑时间变化，社会经济指标的标准值可适当修正
我国"大城市病"的指标基准、定量测度与机理分析	张洋子	中国城市	2017	由交通拥堵、环境污染、房价高企、医疗短缺和安全弱化等等项构成，计有11个具体指标	直接相关。采用主成分分析法确定每一层各指标的权重。根据已有成果确定阈值

续表

指标体系名称	发布单位或作者	评价尺度	发布年份	指标体系构成	与本研究的关联
"城市病"的形成机理及其经济阻滞效应测度	李刚	北京市	2016	由自然资源短缺、生态环境污染、交通拥堵、居民生活困难、公共资源紧张和公共安全弱化等项构成,其下有18个分项指标,30个具体指标	直接相关。采用专家打分法确定各指标权重,使用模糊评价法测度"城市病"状况。提供"城市病"分级标准
中国城市病测度研究	任成好和张桂文	中国城市	2016	由城市拥堵、资源短缺和环境污染三项构成,计有27个具体指标	直接相关。采用主成分分析法确定各层指标权重。缺乏反映经济和社会方面的指标。一些指标可以借鉴
北京城市病的综合测度及趋势分析	齐心	北京市	2015	由自然资源短缺、生态环境破坏、基础设施不足、公共服务紧张、生活质量下降、公共安全弱化和社会隔离加剧等项构成,其下有25个分项指标和与之对应的25个具体指标	直接相关。对各个指标采用等权重处理。评价多年"城市病"状况,反映变化趋势。一些指标可以借鉴
城市病评价指标体系构建与应用	李天健	北京市	2014	由自然资源短缺、生态环境污染、城市交通拥堵、居民生活困难、公共资源紧张和公共安全弱化项构成,其下有20个分项指标和48个具体指标	直接相关。具体指标选取较多,反映"城市病"的症状和病因详细。采用主成分分析方法确定各层指标权重。一些指标可以借鉴
中国"城市病"测度指标体系及其实证分析	石忆邵	中国城市	2014	由人口拥挤、交通拥堵、环境污染与风险和住房贫困等项构成,计有30个具体指标	参照国际大都市的理想值、我国生态城市、宜居城市的发展目标及相关规划标准确定了各指标的目标值。各层指标采用等权原则处理。一些指标可以借鉴
我国的城市病到底多严重——城市病的度量及部分城市的城市病状况定量对比	王大伟等	中国城市	2012	由人口拥挤、交通拥堵、环境污染和住房困难等项构成,每一项均分为现势性和趋势性指标两类,计有13个具体指标	指标权重通过专家咨询得到。以功能良好的大城市的各项指标的平均值为依据,确定出一个"标准城市",以此作为判断城市是否发生城市病的临界标准
城市病诊断与城市生态系统健康评价	郁亚娟等	北京市	2008	由承载力、支持力、吸引力、延续力和发展力等项构成,计有40个具体指标	参考自然生态系统健康评价体系,多途径获取健康城市的目标值。采取隶属度函数对原始数据进行了规范化。单项指标权重采用改进的均方差法确定。健康城市目标值可作为参考

基于表 4-1 的归纳和分析,"城市病"评价框架和指标体系有如下特点:

（1）城市是一个复杂的开放系统，"城市病"是城市在内外力作用下，结构、组成和功能上出现的多种问题的集合。因此，对于"城市病"的评价应当采用多个维度的立体表征形式，通常包括社会、经济、资源和生态环境等。由于每个维度是一个子系统，其内部由多个要素组成，所以，"城市病"诊断框架应当是一个多层次的体系，一般由2~3层构成。最底层为具体指标层，中间为领域层或主题层，上层为"城市病"类型层。自下而上的各层指标之间呈现逐级汇聚关系。

（2）各个城市位于不同的国家或地区，发展阶段也不尽相同。因此，评价指标体系具有尺度依存特性。对于全球尺度的"城市病"评价，指标应尽可能反映不同地域、不同发展阶段和不同社会制度下的城市特征。对于某个具体城市的评价，除了一些共性指标外，应更具针对性。

（3）不同的评价指标体系复杂程度不同。表现在框架的层次多少不一，指标数量有多有少。框架层次最小的只有2层，最多的可有4层；底层指标数量最少的仅十余个，最多的上百个，一般多为20~30个指标。

（4）不同管理主体构建的评价指标体系的侧重点不同。例如，由住房和城乡建设部制定的"国家生态园林城市标准"、"中国人居环境奖评价指标体系"和"宜居城市科学评价标准"等，和由原环境保护部（现为生态环境部）制定的"国家环境保护模范城市考核指标"和"国家生态市建设指标"等，更多地体现了管理职能，因而，指标体系中建设和管理成效方面的指标较多。而由非政府机构和学者制定的评价指标体系，则更多地考虑了城市系统的结构和功能属性。

（5）不同评价指标体系的应用指向不同，指标构成属性有所差异。表4-1中的评价指标体系，尽管评价对象大多是城市，但评价目的不尽相同。有的更加综合，如科尔尼管理咨询公司等的"全球城市指数"、日本森纪念财团的"全球城市实力指数"和哥伦比亚大学、清华大学、麦肯锡公司等制定的"城市可持续性发展指数"。有的侧重城市状态的某一方面，如住房和城乡建设部的"中国人居环境奖评价指标体系"侧重人居环境，环境保护部的"国家环境保护模范城市考核指标"侧重环保，而经济学人智库的"亚洲绿色城市指数"则侧重绿色发展。

（6）目标值或标准值的设定是评价指标体系的重要组成部分。一般来说，目标值或标准值的来源可能有：①国际/国内城市或行业标准；②参考国内外公认的运行良好的城市（健康城市）的现状值；③有变化趋势的指标，可以采用历史上最好时段的数据作为目标值，并将过程拐点作为划分"城市病"阶段的重要依据。

（7）各个指标层权重的设定一直是评价工作的争议所在。一般有主观性的专家打分法（德尔菲法）和等权重法、客观性的主成分分析法和熵值法等。每一种方法均有优劣势，且都能引起一定的争议，增加了评价结果的不确定性。

第二节　基于组分的城市健康评价框架和指标体系

城市在人类经济社会发展中发挥着越来越重要的作用，同时也对环境产生了巨大的影响（Beninde et al., 2015; Zardo et al., 2017）。城市规划和管理也越来越依赖于对城市问题有效而准确的评估和监测。虽然已有的框架和指标体系尝试从多个角度来评估城市发展的质量，但这些评估框架均是围绕各种城市功能开展的，例如创新力、工业生产、信息交换、经济活动、文化感受等。城市功能的源头，即提供这些功能的城市组分还没有被系统独立地评估过。这些城市组分包括城市内所有的可见可触摸的实体，如人、建筑物、道路和野生动植物等。由于规划和管理方案最终需要通过对城市组分的直接影响来达到改变城市功能的目的，城市组分的状态应该得到城市规划与管理者的重点关注。基于上述判断，本节提出一个基于组分的城市健康评价框架和指标体系。

一、城市健康评价框架

城市复杂系统与生物体非常相似（Ariza et al., 2014; Xie et al., 2014; Silva, 2016），也有不同的健康状况。根据世界卫生组织（WHO）对人体健康的定义，即"生理、心理及社会的完全安宁美好状态"（Jadad and O'Grady, 2008），城市健康也可近似的被定义为"人、设施和环境的完全安宁美好状态"，即城市所有核心组成成分都完整且足量地存在，并且能高效、和谐和可持续地运行。

从还原论的视角来看，一个健康的人体由活细胞（可形成器官、血液和神经元等）、细胞衍生物（如骨骼、毛发、激素和排泄物等）和外界摄入物（如食物蛋白、水、维生素和共生菌等）三大类组成。类似的，一座健康的城市也可以还原为三类基础组成成分，即人、设施和环境（图4-1）。

人，即城市居民，是所有城市的根本要素，类比人体中的细胞（如血细胞、皮肤细胞、神经元等）。人是城市最重要的组成部分，因为所有的城市都是由人创造的。设施，指的是城市中人们为了生活和发展而建造和管理的一切物品，如道路、建筑物、车辆等，类比人体的细胞衍生物（如骨骼、头发、激素等）。设施可以反映城市发展水平、规划理念、历史文化等许多信息（Chen and Nordhaus, 2011; Levin and Duke, 2012）。环境，指的是城市中所有非人造物，如植物、土壤、水、动物等，类比人体内的所有外部输入物（如水、维生素、寄生虫等）。城市依赖于环境提供的资源和服务才能正常运转（Wackernagel et al., 2006; Song et al., 2010）。虽然人可以在城市中建造公园、花园和湖泊之类的系统，但构成这些环境的有机体或要素是通过自然过程建立起来的（Blew, 1996）。

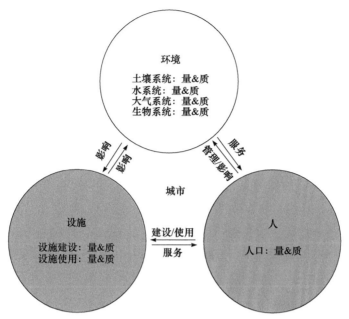

图 4-1　城市组分、关系与潜在指标类型概念图

如图 4-1 所示，这三类城市组分还可以被进一步划分。城市中"人"这一组分的健康状态可从城市人口的"量"和"质"两方面分析。"设施"组分的健康状态也可通过考量"设施建设"和"设施使用"的"量"和"质"来确定。"环境"组分则可以被细分为"土壤"、"水"、"大气"和"生物"四个子系统，然后分别评估它们的"量"和"质"，从而得到城市整体"环境"组分的健康状态。

就像一个健康的人一样，一个健康的城市也需要它的所有内部组分和外部输入紧密而和谐地相互作用。具体而言，在城市中"人"可通过建设和使用"设施"来影响和管理城市"环境"（Campell, 2016; Saaty and Paola, 2017）。"设施"则通过提供居住、生产、贸易、运输和娱乐的场所与条件等方式来为"人"服务（Hall, 2014; Ponzini, 2016）。"设施"的建设和使用还会对城市"环境"造成影响，如生境破碎化、污染和微环境变化等（Jim, 2004; Losasso, 2016）。最后，"环境"也可能通过风化、提供建筑基础、生物降解、生物恢复和提供保护等作用来影响"设施"（Ryan, 1985; Boafo et al., 2017），并且提供各种生态系统服务，如水调节、空气净化、土壤保持、降噪和娱乐等，来为"人"提供服务（Gómez-Baggethun and Barton, 2013）。这些关系的紧密程度将由城市健康评价体系中的相应指标来反映。

二、城市健康评价指标体系

基于上述框架和城市组分的概念，根据各指标反映城市三类组分的完整性和生命力的能力对候选指标进行筛选，具体标准如下（Harshaw et al., 2007; UNEP, 2012; Barron et al., 2016）：

（1）代表性：能体现所希望表征的特性，并且互相独立以减少重复性；

（2）可靠性：拥有可信和经过充分验证的数据来源；

（3）可得性：尽量选择数据易获取、计算简单的指标以增强评估体系的可操作性；

（4）有效性：尽可能选择可被人为主动修正的"有效指标"（enabling indicators），减少单纯"表现指标"（performance indicators）以增强评估体系的实用性，以便为提升城市健康水平提供指导。

通过筛选最终确定 27 项指标构成城市健康评估的指标体系（表 4-2）。其中 8 个指标用于代表各城市组分的"量"，12 个指标代表组分的"质"，另外 7 个指标用于指示不同城市组分之间的关系水平。一些指标为正向指标，即指标值越高越好，另一些为负向指标，即指标值越低越好。如果某一指标对城市健康的指示作用比较复杂，则考虑该指标在极端情况下对城市健康可能会造成的影响。例如，众多研究表明城市人口密度增加会带来更高的资源利用效率和劳动生产力以及更低的人均碳足迹（Morikawa, 2012; Su et al., 2017; Wang and Yuan, 2017），但过高的城市人口密度则会通过总量效应对城市健康造成巨大的压力（Elsayed, 2012; Jones and Kammen, 2014）。因此，仍然将人口密度作为负向指标，但其参考值应设置得较高，以反映低于某阈值时，人口密度增加对城市健康的正面作用。

这些指标中，少部分为其他城市研究中的常见指标（Tanguay et al., 2010; Shen et al., 2011），而大部分体现了独特的关注点且被之前的城市研究所忽略（Mascarenhass et al., 2010; Egilmez et al., 2015; Wong, 2015; Phillis et al., 2017）。

每个指标都有一个相对应的健康参考值（表 4-2）。这些参考值是城市健康的最低标准值而非最理想状态值。对参考值的判定以一系列数据来源为基础，如国家标准或官方报告（10 项）、相关研究（6 项）、联合国环境署评估的国际上前十座环境友好型发达城市的平均值（7 项）、修正的本地数据（1 项）以及基于常识判断的理想状态（3 项）。例如，"空气重度污染天数比例"的参考值基于常识判断设置为 0。

表 4-2　基于组分的城市健康评估指标体系与参考值

序号	指标	指标类型	定义（单位，解释）	假设	参考值
1	人口密度	人，量	每平方公里人数（人/km², 城市行政区划内常住人口普查结果）	负向指标：在保证一定发展潜力的条件下，人口密度越低对生态环境的胁迫度越小	3398.48[a]
2	受教育程度	人，质	拥有小学学历以上教育的人口比例（%，城市行政区划内常住人口普查结果）	正向指标：更高的受教育程度代表更低的环境灾害社会脆弱性（Cutter et al., 2003）、更高的经济生产力以及对生态环境更友善的态度	86.70[a]

续表

序号	指标	指标类型	定义（单位，解释）	假设	参考值
3	预期寿命	人，质	人均预期寿命（岁，城市行政区划内常住人口普查及预测结果）	正向指标：更高的预期寿命代表更好的环境与医疗条件	81.79[a]
4	年龄中位数	人，质	城市人口年龄中位数（岁，城市行政区划内常住人口普查及预测结果）	负向指标：更低的年龄中位数代表更低的环境灾害社会脆弱性（Cutter et al., 2003），以及更强的城市活力	38.16[a]
5	恩格尔系数	人，质	食物支出占个人消费支出的平均比例（%，城市行政区划内常住人口普查及预测结果）	负向指标：更低的恩格尔系数代表更高的经济发展水平	30.00[b]
6	研发投资率	人-设施关系	科学研发投资占城市每年地区生产总值的比例（%，科研项目实际支出，包括服务费、材料费、设备费、消耗和外部费用，不包括管理费、资产建设资金和间接服务费）	正向指标：更高的研发投资率代表未来更好的设施建设与使用潜力	5.50[a]
7	环境投资率	人-环境关系	环境保护相关投资占城市每年地区生产总值的比例（%，环境保护与管理实际支出，包括服务费、材料费、设备费和消耗品费用，不包括管理费、资产建设资金和间接服务费）	正向指标：更高的环境投资率代表对现在与未来环境更高的重视度	3.00[c]
8	公路网密度	设施建设，量	公路长度占城市面积的比例（km/km²，城市行政区划内的公路长度）	正向指标：更高的公路网密度代表更完善的城市规划	1.00[d]
9	节能建筑比例	设施建设，量	节能建筑在民用建筑中的占比[%，城市行政区划内符合《公共建筑节能设计标准》（GB50189—2005）的建筑比例]	正向指标：更高的比例代表对环境更友好的城市发展理念	100.00[e]
10	公共交通覆盖度	设施建设，质	每平方公里的公共交通运营公里数（km/km²，公共交通包括各类型巴士与地铁，不包括出租车）	正向指标：更高的覆盖度代表更好的城市规划与对环境更友好的城市发展理念	4.00[c]
11	二氧化碳强度	设施使用，量	人均二氧化碳年均排放量[t/a，根据《温室气体排放核算与报告要求》（GB/T32151.1～10—2015）计算 10 种产业类型的二氧化碳年均排放量]	负向指标：更高的二氧化碳排放强度从设施使用角度代表更弱的城市可持续发展能力	2.19[c]

续表

序号	指标	指标类型	定义（单位，解释）	假设	参考值
12	清洁能源使用比例	设施使用，质	清洁能源占能源总消耗比例（%，清洁能源指天然气、太阳能、风能、潮汐能和核能）	正向指标：更高的清洁能源使用比例从能源消费角度代表更强的城市可持续发展能力	20.00[f]
13	再生水利用率	设施使用，质	再生水占城市总用水量的比例[%，再生水指满足《污水再生利用工程设计规范》（GB/T50335—2002）并被循环利用的水]	正向指标：更高的再生水利用率从水资源消费角度代表更强的城市可持续发展能力	30.00[f]
14	城市噪声污染程度	设施使用，质	年均噪声水平[dB，根据《声环境质量标准》（GB3096—2008）所采集的城市建成区范围内噪声数据]	负向指标：更低的噪音水平代表更好的城市规划和/或设施使用	54.00[f]
15	二三产业比例	设施-人关系	第二和第三产业地区生产总值在总地区生产总值中的占比[%，第二产业指矿产、制造、发电、水利、燃气和建筑业；第三产业指除第一（农、林、牧、渔）和第二产业外的所有产业]	正向指标：更高的二、三产占比代表更高的城市设施建设和/或使用水平	99.74[a]
16	废物处理率	设施-环境关系	城市废物处理比例[%，需依据《生活垃圾填埋污染控制标准》（GB16889—2008）判定是否为已处理]	正向指标：更高的废物处理率从环境影响角度代表更强的城市可持续发展能力	100.00[c]
17	废水处理率	设施-环境关系	城市废物处理比例[%，需依据《城镇污水处理厂污染物排放标准》（GB18918—2002）判定是否为已处理]	正向指标：更高废物处理率从水环境保护角度代表更强的城市可持续发展能力	90.00[f]
18	土壤污染面积	土壤系统，量	土壤污染面积占城市面积比例（或土壤污染样品占总样品比例）[%，污染土壤指质量达到《土壤环境质量标准》（GB15618—1995）中二级及以上的土壤]	负向指标：更低的土壤污染面积从量的角度代表更好的土壤环境情况	11.40[g]
19	土壤污染程度	土壤系统，质	重度土壤污染面积占城市面积比例（或重度土壤污染样品占总样品比例）[%，污染土壤指质量达到《土壤环境质量标准》（GB15618—1995）中三级及以上的土壤]	负向指标：更低的土壤污染程度从质的角度代表更好的土壤环境情况	1.90[g]

续表

序号	指标	指标类型	定义（单位，解释）	假设	参考值
20	空气优良天数比例	大气系统，量	全年空气质量达到二级及以下标准的天数占比[%，空气质量根据《环境空气质量（AQI）技术规定（试行）》（HJ 633—2012）中的AQI计算，包括对SO_2、NO_2、CO、O_3、PM_{10}和$PM_{2.5}$测量；二级空气质量指AQI小于100]	正向指标：更高的空气优良天数比例从量的角度代表更好的大气环境情况	82.20[f]
21	空气重度污染天数比例	大气系统，质	全年空气质量达到四级及以上标准的天数占比[%，空气质量根据《环境空气质量（AQI）技术规定（试行）》（HJ 633—2012）中的AQI计算，包括对SO_2、NO_2、CO、O_3、PM_{10}和$PM_{2.5}$测量；四级空气质量指AQI大于300]	负向指标：更低的空气重度污染天数比例从质的角度代表更好的大气环境情况	0.00[e]
22	植被覆盖度	生物系统，量	植被覆盖占城市面积的比例（%，城市建成区内的植被面积）	正向指标：更高的植被覆盖度从量的角度代表更好的环境保护与城市生态水平	40.00[f]
23	植被生产力	生物系统，质	植被年均净初级生产力[Kg C/（m^2·a），城市建成区内的植被年均净初级生产力]	正向指标：更高的植被生产力从质的角度代表更好的环境保护与城市生态水平	附近保护区数据[h]
24	地表水质达标率	水系统，量	城市地表水质量低于三级及以下比例[%，水质达标指质量达到《地表水环境质量标准》（GB3838—2002）中三级及以下的地表水]	正向指标：更高的水质达标率从量的角度代表更好的水环境情况	80.00[f]
25	地表水污染程度	水系统，质	城市地表水质量高于五级及以上比例[%，水污染指质量达到《地表水环境质量标准》（GB3838—2002）中五级及以上的地表水]	负向指标：更低的水污染程度从质的角度代表更好的水环境情况	0.00[e]
26	人均绿地面积	环境-人关系	城市居民人均绿地面积（m^2/人，城市建成区内常住人口人均绿地面积）	正向指标：更高的人均绿地面积代表城市生态系统对人的影响更强	13.50[f]
27	自然保护区比例	环境-设施关系	自然保护区占城市面积比例（%，城市行政区划面积内所有国家级、省级和市级保护区面积）	正向指标：更高的自然保护区比例代表更多的土地被保留用于环境保护	18.06[a]

注：1～7为人指标；8～17为设施指标；18～27为环境指标。

资料来源：a. 墨尔本、多伦多、都柏林、奥克兰、赫尔辛基、纽约、苏黎世、奥斯陆、东京和维也纳2015年或最近年份的平均值；b. Li 和 Yu（2011）；c. Zhou 等（2015）；d. 郁亚等（2008）；e. 常识判断参考值；f. 中华人民共和国住房和城乡建设部，2012；g. 中华人民共和国生态环境部和中华人民共和国国土资源部，2014；h. 当地MODIS遥感数据。

第三节　城市健康评价的模糊逻辑方法

基于指标的评估方法不可避免地在指标选择、权重确定、归一化和汇总等方面存在主观性（Gasparatos and Scolobig, 2012）。城市健康本来就不具有严格的定义，进一步加强了评估时的主观性和模糊性。针对这种不确定性，利用模糊逻辑来量化并综合考虑多个不确定目标的模糊评估方法（fuzzy evaluation）便是一种行之有效的选择（Ho and Liao, 2011; Chen et al., 2014; Omidvari et al., 2014）。模糊逻辑可以将不确定性较高的数据或复杂的自然语言转化为逻辑性强且含义清晰的数学规则，从而对数据实现有效处理（McNeill and Thro, 1994）。模糊评估方法已在农业生产、生态系统可持续性、水质划分和政策影响评估等多个研究领域广泛使用（Cornelissen et al., 2003; Prato, 2007; Icaga, 2007; Mazzocchi et al., 2013）。在城市研究领域，Luc 等（2004）、Egilmez 等（2015）和 Phillis 等（2017）也在专家意见和指标数据的基础上利用模糊评估方法评估了多个城市的可持续性。在参考了 Luc 等（2004）与 Phillis 等（2017）的城市可持续性评估模型框架后，本研究结合指标特点组建了由三层推理结构构成的城市健康模糊评估模型，评估过程可分为如图 4-2 所示的六步，具体原理和操作如下：

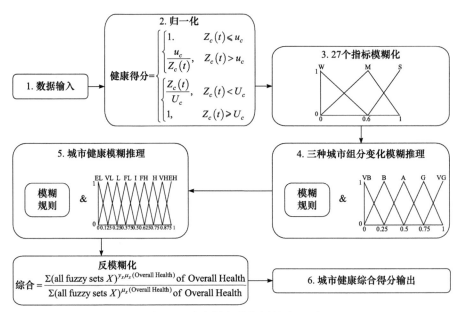

图 4-2　城市健康模糊评估流程图

1. 指标归一化

在获得了表 4-2 中城市健康评价所需的 27 项指标的数据后，依据式（4-1）对所有数据进行 0 至 1 的归一化。其中 0 代表可持续性潜力低，1 代表达到可持续性参考值。

$$
\text{指标归一化} =
\begin{cases}
1, & Z_c(t) < u_c \\[2mm]
\dfrac{u_c}{Z_c(t)}, & Z_c(t) \geqslant u_c \\[2mm]
\dfrac{Z_c(t)}{U_c}, & Z_c(t) \leqslant U_c \\[2mm]
1, & Z_c(t) > U_c
\end{cases}
\tag{4-1}
$$

式中，$Z_c(t)$ 代表 c 指标在 t 时间的值，u_c 表示负向指标的可持续参考值，U_c 为正向指标的可持续参考值。当正向和负向指标值 $Z_c(t)$ 分别高于或低于参考值 u_c 和 U_c 时，将指标赋值为 1，否则根据与参考值的比值在 0 至 1 间赋值。

2. 指标模糊化

归一化处理后，利用由语言价值组成的模糊规则集对各个指标数据进行模糊化处理。第一阶为基础指标的模糊推理[图 4-3（a）]，使用了弱（weak, W）、中（medium, M）和强（strong, S）三种语言价值作为模糊规则。第二阶为城市组分的规则建立[图 4-3（b）]，使用了很差（very bad, VB）、差（bad, B）、一般（average, A）、好（good, G）和很好（very good, VG）5 种语言规则。第三阶为综合城市健康的判定[图 4-3（c）]，使用了极低（extremely low, EL）、很低（very low, VL）、低（low, L）、稍低（fairly low, FL）、中等（intermediate, I）、稍高（fairly high, FH）、高（high, H）、很高（very high, VH）和极高（extremely high, EH）9 种语言价值作为判断规则。

由于三角隶属函数具有简便易操作性，将其选为各模糊规则集的判定函数（Phillis et al., 2017），具体如图 4-3 和公式（4-2）所示：

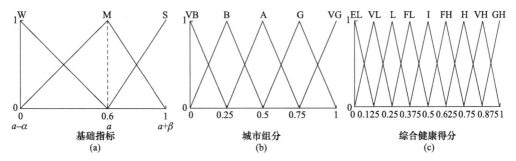

图 4-3 城市健康模糊评估规则集

（W = 弱；M = 中；S = 强；VB = 很差；B = 差；A = 一般；G = 好；VG = 很好；EL = 极低；VL = 很低；L = 低；FL = 稍低；I = 中等；FH = 稍高；H = 高；VH = 很高；EH = 极高）

$$X(t)=\begin{cases} 1-\dfrac{a-t}{\alpha}, & \text{当 } a-\alpha \leqslant t \leqslant \alpha \\[2mm] 1-\dfrac{a-t}{\beta}, & \text{当 } a \leqslant t \leqslant a+\beta \\[2mm] 0, & \text{其他情况} \end{cases} \qquad (4\text{-}2)$$

式中，t 为需要三角模糊隶属函数 X 进行判断的归一化后的指标数值，a 为判断函数的中心（或最大值），α 和 β 分别为离 a 的左、右距离。以"公共交通覆盖度"这一指标的模糊化处理为例，根据统计年鉴获得北京市 2015 年该指标数值为 1.26 km/km²，可持续参考值为 4 km/km²（表 4-2），得到归一化值 1.26 / 4 = 0.315。根据图 4-3（a）的规则，该值的"弱"级得分为 1–[（0.315-0）/ 0.6] = 0.475，"中"级得分为 1–[（0.6-0.315）/ 0.6] = 0.525，"强"级得分为 0。

3. 城市组分状态模糊推理

对所有数据进行模糊化处理后，依据模糊推理规则集对各城市组分进行分组模糊推理。模糊推理规则集是所有输入数据与对应输出结果的可能性组合的集成，每组输入数据会触发对应的模糊推理规则并将组合结果与评估标准进行比较从而完成推理。首先对基础指标的每个模糊规则语言价值赋予一个整数值：$W = 0$，$M = 1$，$S = 2$。当规则集内的某条规则被触发后，结合用层次分析法获得的各指标与组分的重要性权重（表 4-3），将各项输入数据对应的分数加和，与评估标准[式（4-3）～式（4-5）]进行比较，从而输出一条模糊评估结果。

表 4-3　城市健康评估指标的 AHP 权重与评估权重

城市组分 （组分权重）	组分指标	AHP 权重	评估权重
人 （0.426371441）	1. 人口密度	0.0588901	4.73
	2. 受教育程度	0.0817770	6.57
	3. 预期寿命	0.0607974	4.89
	4. 年龄中位数	0.0425153	3.42
	5. 恩格尔系数	0.0698266	5.62
	6. 研发投资率	0.0509636	4.10
	7. 环境投资率	0.0639820	5.14

续表

城市组分 （组分权重）	组分指标	AHP 权重	评估权重
	8. 公路网密度	0.0167941	1.35
	9. 节能建筑比例	0.0124383	1.00
	10. 公共交通覆盖度	0.0209558	1.68
	11. 二氧化碳强度	0.0188415	1.51
设施 （0.187344471）	12. 可再生能源使用比例	0.0179182	1.44
	13. 再生水利用率	0.0169681	1.36
	14. 城市噪声污染程度	0.0181323	1.46
	15. 二三产业比例	0.0220264	1.77
	16. 废物处理率	0.0220197	1.77
	17. 废水处理率	0.0206919	1.66
	18. 土壤污染面积	0.0338351	2.72
	19. 土壤污染程度	0.0373815	3.01
	20. 空气优良天数比例	0.0466682	3.75
	21. 空气重度污染天数比例	0.0615021	4.94
环境 （0.386371988）	22. 绿化覆盖率	0.0342077	2.75
	23. 植被生产力	0.0247692	1.99
	24. 地表水质达标率	0.0493866	3.97
	25. 地表水污染程度	0.0549338	4.42
	26. 人均绿地面积	0.0261629	2.10
	27. 自然保护区比例	0.0212229	1.71

$$
\text{"人"模糊评估标准（7项输入）} = \begin{cases} VB, & 0 \leqslant sum < 13.79 \\ B, & 13.79 \leqslant sum < 27.58 \\ A, & 27.58 \leqslant sum < 41.36 \\ G, & 41.36 \leqslant sum < 55.15 \\ VG, & 55.15 \leqslant sum < 68.94 \end{cases} \quad (4\text{-}3)
$$

$$\text{"设施"模糊评估标准（10项输入）} = \begin{cases} VB, & 0 \leqslant sum < 6.01 \\ B, & 6.01 \leqslant sum < 12.01 \\ A, & 12.01 \leqslant sum < 18.02 \\ G, & 18.02 \leqslant sum < 24.03 \\ VG, & 24.03 \leqslant sum < 30.03 \end{cases} \quad (4\text{-}4)$$

$$\text{"环境"模糊评估标准（10项输入）} = \begin{cases} VB, & 0 \leqslant sum < 12.54 \\ B, & 12.54 \leqslant sum < 25.09 \\ A, & 25.09 \leqslant sum < 37.63 \\ G, & 37.63 \leqslant sum < 50.18 \\ VG, & 50.18 \leqslant sum < 62.72 \end{cases} \quad (4\text{-}5)$$

以其中一条规则（即一种组合情况）为例：

当"人口密度"为"中""受教育程度"为"弱""预期寿命"为"强""年龄中位数"为"中""恩格尔系数"为"强""研发投资率"为"弱"和"环境投资率"为"弱"时，对"人"组分得分的判定过程为：

"人口密度"等级（中）×"人口密度"权重（4.73）+"受教育程度"等级（弱）×"受教育程度"权重（6.57）+"预期寿命"等级（强）×"预期寿命"权重（4.89）+"年龄中位数"等级（中）×"年龄中位数"权重（3.42）+"恩格尔系数"等级（强）×"恩格尔系数"权重（5.62）+"研发投资率"等级（弱）×"科研投资率"权重（4.10）+"环境投资率"等级（弱）×"环境投资率"权重（5.14）= 2 × 4.73 + 1 × 6.57 + 3 × 4.89 + 2 × 3.42 + 3 × 5.62 + 1 × 4.10 + 1 × 5.14 = 63.64。根据"人"组分的模糊评估标准[式（4-3）]，该得分属于"很好"等级。

4. 城市健康模糊推理

对城市组分的模糊规则语言价值进行赋值，即 VB = 0，$B = 1$，$A = 2$，$G = 3$，VG = 4，根据各城市组分状态的推理结果和表4-3中相应的权重分别计算每一条规则下的城市健康得分，与城市健康模糊评估标准[式（4-6）]进行比较，输出相应的城市健康模糊推理结果，具体过程与城市组分状态的模糊推理类似。

$$\text{城市健康模糊评估标准（3项输入）} = \begin{cases} EL, & 0 \leqslant sum < 2.37 \\ VL, & 2.37 \leqslant sum < 4.75 \\ L, & 4.75 \leqslant sum < 7.12 \\ FL, & 7.12 \leqslant sum < 9.49 \\ I, & 9.49 \leqslant sum < 11.86 \\ FH, & 11.86 \leqslant sum < 14.24 \\ H, & 14.24 \leqslant sum < 16.61 \\ VH, & 16.61 \leqslant sum < 18.98 \\ EH, & 18.98 \leqslant sum < 21.35 \end{cases} \quad (4\text{-}6)$$

5. 反模糊化与城市健康综合得分输出

当城市健康模糊推理评估完成后，对城市综合健康等级进行赋值，即 EL = 0，VL = 1，L = 2，FL = 3，I = 4，FH = 5，H = 6，VH = 7，EH = 8，在此基础上进行反模糊化处理[式（4-7）]，获得城市健康综合得分：

$$城市健康综合得分 = \frac{\sum \left(\text{all fuzzy sets } X\right)^{y_X \mu_X(\text{Overall Health})} \text{ of Overall Health}}{\sum \left(\text{all fuzzy sets } X\right)^{\mu_X(\text{Overall Health})} \text{ of Overall Health}} \qquad （4\text{-}7）$$

式中，y_X 为隶属函数 X 的最大值，μ_X 为隶属的语言价值类别。

第四节　京津冀城市群城市健康评价结果

运用上述基于城市组分的城市健康评估指标体系和模糊逻辑方法，对京津冀城市群进行了 2010 年和 2015 年两期实证研究，以考察该区域城市健康的变化情况，为城市规划和管理提供参考依据。过去 40 年来中国经历了最快的城市化进程，这些处于不同发展阶段的城市为检验该指标体系的效果提供了合适的样本。本书研究选择京津冀 13 个主要城市展开评估，将城市发展历史和规划目标作为检验该指标体系适用性的参考信息。各指标详情见表 4-2，评估结果如图 4-4 和图 4-5 所示。结果表明，京津冀 13 座城市 2010 年与 2015 年均未达到健康合格标准。北京在两个年份中都是所有城市中最为健康的城市，石家庄是 2010 年最不健康城市，衡水则是 2015 年最不健康城市。所有城市的健康水平在 2015 年与 2010 年相比均有所提升，其中承德市的改善程度最大，衡水市的改善程度最小。城市组分分项健康评估结果显示，京津冀的城市在"人"指标表现上相对较好且差异不大，但在"环境"指标上除承德与张家口外普遍较差，且差异较大。

从图 4-5 中可以看出，"人"的分项评估得分仅张家口的变化值为负，其余均有所上升，且变化值由低到高依次为：石家庄、北京、秦皇岛、沧州、保定、邢台、天津、廊坊、衡水、承德、邯郸和唐山。可见，相对来说，张家口、石家庄、北京、秦皇岛等城市在发展过程中需要更为关注与人有关的城市健康问题。

"环境"组分的分项评估得分除天津、秦皇岛和邢台外，均有所增加，增加值由低到高依次为：衡水，沧州，北京，廊坊，邯郸，唐山，石家庄，保定，张家口和承德。说明天津、秦皇岛和邢台三个城市的环境依然在恶化，值得警惕，而衡水、沧州等城市在发展过程中也需要更加注意环境方面的问题。

"设施"组分的分项评估得分除衡水的变化值为负以外，其余均有较为明显的提升，变化值由低到高依次为：天津，秦皇岛，廊坊，唐山，邢台，北京，沧州，张家口，邯郸，承德，石家庄和保定。说明衡水的城市设施建设在退步，需要当地政府关注并规划；天津、秦皇岛和廊坊等城市也需要在基础设施建设上进一步加强。

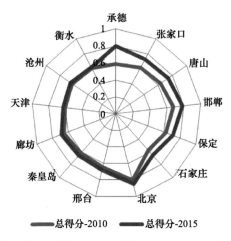

图 4-4　京津冀 13 个城市 2010 年与 2015 年城市健康评估结果

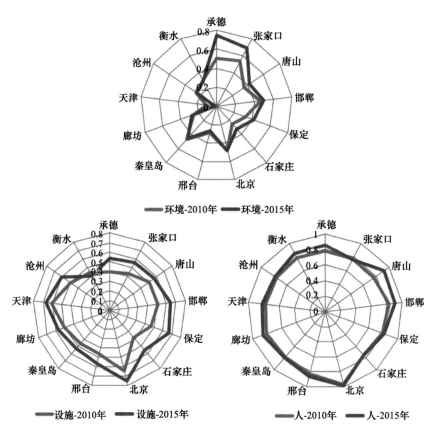

图 4-5　京津冀 13 个城市 2010 年与 2015 年城市健康评估城市组分分项评估结果

为了提升城市健康水平,最需改进的指标是那些对城市健康负面影响最大的指标。表 4-4 总结了京津冀 13 个城市 2010 年和 2015 年城市健康问题的来源指标,列出了对健康影响最大的前 5 个指标和表现最好、负面影响最小的前 5 个指标。不同城市的关键指标不尽相同,表明在京津冀协同发展的规划中应有所侧重。其中,各城市最需改进的指标中出现最多的是空气污染程度、地表水污染程度、空气污染量、公共交通覆盖率和研发投资率。可再生能源应用比例、自然保护区比例、环境投资率和二氧化碳强度也是需要注意的方面。人口密度、年龄中位数、土壤污染程度、绿化覆盖率、恩格尔系数、噪声污染程度、公路网密度和废水处理率等指标的表现则较为出色。

表 4-4 京津冀城市健康问题的指标来源

城市	健康影响最大的前 5 个指标					表现最好的前 5 个指标				
2010 年-北京	空气重度污染天数比例	地表水污染程度	二氧化碳强度	可再生能源应用的比例	研发投资率	公路网密度	再生水利用率	绿化覆盖率	人均绿地面积	人口密度
2015 年-北京	空气重度污染天数比例	地表水污染程度	公共交通覆盖度	可再生能源应用的比例	二氧化碳强度	公路网密度	再生水利用率	绿化覆盖率	人均绿地面积	人口密度
2010 年-天津	空气重度污染天数比例	地表水污染程度	城镇民用节能建筑比例	空气污染天数比例	可再生能源应用的比例	噪声污染程度	废物处理率	年龄中位数	公路网密度	人口密度
2015 年-天津	空气重度污染天数比例	地表水污染程度	空气污染天数比例	土壤污染程度	地表水质达标率	噪声污染程度	再生水利用率	废水处理率	公路网密度	人口密度
2010 年-石家庄	空气重度污染天数比例	地表水污染程度	空气污染天数比例	公共交通覆盖度	环境投资率	恩格尔系数	年龄中位数	噪声污染程度	废水处理率	人口密度
2015 年-石家庄	空气重度污染天数比例	地表水污染程度	环境投资率	空气污染天数比例	研发投资率	恩格尔系数	年龄中位数	噪声污染程度	废水处理率	人口密度
2010 年-承德	空气重度污染天数比例	地表水污染程度	研发投资率	空气污染天数比例	公共交通覆盖度	绿化覆盖率	恩格尔系数	年龄中位数	噪声污染程度	人口密度
2015 年-承德	空气重度污染天数比例	空气污染天数比例	研发投资率	二氧化碳强度	公共交通覆盖度	地表水质达标率	土壤污染面积	绿化覆盖率	年龄中位数	人口密度
2010 年-张家口	空气重度污染天数比例	空气污染天数比例	公共交通覆盖度	可再生能源应用的比例	环境投资率	噪声污染程度	土壤污染程度	绿化覆盖率	地表水污染程度	人口密度

续表

城市	健康影响最大的前 5 个指标					表现最好的前 5 个指标				
2015 年-张家口	空气重度污染天数比例	空气污染天数比例	环境投资率	公共交通覆盖度	二氧化碳强度	噪声污染程度	土壤污染程度	绿化覆盖率	地表水污染程度	人口密度
2010 年-秦皇岛	空气重度污染天数比例	地表水污染程度	空气污染天数比例	公共交通覆盖度	研发投资率	恩格尔系数	土壤污染程度	绿化覆盖率	年龄中位数	人口密度
2015 年-秦皇岛	空气重度污染天数比例	地表水污染程度	空气污染天数比例	公共交通覆盖度	研发投资率	恩格尔系数	土壤污染程度	绿化覆盖率	年龄中位数	人口密度
2010 年-唐山	空气重度污染天数比例	地表水污染程度	空气污染天数比例	公共交通覆盖度	可再生能源应用的比例	废水处理率	土壤污染程度	绿化覆盖率	年龄中位数	人口密度
2015 年-唐山	空气重度污染天数比例	地表水污染程度	空气污染天数比例	自然保护区比例	公共交通覆盖度	废水处理率	土壤污染程度	绿化覆盖率	年龄中位数	人口密度
2010 年-廊坊	空气重度污染天数比	地表水污染程度	地表水质达标率	空气污染天数比例	公共交通覆盖度	噪声污染程度	土壤污染程度	绿化覆盖率	年龄中位数	人口密度
2015 年-廊坊	空气重度污染天数比例	地表水污染程度	地表水质达标率	空气污染天数比例	研发投资率	噪声污染程度	土壤污染程度	绿化覆盖率	年龄中位数	人口密度
2010 年-保定	空气重度污染天数比例	地表水污染程度	空气污染天数比例	公共交通覆盖度	可再生能源应用的比例	土壤污染面积	恩格尔系数	土壤污染程度	年龄中位数	人口密度
2015 年-保定	空气重度污染天数比例	地表水污染程度	空气污染天数比例	公共交通覆盖度	二氧化碳强度	土壤污染面积	恩格尔系数	土壤污染程度	年龄中位数	人口密度
2010 年-沧州	空气重度污染天数比例	地表水污染程度	空气污染天数比例	研发投资率	公共交通覆盖度	绿化覆盖率	恩格尔系数	土壤污染程度	年龄中位数	人口密度
2015 年-沧州	空气重度污染天数比例	地表水污染程度	空气污染天数比例	研发投资率	地表水质达标率	噪声污染程度	恩格尔系数	土壤污染程度	年龄中位数	人口密度
2010 年-衡水	空气重度污染天数比例	地表水污染程度	空气污染天数比例	研发投资率	公共交通覆盖度	噪声污染程度	恩格尔系数	土壤污染程度	年龄中位数	人口密度
2015 年-衡水	空气重度污染天数比例	地表水污染程度	废水处理率	空气污染天数比例	研发投资率	公路网密度	恩格尔系数	土壤污染程度	年龄中位数	人口密度

续表

城市	健康影响最大的前 5 个指标					表现最好的前 5 个指标				
2010 年-邢台	空气重度污染天数比例	地表水污染程度	自然保护区比例	空气污染天数比例	公共交通覆盖度	公路网密度	恩格尔系数	土壤污染程度	年龄中位数	人口密度
2015 年-邢台	空气重度污染天数比例	地表水污染程度	自然保护区比例	空气污染天数比例	研发投资率	恩格尔系数	土壤污染程度	年龄中位数	绿化覆盖率	人口密度
2010 年-邯郸	空气重度污染天数比例	地表水污染程度	空气污染天数比例	公共交通覆盖度	自然保护区比例	恩格尔系数	土壤污染程度	年龄中位数	绿化覆盖率	人口密度
2015 年-邯郸	空气重度污染天数比	地表水污染程度	空气污染天数比例	可再生能源应用比例	研发投资率	恩格尔系数	土壤污染程度	年龄中位数	绿化覆盖率	人口密度

评估结果产生的城市排名与其他评估方法的结果略有不同。例如,本评估结果表明北京在环境方面的排名高于天津,这与人居署世界城市报告中两个城市的排名不同(UN-Habitat, 2012)。可能的原因是联合国报告中的环境指标只注重 PM_{10}、CO_2 排放量和室内污染,而本评估模型是从更全面的角度来评估城市环境状况的。

应该注意的是,模型中存在一些潜在的错误。首先,从十个国际城市的平均值中获得参考值的方法可能并不完全合理。这些城市的平均值不一定是最佳目标,相比理论的标准参考值可能偏低,目前很难区分这些情况。其次,由于数据来源不同,指标的定义也有差异,十三个案例研究的数据性质可能不一致。研究中尽量通过选择具有类似描述和含义的指标,并采用恰当的收集方法等途径来解决这个问题。此外,由于所选择的十三个城市被认为位于中国较发达的城市群,模型对于欠发达城市的适用性可能会降低。例如,某些指标数据可能难以获取,某些健康参考值也还需要根据城市规模和发展水平进行更改。最后,该指标框架不包括文化、经济和政治指标,而这些指标也是城市健康的一部分。本评估中对健康城市的定义更侧重于城市组成部分的完整性、有效性和可持续性,未来其他的评估模型可以在文化、经济和政治指标等方面有所补充。

基于城市人口,基础设施和环境三个组分的角度对京津冀城市群 13 个典型城市的城市健康评价,诊断了各个城市需要改进的方面,为城市规划和区域协同发展提供了依据。未来可以进一步量化不同组分之间的权衡和协同关系,以及将健康模糊评估模型应用于更多的案例区。

第五章 基于非线性动力学理论和方法的城镇体系空间结构病理诊断

第一节 诊断城市和城市群空间与形态问题的非线性动力学理论与方法

一、基于多分形方法诊断城市和城市群问题

城市和城镇群的空间分布具有多标度分形结构。研究发现，多分形是诊断城市和城镇群空间结构问题的有效工具之一。

其一，多分维谱线是问题诊断的直观工具。多分形建模如同望远镜和显微镜（类似于小波的一些特性），可以对城市系统的空间结构的不同尺度进行扫描分析，将发现的问题反映在谱线上面。通过多分形分析，可以发现城镇群的问题发生哪个层面。可以进一步探讨，这些问题与资源以及环境要素是否存在关联。城市群的多分形刻画一般需要两套参数：一是全局参数，二是局部参数。全局参数包括广义关联维数 D_q 和质量指数 $\tau(q)$，即

$$D_q = -\lim_{\varepsilon \to 0} \frac{I_q(\varepsilon)}{\ln \varepsilon} = \begin{cases} \dfrac{1}{q-1} \lim_{\varepsilon \to 0} \dfrac{\ln \sum\limits_{i=1}^{N(\varepsilon)} P_i(\varepsilon)^q}{\ln \varepsilon}, & (q \neq 1) \\ \lim_{\varepsilon \to 0} \dfrac{\sum\limits_{i=1}^{N(\varepsilon)} P_i(\varepsilon) \ln P_i(\varepsilon)}{\ln \varepsilon}, & (q = 1) \end{cases} \tag{5-1}$$

$$\tau(q) = D_q(q-1) \tag{5-2}$$

局部参数包括奇异性指数 $\alpha(q)$ 及其支撑的局部维数 $f(\alpha)$。这两套参数可以采用 Legendre 变换联系起来，从而有

$$\alpha(q) = \frac{\mathrm{d}\tau(q)}{\mathrm{d}q} = D_q + (q-1)\frac{\mathrm{d}D_q}{\mathrm{d}q} \tag{5-3}$$

$$f(\alpha) = q\alpha(q) - \tau(q) = q\alpha(q) - (q-1)D_q \tag{5-4}$$

全局参数如同城市结构的望远镜，而局部参数则如同城市结构分析的显微镜。

其二，多分形模型的拟合过程可以揭示城镇体系的演化问题。如果城镇体系

的空间结构健康发育，则无论是否固定模型拟合的截距（常数项），都可以获得正常的谱线；如果存在某种问题，则必须固定截距才能获得正常的谱线；如果问题非常严重，则无论是否固定截距，都不可以获得正常的谱线。借助北京市 13 个年份的遥感数据开展多分形分析，验证了上述理论判断（图 5-1，表 5-1）。研究发现，无论是全局谱系（图 5-2）还是局部单峰谱线（图 5-3），都反映同一个规律：在城市用地密集的大大小小中心区，城市结构比较合理、有序；而在城市边缘区或者用地稀疏的地带，空间结构凌乱。这说明一个问题：中国的城市规划和管理过于重视主城区，而对郊区和接近乡村的地带规划和管理不够，从而影响了整个都市区的空间结构和功能。

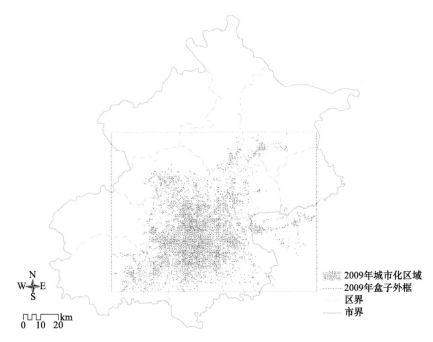

图 5-1 北京 2009 年城市集聚体空间形态多分维测量范围示意图

表 5-1 北京城市形态多分维代表参数的部分结果

年份	容量维		信息维		关联维	
	分维 D_0	拟合优度 R^2	分维 D_1	拟合优度 R^2	分维 D_2	拟合优度 R^2
1984	1.7963	0.9991	1.7349	0.9988	1.7089	0.9964
1988	1.8213	0.9995	1.7749	0.9987	1.7570	0.9968
1989	1.8115	0.9988	1.7537	0.9992	1.7293	0.9972
1991	1.8060	0.9997	1.7555	0.9982	1.7356	0.9961

续表

年份	容量维		信息维		关联维	
	分维 D_0	拟合优度 R^2	分维 D_1	拟合优度 R^2	分维 D_2	拟合优度 R^2
1992	1.7959	0.9995	1.7407	0.9988	1.7187	0.9968
1994	1.8184	0.9996	1.7781	0.9988	1.7619	0.9970
1995	1.8108	0.9993	1.7493	0.9985	1.7237	0.9957
1996	1.8159	0.9992	1.7548	0.9988	1.7282	0.9957
1998	1.8147	0.9995	1.7596	0.9986	1.7373	0.9963
1999	1.8228	0.9994	1.7669	0.9986	1.7445	0.9962
2001	1.8388	0.9993	1.7831	0.9990	1.7603	0.9972
2006	1.8297	0.9990	1.7601	0.9992	1.7296	0.9968
2009	1.8477	0.9992	1.7837	0.9992	1.7562	0.9974

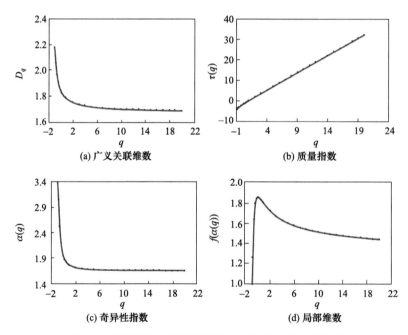

图 5-2 北京 2009 年城市集聚体空间形态多分维谱系

　　分形是大自然的优化结构，分形体能够最有效地占据空间。在城市人口日渐膨胀、用地资源日渐稀缺的快速城市化时期，借助分形思想研究城市、城市体系和区域空间结构，理论意义和实践价值都非常明确。根据分形思想和北京市的多

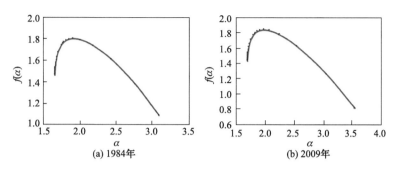

图 5-3　北京 1984 年和 2009 年城市集聚体空间形态的单峰 $f(\alpha)$ 谱线

分维谱分析，发现可以利用多分维谱线的测量过程诊断城市集聚体和城市群的发育问题揭示其病理。其一，如果城市集聚体空间结构健康，则基于 OLS 算法无论是否固定模型拟合的截距（常数项），都会得到规范的多分维谱线；其二，如果城市集聚体空间结构存在问题，但分形结构有限度发育，则在固定回归模型截距的情况下，可以得到规范的多分维谱系，否则谱系不够正常，或者局部异常；其三，如果城市集聚体结构尚未优化，则无论怎样测量，多分维谱线都不会出现（表 5-2）。

表 5-2　基于多分形结构的城市问题诊断方法

类型	分形结构	分形测度效果
多标度理想分形	多分形结构发育良好	分形测度值与方法无关，无论在计算参数的过程中，是否固定模型截距，对结果没有显著影响
多标度前分形或类分形	多分形结构发育进程之中，结构不佳	分形测度值依赖于方法，在计算参数的过程中，固定模型截距可以获得正常谱线，不固定截距，谱线异常或者出现异常段落
潜在分形和非分形	多分形结构欠发育	无论采用何种方法，无论模型截距是否固定，计算结果都不正常

二、基于自仿射生长的双分形分析和城市形态的径向维数分析

如果城市各向同性生长，则表现为自相似分形；如果城市各向异性扩张，则表现为自仿射分形。理论研究表明，自相似结构比自仿射结构更优。不同方向扩展导致的自仿射生长属于自然现象。但是如果不同层次、不同区域生长不协调，也会导致自仿射格局。这种格局就需要优化。如果一个城市群既包括城市化区域，也包括乡村区域，则非常可能因为发展不同步或者不同调导致自仿射现象。自相似具有单一的标度，而自仿射意味着不同方向具有不同的标度率。

区域城乡一体化的标志之一是城镇体系结构的一体化，这个过程可以从标度思想的角度进行描述和评价。分形是标度分析的有效方法，地理空间分布特征的

重要参数是分维。利用遥感图像的解译数据和人口普查数据对京津冀城镇体系开展分形分析、位序-规模分布分析和异速标度分析（图 5-4）。结果表明，各个年份的静态特征有三：①京津冀空间结构和位序-规模分布都表现为自仿射双分形结构；②京津冀区域的城市人口-城区面积异速标度退化为假线性关系；③随着城镇体系的演化，自仿射的双分形结构逐步向自相似分形结构演化（图 5-5）。由此得出结论，京津冀城镇体系存在结构性的不协调因素，其等级结构则具有二元化特征，但演化方向却呈现内在结构一体化的显著趋势。地方政府和规划专家可以有意识地利用城镇体系演化特征和趋势制定管理措施和规划方案。

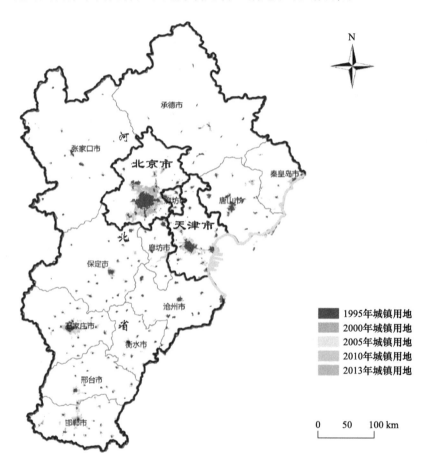

图 5-4　全区域盒子维数计算的研究区范围

　　城市生长与形态是地理学规模与形状研究的重要内容，分维则是刻画城市形态、反映城市生长的基本参数。以城市建设用地为研究对象，采用 2000 年、2005 年、2010 年的遥感数据，利用分形理论的径向维数和相应的标度区概念研究京津冀城市和城镇体系的空间格局及其演变特征（图 5-6，图 5-7）。结果表明：

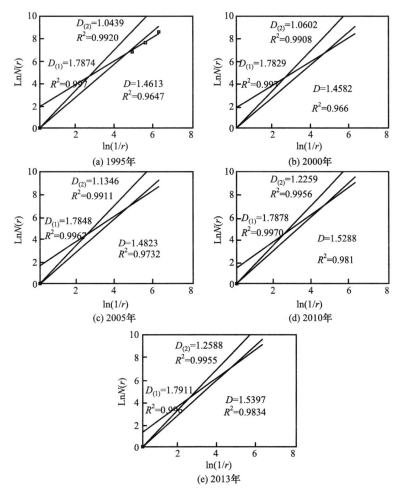

图 5-5　五个年份京津冀区域双分形关系拟合

虚线：整体；实线：分段

D 是分维数，由于具有两个标度区，有两个分维数。R^2 是拟合优度。通过对散点进行拟合得到
横轴中的 r 是盒子尺度，纵轴的 $N(r)$ 是对应的非空盒子数，两者存在幂律关系，所以在双对数坐标图上呈直线，
反映了分形性质

其一，北京市第一标度区的范围最大，10 年间增长幅度也最大，对周边城市产生阴影效应；

其二，以北京为中心，距离越远第一标度区范围有越小的趋势；

其三，几乎所有研究区内城市的第一标度区空间都被建设用地过度填充（与多分维谱分析结论相互印证）；

其四，经济水平对京津冀整体的城市建设用地扩张的影响最大，但北京的城市建设用地扩张已经由经济因素主导转变为人口因素主导。

由此得出结论：①整体层面，京津冀地区城镇化区域体现出了以北京为核心的集聚特征；②局部层面，地区内各个城市都表现出突出的中心集聚效应（与多分维谱揭示的扩展效应对立统一);③隐含层面,经济报酬递增和人口集聚的规模效应影响京津冀城市发展。这些结果和结论有助于学术界和管理部门从新的角度认识京津冀城市化现状和未来的发展趋势。

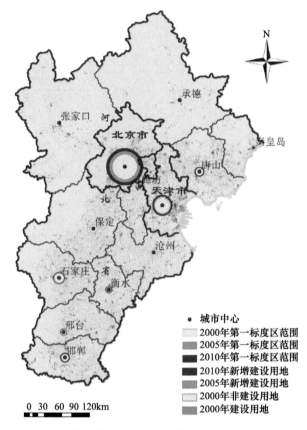

图 5-6　京津冀城市群各城市第一标度区范围图示

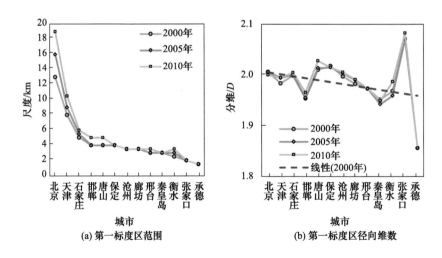

(a) 第一标度区范围　　　　(b) 第一标度区径向维数

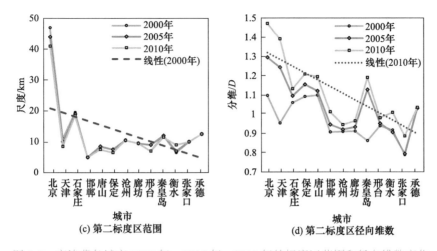

(c) 第二标度区范围　　　　　　　(d) 第二标度区径向维数

图 5-7　京津冀各城市 2000 年、2005 年、2010 年的标度区范围和径向维数变化

三、城市群多标度异速生长的递阶结构分析

城镇体系的时空演化是一个复杂的动力学过程，具有无尺度性，其时空演化特征可以采用异速标度指数定量描述。根据 Bertalanffy 的一般系统论，系统要素之间先验地服从异速生长定律。过去的研究表明，异速标度分析是探索城镇体系空间异质性的有效工具之一。但是，早先的异速标度分析是单标度的。本次研究进一步发展了多标度、多要素的异速分析，并构建了多标度异速分析模型。考察城镇体系发现，城市之间的相对发育满足或者近似满足异速标度关系，城市内部要素之间的相对发育也满足或者近似满足异速标度关系，这就形成递阶结构的异速体系。标度因子矩阵是一个倒数矩阵。一方面，异速标度因子是城市的相对增长率之比（动态过程指数）；另一方面，异速标度因子是两个分形维数之比（空间结构指数），即有

$$\boldsymbol{M} = \left[\alpha_{ij}\right]_{n \times n} = \begin{bmatrix} \alpha_{11} & \alpha_{12} & \cdots & \alpha_{1n} \\ \alpha_{21} & \alpha_{22} & \cdots & \alpha_{2n} \\ \vdots & \vdots & \vdots & \vdots \\ \alpha_{n1} & \alpha_{n2} & \cdots & \alpha_{nn} \end{bmatrix} = \left[D_{(i)} / D_{(j)}\right]_{n \times n} \quad （5\text{-}5）$$

利用标度因子可以将动态过程与空间结构联系起来，可采用一个矩阵标度方程表示

$$\boldsymbol{M D} = \begin{bmatrix} D_{(1)}/D_{(1)} & D_{(1)}/D_{(2)} & \cdots & D_{(1)}/D_{(n)} \\ D_{(2)}/D_{(1)} & D_{(2)}/D_{(2)} & \cdots & D_{(2)}/D_{(n)} \\ \vdots & \vdots & \vdots & \vdots \\ D_{(n)}/D_{(1)} & D_{(n)}/D_{(2)} & \cdots & D_{(n)}/D_{(n)} \end{bmatrix} \begin{bmatrix} D_{(1)} \\ D_{(2)} \\ \vdots \\ D_{(n)} \end{bmatrix} = n \begin{bmatrix} D_{(1)} \\ D_{(2)} \\ \vdots \\ D_{(n)} \end{bmatrix} = n\boldsymbol{D} \quad （5\text{-}6）$$

理论上可以证明，异速标度因子矩阵的最大特征值对应的特征向量可以给出各个城市的相应空间的分维数，分维的大小代表城市生长空间的大小。运用分维数之比，可以导出一般性的异速标度指数（allometric scaling index，ASI）。借助异速标度指数，可以评估一个城市在整个城镇体系或者城市群中的相对发展水平；进一步地，根据城市绝对规模的增长序列，可以获得绝对发展水平指数。通过绝对发展水平和相对增长速度，可以综合评价区域中各个城市的发展现状，并预测未来增长趋势。

这套方法的功能如下：第一，可以比较一个区域的城市群的相对发展水平；第二，在相对发展水平的基础上，可以评价绝对发展水平；第三，可以对城市群内部发展开展空间异质性的前因后果分析。2017 年，在缺乏京津冀系统的时空过程数据的情况下，作为理论和方法探讨，在全国层面开展了多标度异速分析：一是研究北京、天津、上海和重庆的异速标度关系；二是研究全国 31 个主要城市的多标度异速分析。借助全国数据，发展了一套基于多标度异速生长的递阶结构分析案例，并采用 Matlab 写成分析代码（图 5-8）。城市和城镇群作为复杂系统，本质上没有特征尺度，平均值和标准差无效。但本项研究揭示一个规律，即无尺度的变量取对数之后，标准差之比等于分维之比，也等于生长率之比。这样，演化过程（生长率之比）、空间格局（分维之比）和等级分布（标准差之比）形成了严格的

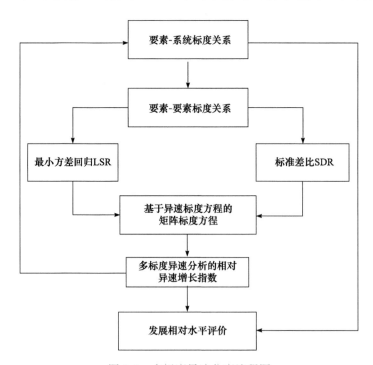

图 5-8　多标度异速分享流程图

逻辑联系。不仅如此，无尺度参数（分维和异速标度指数）与有尺度参数（平均值、标准差）的内在联系得以部分揭示。这个成果是一种分析方法的发展。根据 1998～2012 年的地区生产总值，利用多标度异速分析考察中国四大直辖市的发展过程，结果比较如下（图 5-9）。

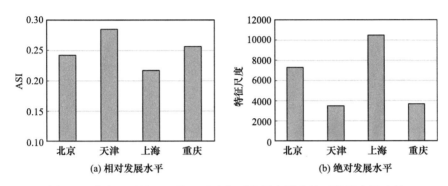

图 5-9　北京、天津、上海、重庆相对发展水平和绝对发展水平比较

多标度异速分析可以用于京津冀城市发展研究和问题诊断。基于 1992～2013 年夜间灯光数据的校正结果（图 5-10），采用多标度异速分析方法，考察和评估京津冀地区城市的相对发展特征及其空间分异格局（图 5-11）。研究发现（图 5-12，图 5-13）：

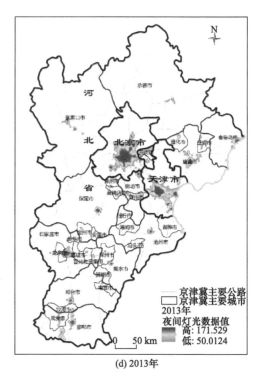

| (c) 2005年 | (d) 2013年 |

图 5-10　1992～2013 年京津冀主要城市城镇夜间灯光空间分布

（1）京津冀大城市的增长空间局限越来越多。虽然大城市如京津唐的绝对发展水平高，但接近环境承载量的极限，1992～2013 年增长快速的是大城市交接地带的小城市（如三河、迁安、廊坊等）。

（2）相对增长速度快的城市从东北到西南呈带状分布。这个格局与京津冀地区的自然条件有一定关系。

由此可以得出两个方面的结论：

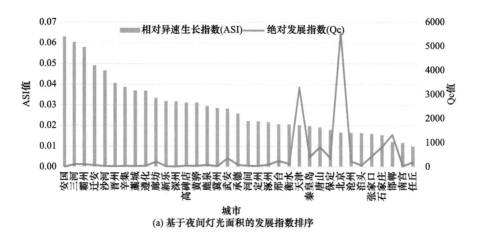

(a) 基于夜间灯光面积的发展指数排序

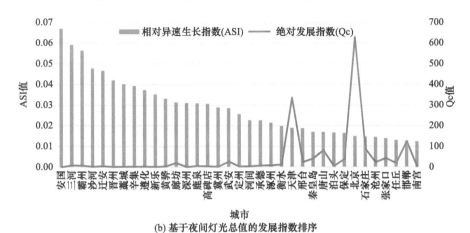

(b) 基于夜间灯光总值的发展指数排序

图 5-11 1992~2003 年京津冀城市群各城市发展水平

其一，京津冀的空间格局优化应该基于等级体系进行规划。京津冀发展不能片面考虑主要的中心城市，而应该激发增长快区域与增长慢区域的协同发展。

其二，两极贯通或许是增强城镇体系功能的途径。如何将绝对发展优势大的城市如北京、天津、唐山与相对增长速度快的城镇和区域有机组织起来，形成一个合理的等级体系和网络结构，是一个值得深入探讨的课题。

这个方法的启示是，夜间灯光数据可以较好地刻画城市体系的异速标度关系，并解释空间异质性的形成机理。

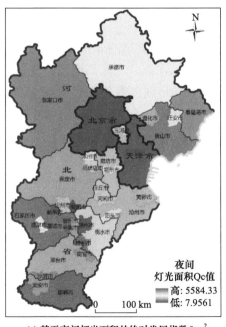

(a) 基于夜间灯光面积的绝对发展指数/km²

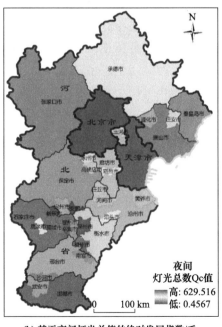

(b) 基于夜间灯光总值的绝对发展指数/千

图 5-12 1992~2013 年京津冀主要城市绝对发展水平空间分异

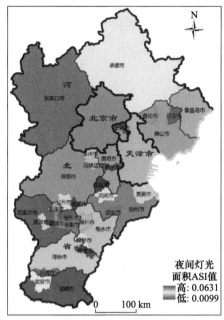
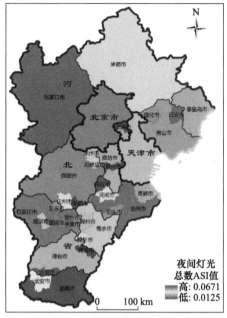

(a) 基于夜间灯光面积的ASI指数/km²　　　　(b) 基于夜间灯光总值的ASI指数/千

图 5-13　1992~2013 年京津冀主要城市相对发展水平空间分异

四、城镇化非线性替代动力学分析与城市形态演化的广义 logistic 模型

城市形态演化是城镇化的主要内容之一。城市化涉及城市体系、城市形态、城市生态、城市性态和城市动态诸多方面。研究发现，中西方城镇化及其对应的城市形态演化存在相似性和差异性。西方城镇化水平服从 logistic 增长过程，城市形态的分维也满足 logistic 增长。logistic 增长背后是非常复杂的非线性动力学原理，Robert May 曾经用生态系统的 logistic 一维映射模型图解从定态到周期振荡、继而到混沌的演化过程。我们发现，城镇化的一维 logistic 映射等价于城乡人口迁移的二维映射，而一维映射和二维映射都可以用于西方城市（如伦敦、柏林、巴尔的摩、特拉维夫）的空间形态的分维生长。然而，上述非线性动力学分析不适合于中国城镇化过程及其相应的城市生长与形态分析。中国城镇化水平的生长服从二次 logistic 过程（图 5-14）。研究发现，如果城市化水平曲线服从一次 logistic 过程，则城市形态的分维也表现为一次 logistic 曲线，其数学模型为

$$D(t) = \frac{D_{\max}}{1 + (D_{\max} / D_{(0)} - 1)e^{-kt}} \tag{5-7}$$

但是，如果城市化曲线为二次 logistic 模型，则相应区域的城市形态分维也是二次 logistic 曲线，模型为

$$D(t) = \frac{D_{\max}}{1 + (D_{\max} / D_{(0)} - 1)e^{-(kt)^2}} \tag{5-8}$$

上述两个模型背后的动力学机理是不一样的。一次 logistic 过程反映自然增长，而二次 logistic 增长则包含人为干预因素。前者代表市场机制为主的自然空间替代，后者则代表政府主导的命令机制替代。前者反映自下而上的自组织动力学（以看不见的手支配为主），后者则暗示，在城市演化的自组织过程中，存在自上而下的干预力量（看不见的手和看得见的手同时作用）。

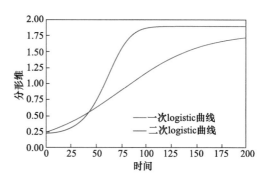

图 5-14　分维生长的一次 logistic 曲线和二次 logistic 曲线

同时 logistic 过程反应的是一种非线性替代动力学：城市人口替代乡村人口，导致城市化水平以 S 形曲线上升；城市用地替代乡村用地，导致城市形态的分维以 S 形曲线上升。但是，如果上升速度过快，则会出现周期震荡乃至混沌。这个动力学分析可以进一步推广到基于城镇体系的人地关系研究：人类活动空间逐步替代自然空间，当替代速度，就会造成生态和环境系统的不稳定。要想有效调控城镇发展与地理环境的矛盾，必须借助法律手段限制人类贪婪的欲望，否则不仅可持续发展没有可能，人类还会掉进周期震荡和混沌的陷阱。上述模型可以用于研究京津冀的核心城市——北京的生长过程（图 5-15）。基于北京 13 个年份的遥感数据开展分析，发现北京的人口、用地和城市形态的分维都满足二次 logistic 模型。这就表明：①北京城市生长与发育与中国城镇化过程具有对应的非线性动力学关系，这种动力学不同于西方的城市演化动力学；②城市生长受到人为干预的色彩十分浓厚，其后果是增长快、收敛快，以致后备空间不足而难以预知。这个发现对我们理解京津冀城镇群的演化具有启发意义。

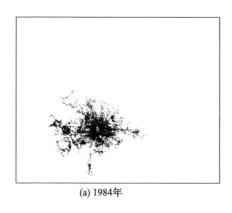

(a) 1984年

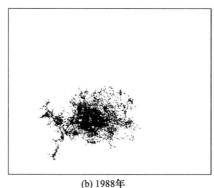

(b) 1988年

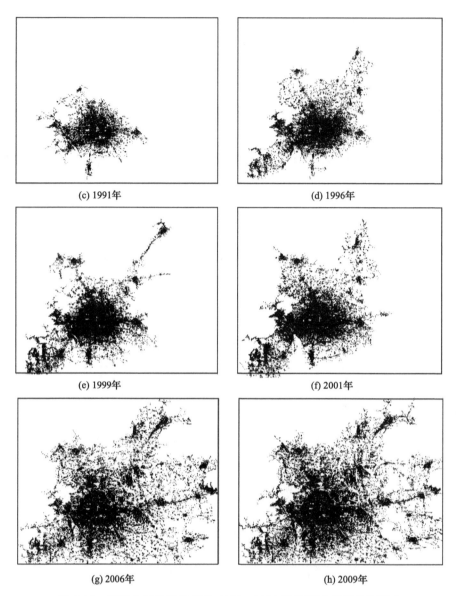

(c) 1991年

(d) 1996年

(e) 1999年

(f) 2001年

(g) 2006年

(h) 2009年

图 5-15　具有生长分形特征的 1984～2009 年北京城市形态的演变

第二节　基于理论方法识别京津冀城市群城镇体系空间结构病理结果

一、基于多分维谱的京津冀城市群开展空间结构分析

基于北京和京津冀的城市形态多分形研究，可以总结一套城市系统空间结构问题诊断的多分形方法。通过京津冀城市群的一系列实证研究，总结出分析方法

和步骤如下：第一，通过现实谱线与标准谱线的比较判断多分形结构发育状态。第二，不固定截距的谱线与固定截距的谱线比较。通过寻找谱线的变异揭示系统的问题所在的层次。第三，广义关联维数与嵌入空间维数的比较。判断城市边缘区和用地稀疏区的空间结构是否有序。第四，空间集聚模式与空间扩散模式的判断。城市形态是以集聚趋势为主导还是以扩散趋势为主导。这个判断对城市规划有启发性。第五，局部分维的双对数坐标图分析。考察城市内部结构是否存在凌乱、无序的现象。第六，容量维、信息维和关联维的增长趋势分析。判断是一次 logistic 曲线还是二次 logistic 曲线，加速还是减速，最高维数是多少。上述步骤对城市群的空间病理研究具有启发性和实用性。

应用成果之一，京津冀城市土地利用形态的多分形空间结构研究。根据城市形态演化的多分形理论，利用 1995 年到 2013 年 5 个年份 19 年跨度的城市土地利用遥感数据，对京津冀城市群和其中主要城市（北京、天津）以及相关区域城镇体系（河北部分地区）开展空间结构分析（图 5-16）。研究表明，多分维谱非常适合城镇体系空间结构的"病理"诊断（图 5-17）。

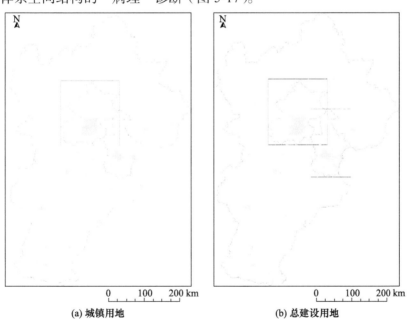

图 5-16　2013 年京津冀城镇用地和总建设用地及最大外框示意图

主要结果和发现如下：其一，京津冀城镇用地存在层次和区域的分异，但总建设用地的格局分异不显著。京津冀总用地结构的标度性态良好，但城镇用地标度间断。其二，京津冀城镇用地和总建设用地存在中心-边缘差异和城乡差异，两个极端都存在结构性问题。全局谱线右边变化极其缓慢，左边谱线收敛到正常值之外，表明城市（特别是北京和天津）主城区见缝插针式地建设，土地填充过度，缺

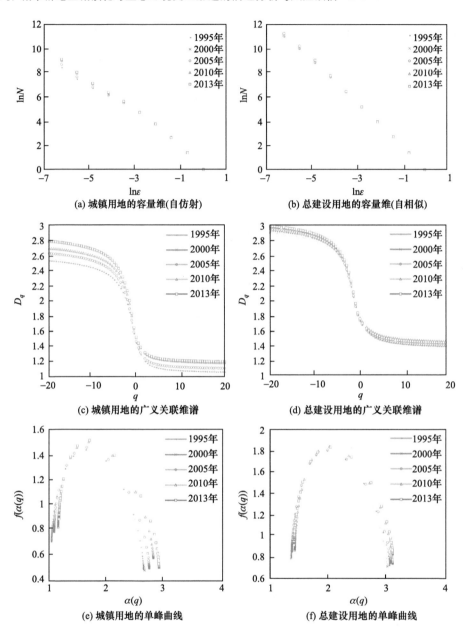

图 5-17　京津冀的城镇用地（左列）和总建设用地（右列）的容量维估计双对数图、广义关联维谱和局部分维谱

乏缓冲空间，而边缘区和乡村地区无序扩张，用地浪费。其三，京津冀城市发展表现为外延扩张，只有河北出现一些内涵集聚生长的迹象。局部分维谱单峰左倾，左高右低，表明城镇发展的中心集聚动力不足，以向外"摊大饼"式扩展为主导模式。其四，京津冀城市用地增长速度不同步，整体上用地高峰期已经过去，但河北城镇建设用地的高峰尚未到来。京津冀城市群和其中主要城市的分维都服从

二次 logistic 曲线，与中国的城市化曲线模式相同，京津冀的土地利用接近饱和，2003～2005 年处于增长高峰期，北京土地利用高峰期在 2012 年前后，天津在 2016 年前后，河北则在 2028 年前后，但分维上限过高，并且城市用地缺乏有效控制措施。综合上述问题可知，京津冀未来城市建设要做好科学论证，真正地走上集约用地之路，否则未来城市发展、生态、防灾和旧城改造都成问题。

　　应用成果之二，京津冀交通网络多分形空间结构研究。合理的交通网络结构是引导城市群健康发展的基础，分形几何学是从无尺度分析角度探索城市群交通网络空间复杂性的科学工具。分维包括空间填充度、空间均衡度和空间复杂性等指数，借助分维可以描述交通网络空间结构及其演化特征。本书研究基于互联网电子地图和 OpenStreetMap 2012 年和 2017 年的路网数据，运用分形思想，分析京津冀以城市群为节点体系的交通路网空间形态和结构特征（图 5-18）。

　　研究发现：①京津冀交通网络具有等级层次性和类型分异性。总体看来，低层次的交通网络比高层次的交通网络填充度高，公路交通网络比铁路交通网络填充度高。②京津冀交通网络在空间分布上具有自仿射特征。等级越高，各向异性扩展的趋势越显著。③京津冀交通网络具有动态扩展的趋势。2012～2017 年，交通网络的分维有明显的上升（图 5-19）。上述现象容易理解，但分维提供了交通网络时空演化的具体指数。一个问题是，交通网络的自仿射性有加强的趋势，这与京津冀土地结构变化不一致，也与发达国家的交通网络特征不一致。深入分析给出如下主要结论：其一，主要经济联系方向不同以及系统所处发育阶段共同导致了京津冀

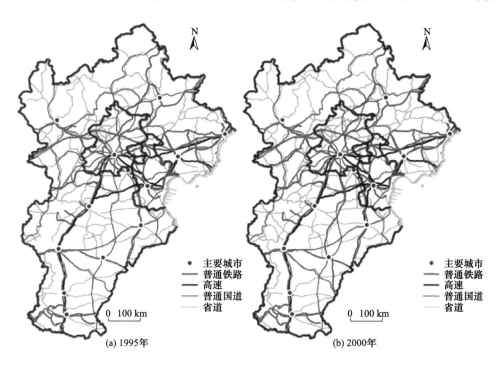

(a) 1995年　　　　　　　　　　　　　　(b) 2000年

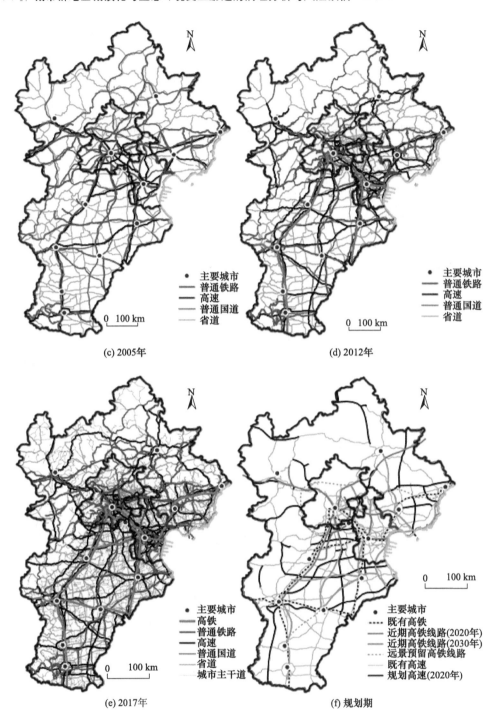

(c) 2005年　　　　　　　(d) 2012年

(e) 2017年　　　　　　　(f) 规划期

图 5-18　1995～2030 年京津冀城市群交通路网空间分布

交通路网的各向异性扩展。其二，交通路网的递阶结构与分形和城市体系类似，可以借助分形城市理论对京津冀交通网络进行规划和优化。

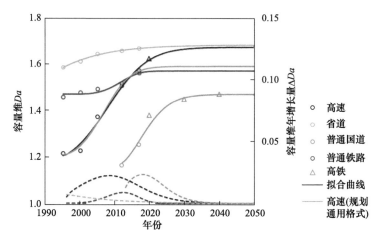

图 5-19　1995～2030 年京津冀城市群各级交通路网容量维的 logistic 拟合模型

二、京津冀城市发展特征及其空间分异格局评估的异速分析

异速标度指数本质上是两个分维之比。利用分维比例关系可以推断系统的结构，观察比率的变化则可以考察城市演化的时空结构特征。基于大尺度中国城市和城市体系的异速生长研究，并参考国外如美国、英国、德国、法国的城市异速标度特征，总结出城市群空间演化的异速标度分析方法，然后将这些方法应用于京津冀城市异速标度分析。

由于缺乏京津冀连续时间序列数据，采用截面数据开展横向异速标度分析。城市样本的提取标准为，将区县归入所在地级市，将县级市作为单独的城市，剔除解译误差较大的安国市和黄骅市，最终共计提取城市样本 33 个。2000 年和 2010 年的城市人口分别来源于第五次和第六次人口普查。分别以非农业人口数和建成区面积为自变量和因变量，对两个年份的城市样本数据分别进行拟合，建立非农业人口数-建成区面积模型。理论上，异速标度关系是一种幂指数关系。但是，京津冀异速关系却不够进化。非农业人口数和建成区面积的线性拟合效果优于幂指数拟合。在非农业人口数-建成区面积的双对数坐标图上，呈现出线性分布趋势，表明非农人口数和建成区面积有幂指数关系。然而，两个年份的线性拟合优度 R^2 分别高于 0.96 和 0.97，显著优于对应年份的幂指数拟合效果（图 5-20）。

京津冀用地结构的演化受到干扰，异速关系并不显著。京津冀全区域的城市人口和城区面积之间的关系更符合线性关系，这不符合异速生长的一般规律。分形结构是最集约最高效的城市空间结构，异速关系的退化可以说明该区域的分形结构不够进化。大量的研究表明，当一个区域具有双标度的特征时，其异速标度往往呈线性关系，但这是一种假的线性关系。为了深入研究，我们对两个年份的数据进行处理，仅仅提取地级市以上的数据建立异速标度模型，县和县级市均剔除，提取北京、天津、石家庄、唐山、秦皇岛、邯郸、邢台、保定、张家口、承

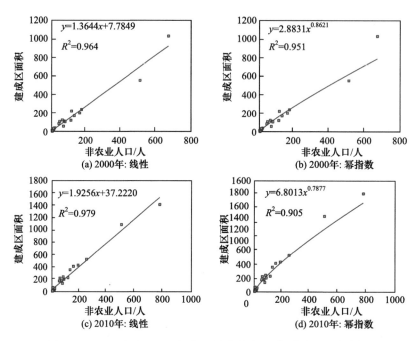

图 5-20　2000 年和 2010 年全区域非农人口数-建成区面积模型

德、沧州等共计 13 个城市样本。结果表明，地级市的城市人口和城区面积间的异速关系仍不符合严格意义上的幂指数异速生长模型，地级市的城市人口和城区面积之间幂指数拟合优度依然小于线性拟合优度。究其原因，很可能在于房地产工程使得大城市失去了用地集约的优势。大城市寸土寸金，地产商及其他投资者都愿意集中投资未来利润丰厚的大城市，违反自然增长的客观规律一窝蜂地投资大城市的房地产市场，从而导致大城市的用地扩张迅猛。特别是城市边缘区，无序蔓延导致土地利用铺张浪费。理论上，通常状态下，大城市的异速标度指数会小于中小城市，大城市用地有更集约的特点，单位土地的人口密度往往会更高，土地相对于人口的增长速度更小，表现在异速模型上即为大城市的标度指数小于小城市，而京津冀区域的计算结果刚好和演化的普遍法则相悖。2000~2010 年，随着城市演化，京津冀全区域和地级市的用地特征有分异，且发展方向不同：地级以上规模城市用地增长相对人口增长的速度显著大于全区域，且随着城市化进程，地级以上规模城市的用地集约性下降，而全区域的用地集约性增强。观察分析京津冀城市人口-城区面积的异速生长模型结果，京津冀全区域 2000 年的异速标度指数 β 为 0.86，属于负异速增长，代表着城镇用地扩张的速度相对于城市人口增加的速度要更慢。2010 年的异速标度指数 β 降低到 0.79，降低较多，偏离了 0.85 的理论上的平均水平，这表明城市人口的增长比城镇用地的扩张更快，人均用地面积减少，用地向集约演化。对比全区域和地级市的异速标度指数 β，发现地级市的异速标度指数 β 分别超过了 0.95 和 0.96，显著大于全区域的异速标度指数。虽仍为负的异速关系，但均已经远超理论平均值 0.85，且呈增大趋势。这表明地级以上规模城市中城镇用地相对于城市人口的增长要比整个区域水平扩张更快，人均用地呈增大趋势，用地集约性下降。异速模型拟合不理想，且异速关系不佳。

三、基于分形理论识别京津冀城市和城镇体系的空间格局及其演变特征

1. 基本理论

定量分析中，对于有特征尺度的现象，可以使用传统数学工具描述和建模。虽然传统数学工具应用广泛，但城市作为一个复杂系统，很多现象没有特征尺度，因此传统数学工具分析效果受到限制，需要标度分析工具。多分形标度分析作为标度分析中的重要工具之一，适合描述诸如城市的异质性结构。虽然多分形的理论提出较早，但是将工具应用在具体的城市领域中还需要相关研究进行接轨。本次研究的出发点与研究目标之一，就是多分形理论工具在城市形态研究方法上的探索。围绕参数估算方法和参数解读方法两个方面展开，通过理论分析与实际案例比较，有如下发现（表 5-3）：其一，固定研究区方法下，估算出的多分维全局参数的时间序列符合 logistic 增长模型；如果不固定研究区，则同一个城市估算出的多分维参数会随研究范围变化而变化。其二，对于规则多分形，无论固定截距与否，估算的多分形参数走势基本一致，但对实际城市的测量结果常不一致。其三，使用最小二乘回归法估算参数时，如果固定截距，可得到较为规范的多分维谱线；如果不固定截距，估测的多分维谱线有时不规范。其四，城市尺度下，建筑投影数据可以体现城市形态的多分维结构；把利用建筑投影数据估算的特征参数随半径变化的曲线作为"城市指纹"，可用来找到城市结构拐点。其五，固定研究区方法下，利用局部参数谱线可以发现，北京和天津用地结构更像，河北则自成一体，而且差异没有减小的趋势。

表 5-3 多分维测算方法不同处理方式的适用范围比较

多分维测算方式	适用范围	不适用范围
是否固定研究区	城区空间填充和城市生长分析	城市集聚体形态特征分析
是否固定截距	城市多分形理论模型实证分析	城市空间结构病例诊断
图像是否转换为建筑投影	城市多分形理论模型实证分析和病例诊断	城市用地斑块格局

围绕城市形态的多分维标度分析方法展开探讨，基本发现如下：其一，研究区的界定需要根据目的选择合适方法。如果研究侧重比较空间填充程度，需要固定研究区；如果侧重比较结构均衡度，则需要给出客观界定边界的依据，并且保证盒子法的最外框为边界的最小外接矩形。其二，选择数据类型时首先需要考虑

数据分辨率和研究尺度的关系，不可教条。其三，局部参数可以用来判断结构层次是否丰富和衡量结构一致性水平。其四，多分维参数的时间序列与空间序列比较方法是重要的分析方法，可以有效提取演化和结构信息。其五，使用固定截距与不固定截距的结果比较也是重要的信息抽取方法，可以开展城市病理分析。

综上，将多分形分析应用到城市研究中，需明确估测方法，在此基础上采用合适的解读方法，可用多分形分析判别城市层次结构特征、划分城市圈层结构，也可衡量区域用地的标度一致性，为城市群管理和规划提供参考。

2. 京津冀单个城市分析与比较

研究表明，多分维谱分析方法，可以描述京津冀城市空间填充程度，衡量空间异质性和反映城市生长模式。综合利用前述的方法，借助遥感图像数据，开展逐个城市多分维测算分析（图 5-21～图 5-23）。主要发现如下：

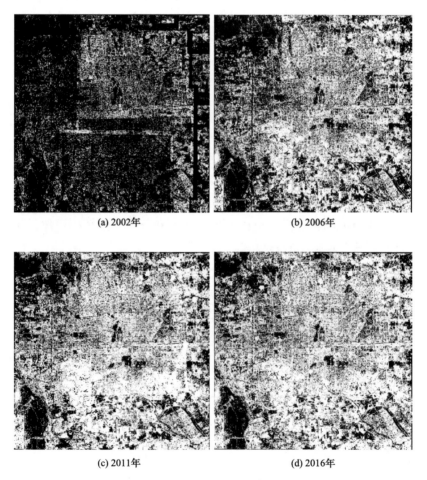

(a) 2002年 (b) 2006年

(c) 2011年 (d) 2016年

图 5-21 北京城市用地形态演变

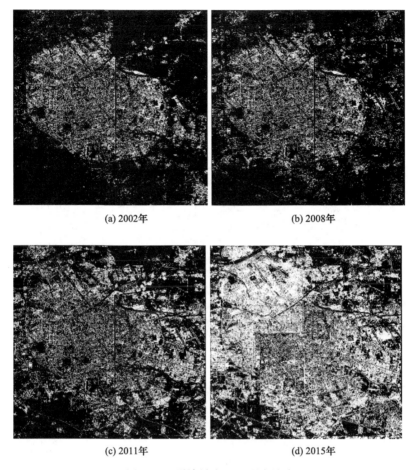

(a) 2002年　　　　　　　　　　　　　(b) 2008年

(c) 2011年　　　　　　　　　　　　　(d) 2015年

图 5-22　天津城市用地形态演变

第一，北京和天津的城市发展空间已接近极限。从现有研究区看，这两个城市的容量维已达到研究区容量维的上限。说明两个城市已经从"增量"阶段进入"存量"阶段。土地开发模式发生转变，新开发的土地非常有限，说明整个城市的开发成本已经非常昂贵。一方面，造成了没有新的可利用的较低价土地给城市带来新的增长点，另一方面，虽然旧城亟待改造，但过高的土地价格，使得两个城市中区位条件最优异地块的翻新可能性变得渺茫。这些都会严重阻碍城市的发展革新，影响城市活力。

第二，京津冀地区有些城市生长具有明显的政府强制色彩，分维呈现二次logistic 增长。如果固定研究区范围，考察城市形态随时间而改变的过程，则可以采用广义 logistic 函数描述分维增长曲线。结果表明，不少城市的分维呈现二次logistic 曲线特征，可能与中国城市大量工业园的兴建有关。这些城市包括天津、石家庄、唐山、廊坊、邢台和衡水。二次 logistic 是一种快速增长的模型，通常伴随着高速城市化的过程，考虑到这些城市的工业属性，因此猜测这样的增长与近些年中国城市工业园区的大量修建有关。这些园区通常面积很大，而且单体建筑也很大，不仅会造成维数的显著增长，也会造成高密度局部维数的显著上升，从而出现扩散型的生长模式。事实上，天津和河北开发区的用地水平不高，开发区存在土地利用经济效益低下、产投不均、利用强度不高的现象。河北省作为工业大省，开发区占地大但经济效率低下，这可能是造成河北省多个城市用地呈现二次 logistic 增长的重要原因。

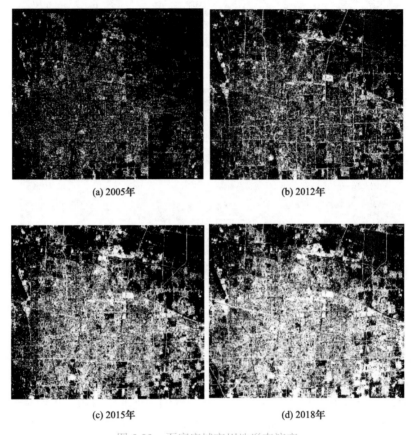

(a) 2005年　　　　　　　　　　　(b) 2012年

(c) 2015年　　　　　　　　　　　(d) 2018年

图 5-23　石家庄城市用地形态演变

第三，可以从多分维谱线变化上预测城镇体系中的城市等级。在选取的研究区内，除了承德，京津冀 13 个城市最终都呈现出扩散型结构特征，并且城市的结构变化速度最快的时期顺序大体与地区生产总值排名呈正相关关系。考虑到地理现象具有空间相关性和空间滞后性。资本扩张大致会沿着一线-二线-三线-四线城市的顺序传播；资源收缩，则会沿着"四线-三线-二线-一线"的顺序进行。虽然多分维分析的是城市形态，但政治和经济因素会在城市形态上产生相应的映射，一个好的工具可以通过形态变化去追溯政治和经济因素的变化。所以对于一个区域中的所有城市，如果大致的经济和政治背景相似，则可以利用多分维谱的演化特征预测城市所处的等级。

第四，比较现实多分维谱与理论预期多分维谱，可以看出城市结构的发育健康与否。如果借助固定截距与不固定截距的差异大小和局部参数描述的高密度等级层次数目做城市病理诊断，可以发现相对而言，京津冀区域的城市中，廊坊、邢台和衡水的健康程度最低，石家庄、保定、唐山、承德的健康程度最高（表 5-4）。

表 5-4 基于城市中心区多分维计算结果的京津冀城市分类

层次结构	截距为0与截距不为0的结果差异大	截距为0与截距不为0的结果差异小
层次结构数目丰富	天津，邯郸，秦皇岛，张家口	石家庄，保定，唐山，承德
层次结构数目单一	廊坊，邢台，衡水	北京，沧州

3. 京津冀城市与水系耦合关系分析

京津冀地区人水关系矛盾突出，分形可以有效描述城镇体系和水系时空演化特征，从而揭示两者演化关系，为城市问题的解决提供一些理论和经验依据。采用分形理论中的网格维数和多分维谱，研究城市和水系的分布关系（图 5-24）。首先分别刻画了两者的时空演化特征，其次探讨了城镇体系和水系结构之间的时空关系，最后探究了水系结构退化的影响因素（图 5-25，表 5-5，表 5-6）。通过对京津冀城镇体系和水系空间结构的分析，得到了京津冀城镇体系和水系空间结构的演化特征，两者有相同之处也有不同之处。通过两者的比较，可以看出京津冀城镇体系演变和水系演变的相互关系。主要结论如下：其一，京津冀建设用地和水系具有不同的时空演化方向。根据网格维数，1990～2010 年，京津冀地区建设用地的空间填充程度逐渐增加，水系的空间填充程度波动降低。根据自仿射性，京津冀建设用地形态由自仿射结构向自相似结构转变，水系反之，表明京津冀城镇体系空间结构随时间优化，水系空间结构随时间退化。根据多分维谱，建设用地扩张从内涵向外延转变，建设用地空间分布越来越分散，而水系越是稀疏的地区，密度减少地越快，导致水系的空间分布越来越集中。建设用地和水系的相反演化暗示一种共变反应，即人类活动在促进城市发展的同时，对水系具有一定的负面影响，需要我们进一步探索城市发展与水系的深刻的非线性关系和演化机制，以便为制定合理、可持续的城市发展政策提供依据。其二，南水北调工程解决了京津冀用水的燃眉之急，但是在小尺度上改善有限。城镇体系（区县点）的网格维数不宜高于水系网格维数，如果没有南水北调，2015 年区县点网格维数将高于水系网格维数，对于城市发展必然会造成很大的不利影响。南水北调使得水系整体网格维数和第一标度区网格维数显著上升，但是第二标度区上升不明显，说明小尺度水系结构的改善情况不明显。其三，1990～2010 年京津冀的水系网格维数降低是自然和人为因素两方面造成的。自然因素是降水量减少，人为因素包括建设用地扩张和超采地下水导致地下水位下降等。相比于自然因素，人为因素对水系的改变是缓慢的，进入 21 世纪后，人为因素的影响比较显著，导致水系网格维数在降水量增加的情况下仍然下降。其四，越接近城市中心区，建设用地空间结构越合理；越接近郊区或农村，空间结构越混乱。在 $\ln(r)$-$I_q(r)$ 坐标图中，当 $q>0$ 时，10 个散点几乎在同一直线上，而当 $q<0$ 的时候，散点比较散乱，大致分成两个标度区。说明城市中心区分形结构较成熟，城市外围分形发育不足。

针对以上结论，对京津冀的发展提出如下政策建议：①提升城市管理者和规划者的水系保护意识，在城市规划管理过程中，多考虑城市发展和水资源利用之间的协调关系，在严格保护大的河流湖泊的前提下，重视对低等级河流水系的保护。以及进一步推广节约用水理念，完善水资源管理机制。②结合城镇开发边界的制定和管理，提高建设用地效率，推动城市发展由外延扩张向内涵提升转变，不仅关注城市中心区的空间结构，也要注意控制城市外围地区建设用地的扩张，避免向郊区无序蔓延。

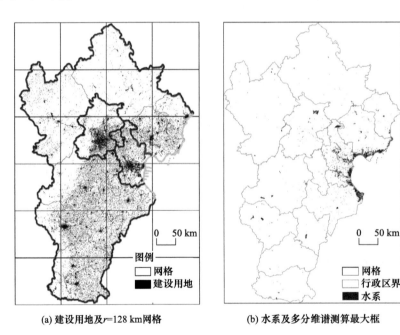

(a) 建设用地及 r=128 km 网格   (b) 水系及多分维谱测算最大框

图 5-24   2010 年京津冀建设用地和水系网格示意图

表 5-5 京津冀建设用地 6 个年份的网格维数计算结果

年份	整体网格维数 D	第一标度区网格维数 $D_{(1)}$	第二标度区网格维数 $D_{(2)}$	标度区网格维数差值 $D_{(1)}-D_{(2)}$
1990	1.6711	1.7769	1.2758	0.5011
	(0.9967)	(0.9998)	(0.9976)	
1995	1.6957	1.7905	1.3311	0.4594
	(0.9973)	(0.9997)	(0.9979)	
2000	1.71	1.7992	1.3641	0.4351
	(0.9976)	(0.9997)	(0.9983)	
2005	1.7161	1.7998	1.3872	0.4126
	(0.9979)	(0.9997)	(0.9985)	
2010	1.7235	1.8006	1.4158	0.3848
	(0.9982)	(0.9997)	(0.9986)	
2015	1.7466	1.8069	1.4923	0.3146
	(0.9988)	(0.9996)	(0.9989)	

注：括号内是决定系数，下同。

表 5-6 京津冀水系 5 个年份的网格维数计算结果

年份	整体网格维数 D	第一标度区网格维数 $D_{(1)}$	第二标度区网格维数 $D_{(2)}$	标度区网格维数差值 $D_{(1)}-D_{(2)}$
1990	1.5365	1.7213	1.1969	0.5244
	(0.9933)	(0.9999)	(0.9943)	
1995	1.5541	1.7317	1.2304	0.5013
	(0.994)	(0.9999)	(0.996)	
2000	1.4911	1.7135	1.13	0.5835
	(0.9913)	(0.9998)	(0.9971)	
2005	1.4942	1.7072	1.1424	0.5648
	(0.9919)	(0.9999)	(0.9972)	
2010	1.4819	1.7054	1.1323	0.5731

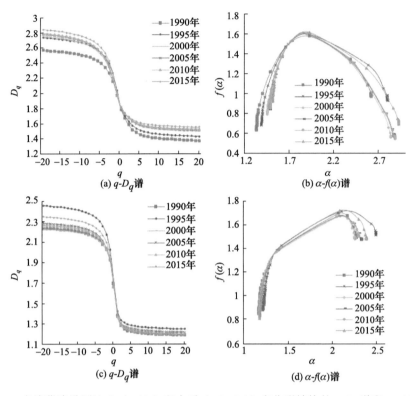

图 5-25 京津冀建设用地（a）、（b）和水系（c）、（d）多分形结构的 $q\text{-}D_q$ 谱和 $\alpha\text{-}f(\alpha)$ 谱

第三节 城市形态和城市群的空间测度与应用

一、基于尺度和标度的城市形状描述的测度方法研究

城市规模与形状的关系一直是城市地理学的基本理论问题之一。我们知道，科学研究始于描述，成于理解。描述需要测度，为了描述城市形状，地理学家提出了一系列形状指数。这些指数的适用范围和效果以及问题的根源尚未澄清。研究北京城市形态时发现，城市紧凑度和圆形率之类的指数依赖于遥感图像的分辨率，城市形状描述常常失效。为了解决这个问题，我们借助分形几何思想，系统研究了主要的形状指数的测度方法，并对其归类。研究发现，当前的城市形状指数可以分为三类：一是基于面积和周长平方定义（等价地，基于周长与面积的平方根定义），这类形状指数依赖于遥感图像的分辨率，因为周长具有分维性质。二是基于面积和长轴平方定义（等价地，基于长轴与面积的平方根定义），这类形状指数在精准测量的条件下，依赖于遥感图像的分辨率，因为精细测量的面积也是分维的。三是基于形心到凸点的射线长度定义，如果边界给定，则这类指数相对而言比较稳定。但是，城市没有客观的边界，从而所有形状指数都是有前提条件和适用范围的。进一步研究表明，如果采用 Feret 直径代替最长轴，则可揭示很多

形状指数之间的内在联系，从而简化空间描述。这个研究为下一步描述京津冀城镇群的空间形态奠定了理论和方法基础。

　　基于上述思想，可以发展一系列城市形状的标度指数，据此代替传统的形状指数，或者与形状指数互补应用。不规则边界线如城市边界、斑块边界可以采用分形维数刻画，而分维数为城市等复杂地理现象的空间分析提供了重要信息。然而，在图像数据有限的情况下，很难系统地计算边界的分形维数。E.R. Olsen 及其合作者于1993年提出的基于正方形的边界维数近似估计公式在城市和生态研究中有着广泛的应用，但该公式有一个问题：有时边界维数会被高估。本书研究利用分形的思想，提出了一系列实用的边界尺寸估计公式。以一系列规则图形，包括等边三角形、正方形、正六边形、标准圆形以及正六角星形，作为参考图形（图 5-26），构造出相应的几何度量关系，并根据这些度量关系导出了两套描述分形边界的分形维数估计公式（表 5-7）。相应地，可以定义一组形状指数。结果表明，不同的公式有各自的优点和适用范围，第二组边界维数是形状指数的函数。在数据不足的情况下，利用这些公式可以快速估计出边界尺寸值。此外，边界维数与形状指数之间的关系对于理解特征尺度与标度之间的联系和区别具有指导意义。将边界维数近似公式应用于京津冀主要城市，结果表明，第一组公式高估了边界维数，需

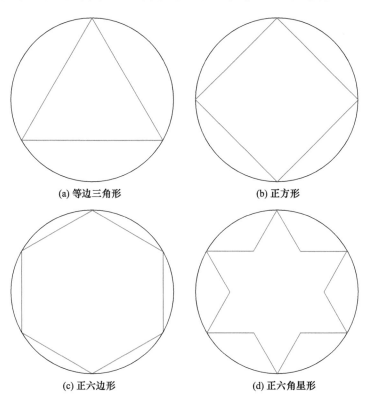

(a) 等边三角形　　　　　　　　　　　　(b) 正方形

(c) 正六边形　　　　　　　　　　　　(d) 正六角星形

图 5-26　用于推导边界维数近似公式的标准图形
其中外接圆代表标准圆

要采用有关公式修正；第二组公式估计的结果相对而言比较切合实际（表 5-8）。根据边界维数的大小及其变化趋势，可以分析京津冀城市演化的共性和差异性。

表 5-7　两组边界维数近似公式的数学表达（本质上都是城市形状的标度指数）

初始元	参考图形	第一组近似公式	第二组近似公式	形状指数
欧氏形状	等边三角形	$D = \dfrac{2\ln(P/3)}{\ln(4A/\sqrt{3})}$	$D = \dfrac{2\ln(P)}{\ln(12\sqrt{3}A)}$	$s = \dfrac{12\sqrt{3}A}{P^2}$
	正方形	$D = \dfrac{2\ln(P/4)}{\ln(A)}$	$D = \dfrac{2\ln(P)}{\ln(16A)}$	$s = \dfrac{16A}{P^2}$
	正六边形	$D = \dfrac{2\ln(P/6)}{\ln(2A/(3\sqrt{3}))}$	$D = \dfrac{2\ln(P)}{\ln(8\sqrt{3}A)}$	$s = \dfrac{8\sqrt{3}A}{P^2}$
	标准圆形	$D = \dfrac{2\ln(P/(2\pi))}{\ln(A/\pi)}$	$D = \dfrac{2\ln(P)}{\ln(4\pi A)}$	$s = \dfrac{4\pi A}{P^2}$
分形形状	正六角星形	$D = \dfrac{2\ln(P/12)}{\ln(A/(3\sqrt{3}))}$	$D = \dfrac{2\ln(P)}{\ln(16\sqrt{3}A)}$	$s = \dfrac{16\sqrt{3}A}{P^2}$

注：在第一组边界维数公式中，基于正方形公式曾经由 Olsen 等（1993）用等价的方法推导出来；其中，D 为分维，P 为周长，A 为面积，s 为形状指数。

表 5-8　京津冀城市边界维数的部分估计结果——未经校正（2010 年）

城市	基于第一组边界维数公式 $D_{(1)}$					基于第二组边界维数公式 $D_{(2)}$				
	三角形	正方形	六边形	标准圆	六角星	三角形	正方形	六边形	标准圆	六角星
保定	1.7645	1.9378	2.1824	2.2619	2.2180	1.5606	1.6118	1.6414	1.6621	1.5079
北京	1.5875	1.6820	1.7953	1.8318	1.7729	1.4702	1.5060	1.5264	1.5406	1.4327
沧州	1.7615	1.9535	2.2364	2.3305	2.2904	1.5446	1.5988	1.6303	1.6524	1.4891
承德	1.8357	2.0515	2.3794	2.4881	2.4731	1.5905	1.6481	1.6815	1.7051	1.5316
邯郸	1.7553	1.9279	2.1719	2.2513	2.2057	1.5531	1.6043	1.6338	1.6545	1.5006
衡水	1.6334	1.8020	2.0450	2.1283	2.0552	1.4534	1.5043	1.5339	1.5546	1.4013
廊坊	1.6681	1.8456	2.1048	2.1932	2.1292	1.4765	1.5287	1.5590	1.5803	1.4230
秦皇岛	1.6354	1.7892	2.0026	2.0744	2.0031	1.4650	1.5133	1.5412	1.5608	1.4153
石家庄	1.6287	1.7578	1.9263	1.9816	1.9149	1.4775	1.5210	1.5461	1.5636	1.4323
唐山	1.7303	1.8869	2.1011	2.1704	2.1190	1.5440	1.5924	1.6203	1.6398	1.4941
天津	1.5895	1.6886	1.8089	1.8478	1.7867	1.4679	1.5048	1.5259	1.5406	1.4292
邢台	1.6971	1.8700	2.1177	2.2005	2.1428	1.5038	1.5551	1.5849	1.6058	1.4511
张家口	1.6541	1.8336	2.0981	2.1892	2.1219	1.4636	1.5162	1.5467	1.5682	1.4098
平均	1.6878	1.8482	2.0746	2.1499	2.0948	1.5054	1.5542	1.5824	1.6022	1.4552

二、基于尺度和标度的城市群空间差异的测度方法研究

科学研究始于描述，成于理解。描述需要测度，地理测度包括时间测度、空间测度和规模测度。基于 Lorenz 曲线的 Gini 系数是一种简明的不均衡性测度，可以用于地理空间分布差异性和规模分布差异性的度量。但是，直接计算 Gini 系数颇为困难，在实际应用中通常采用集中化指数替代。集中化指数又叫不均衡指数，其本质是实际分布与均匀累计分布之间的协方差与相应平均值的比值。问题在于，如果研究对象服从无尺度分布，则平均值无效，从而集中化指数显著偏离 Gini 系数。无尺度分布是人类社会的普遍现象，通常满足 Zipf 定律或者表现为 Pareto 分布。本书借助 Euler 调和数列公式，基于 Zipf 分布推导出对数形式的 Lorenz 曲线函数，由此给出一个简单的 Gini 系数计算公式

$$G = \frac{1}{50N}\left[ax + b(x\ln x - x) - \frac{50}{N}x^2\right]_0^N = \frac{1}{50}(a - b + b\ln N - 50) \qquad (5\text{-}9)$$

当累积变量归一化以后，$C=1$，$N=1$，式（5-9）可以化为简单形式

$$G = 2(\alpha - \beta + \beta\ln N - 1/2) = 2(\alpha - \beta) - 1 \qquad (5\text{-}10)$$

此公式简明易用，借助它可以估计无尺度分布现象的 Gini 系数（图 5-27）。将式（5-10）应用于京津冀主要城市的夜晚灯光数据分析，测算出连续 22 年的 Gini 系数，据此可以分析京津冀城镇体系的等级结构特征及其演化趋势：城市规模分布趋于均衡，城镇体系的空间异质性减小（表 5-9）。这意味着，大城市的相对增长速度下降，而小城市增长更为迅速。

表 5-9　1992～2013 年京津冀城市规模分布的模型拟合参数和 Gini 系数估计结果

年份	a	b	G	R^2	年份	a	b	G	R^2
1992	56.4644	18.3562	0.7038	0.9691	2003	53.4050	19.3102	0.6725	0.9687
1993	57.3034	18.0357	0.7106	0.9660	2004	51.1783	20.1373	0.6538	0.9745
1994	56.4523	18.2346	0.6998	0.9678	2005	49.9027	20.6554	0.6445	0.9736
1995	49.7512	20.8560	0.6478	0.9761	2006	49.0273	21.0517	0.6394	0.9711
1996	54.6550	19.0273	0.6886	0.9529	2007	44.3014	22.9095	0.6031	0.9783
1997	54.2224	19.1695	0.6844	0.9536	2008	43.6779	23.1089	0.5984	0.9781
1998	52.2829	19.6890	0.6619	0.9637	2009	44.3987	22.7686	0.6006	0.9744
1999	52.0237	19.7955	0.6601	0.9661	2010	36.3629	25.4326	0.5233	0.9937
2000	57.1850	17.8448	0.7022	0.9583	2011	35.3082	25.7267	0.5114	0.9943
2001	54.1791	18.8860	0.6747	0.9721	2012	35.1110	25.5259	0.5012	0.9948
2002	51.1696	19.9722	0.6485	0.9822	2013	32.5816	26.5570	0.4828	0.9955

注：表中 a 和 b 为回归系数，R^2 为拟合优度，G 代表 Gini 系数。

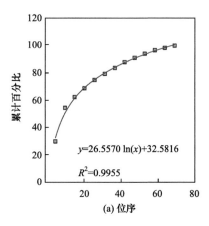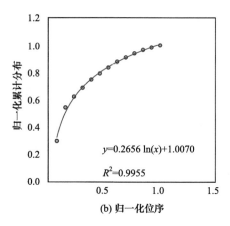

图 5-27　2013 年京津冀城市灯光面积累积数及其对数曲线拟合图式

　　为了描述一个地理系统（如城市群）相对于另一个地理系统（如另一个城市群）发展的不平衡关系，或者一个系统内部某个指标（如人口）相对于另一个指标（如产值）的不均衡关系，本次研究构造了组间相对不均衡指数。首先改变常规组内不均衡指数的数学表达式，然后利用新的表达式将组内不均衡指数推广到组间不均衡指数表达式

$$G^* = \frac{M+N}{M+N-2}\frac{\sum_{i=1}^{N}\sum_{j=1}^{M}|x_i - y_j|}{\sum_{i=1}^{N}\sum_{j=1}^{M}(x_i + y_j)} \qquad (5\text{-}11)$$

有时候，需要描述的不是不同区域的同一类变量反映的相对不均衡性，而是同一个区域内不同测度之间所表现的不均衡性。对上式稍作修改，即可得到这样一种指数

$$G^* = \frac{N}{N-1}\frac{\sum_{i=1}^{N}\sum_{j=1}^{N}|x_i - y_j|}{\sum_{i=1}^{N}\sum_{j=1}^{N}(x_i + y_j)} \qquad (5\text{-}12)$$

组内不均衡指数用于描述同一个地理系统内部要素的差异性，组间不均衡指数则有两种用途：一是基于同一个变量描述不同地域系统的相对差异性；二是针对同一个地域系统描述两个变量之间的相对差异性。

　　以京津冀、长三角和珠三角的城市体系为实证对象，说明如何借助新的公式计算组间不均衡指数，并综合利用它们揭示城市系统的时空演化特征（表 5-10）。组间不均衡指数提供了度量不同区域或者不同变量相对差异性的方法，并可与组内不均衡指数集成在同一个逻辑框架。计算结果可以从一个角度反映三个城市体系的差异性演变：①从灯光总量看来，京津冀和长三角内部的差异略有上升，而珠三角内部以及三个城市体系之间的相对差异下降。②从辖区人口看来，京津冀和长三角内部的绝对差异以及京津冀与长三角之间的相对差异略有上升，珠三角内部以及珠三角与京津冀、长三角之间的相对差异下降。③从市区人口看来，珠三角的内部差异下降，京津冀、长三角的内部差异以及三个体系之间的相对差异上升。

表 5-10　2000 和 2010 年三个城市体系灯光总量、辖区人口和市区人口的不均衡指数的矩阵表示

区域		2000 年				2010 年		
		灯光总量	辖区人口	市区人口		灯光总量	辖区人口	市区人口
京津冀（N=13）	灯光总量	0.7755			灯光总量	0.7849		
	辖区人口	0.7328	0.6437		辖区人口	0.7517	0.6864	
	市区人口	0.7363	0.6494	0.6474	市区人口	0.7545	0.6921	0.6931
		灯光总量	辖区人口	市区人口		灯光总量	辖区人口	市区人口
长三角（N=26）	灯光总量	0.6323			灯光总量	0.6491		
	辖区人口	0.5930	0.5379		辖区人口	0.6230	0.5720	
	市区人口	0.6236	0.5794	0.6106	市区人口	0.6466	0.6043	0.6291
		灯光总量	辖区人口	市区人口		灯光总量	辖区人口	市区人口
珠三角（N=9）	灯光总量	0.6004			灯光总量	0.4531		
	辖区人口	0.6005	0.5873		辖区人口	0.4629	0.4626	
	市区人口	0.6014	0.5923	0.5783	市区人口	0.4873	0.4883	0.5033

　　注：对角线元素为组内不均衡指数值，对角线以外元素为组间不均衡指数值，下同。

第四节　基于理论方法的城市和城市群发展空间结构建议

一、城市群问题诊断的一般原理

　　在科学研究中，问题可以定义为目标与现状的距离。地理系统实际上存在两个世界：实然世界（现实世界）和应然世界（理想世界），测量这两个世界的距离就是地理系统中需要解决的问题。实际上，地理研究包括行为（实证）研究和规范（理论）研究两大类别，但这两类研究尚未进行系统的区分。由于两类研究性质的混淆，地理学理论建设和方法应用都存在一些无形的障碍。若将地理学分为实然世界和应然世界两类，则有助于人们重新理解地理研究的特征。本书研究在地理学两个世界的概念基础上，借助类比方法，引入系统分析的行为研究、价值研究和规范研究思想（表 5-11，图 5-28）。三类研究的特征如下：行为研究以实证的方式探讨一个地理系统从过去到现在的客观演化过程，规范研究以理论分析为根据探索地理系统从现在到未来的主观优化方向，价值研究则构建地理系统过去

行为和未来规范的评判标准。地理学的三类研究可以与科学研究的三个世界对应起来：行为研究对应于科学研究的现实世界，规范研究对应于科学研究的数学世界，价值研究则与科学研究的计算世界存在联系。上述框架对人文地理系统问题的诊断、地理规律的深刻理解和地理规划和空间优化方法的发展可能具有一定的启发意义（表 5-12）。

表 5-11   科学三个世界与地理学两个世界及其三类研究的对应关系

三个世界	对应的地理世界	对应的研究类型	对应的科学范式
现实世界	实然世界	行为研究（实证研究）	实验（地理学中主要是经验）
数学世界	应然世界	规范研究（理论研究）	数学理论（逻辑分析）
计算世界	价值、方法、规划研究	价值研究（方法研究）	计算机模拟、数据密集计算

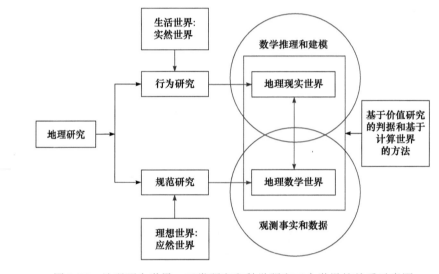

图 5-28   地理两个世界、三类研究和科学研究三个世界的关系示意图

从地理学的实然世界和应然世界概念出发，可以引申出实证地理学和规范地理学两大方向。这两大方向与经济学的两个类别不谋而合。地理学的两大方向与系统科学的三类研究具有对应和交叠关系。要点概括如下：

第一，地理学科可以分为实证地理学和规范地理学两大领域。这个判断有助于地理研究性质的区分和理论框架的建设。实证地理学主要研究地理系统从过去到现在的现实行为特征，规范地理学则主要探索地理系统从现在到未来的理想发展图景。前者着眼于客观演化过程，后者则着眼于主观优化格局。价值研究将这两大领域联系起来，形成地理学的完整体系。传统的区域地理学具有实证研究的特征，但理论太过单薄；传统的理论地理学具有规范研究特色，但依然受到行为研究的局限。如果区域地理学以实证研究为主要目标，基于价值研究向理论方向适当延伸，而理论地理学以规范研究为主要目标，基于价值研究向实证方向拓展，则地理学的完整框架可望形成。

第二，地理研究可以分为行为研究、价值研究和规范研究。这个判断有助于地理系统问题的诊断。行为研究揭示地理系统从过去到现在的客观演化过程，决定了实证地理学的发展方向；规范研究构建地理系统从现在到未来的主观优化格局，决定了规范地理学的发展方向；价值研究则形成地理系统是非与优劣的评判标准，形成了一个价值地理学的发展方向。简而言之，行为研究回答地理系统或其过程"是什么"的问题，规范研究回答地理系统或其格局"应该是什么"的问题，价值研究则回答地理系统的过程和格局"为什么"的问题。行为研究揭示实然世界的特征，规范研究描绘应然世界的图景，两个世界的差距则是地理工作者在实践中需要解决的问题。顺便说明，地理系统的行为研究与行为地理学不是一个概念。

第三，地理理论建模涉及现实世界、数学世界和计算世界。这个判断有助于地理研究方法的定位。地理的实然世界对应于一般科学的现实世界，面向这个世界主要开展行为研究和价值研究；地理学的应然世界对应于一般科学的数学世界，面向这个世界主要开展规范研究和价值研究。价值判断标准和方法是联系地理学两个世界的纽带，价值研究与一般科学的计算世界具有对应关系。虽然现实世界和数学世界非常客观，但计算世界存在不可避免的主观性。由于价值研究的两端分别延伸到现实世界和数学世界，有助于降低计算世界的主观行为，使得数学世界更好地重现现实世界的历程，抑或使得现实世界更好地向着数学世界描述的优化方向演进。

表 5-12　地理学的两个世界与三类研究的典型例证

领域	行为模型（实然世界）	规范模型（应然世界）	价值判据
城市等级体系	Zipf 定律	中心地网络模型	空间利用效率和城市化效果
空间相互作用	引力模型	Wilson 最大熵模型	非线性规划与优化

二、城市群结构和演化问题诊断的多分形方法

对于城市和城市体系而言，基于理想与现实的关系，可以借助多分维谱线，诊断城市发展中出现的问题。多分形方法如同城市研究的望远镜和显微镜（图 5-29）。如前所述，城市形态是城市化的一个侧面。城市化包括城市体系、城市形态、城市生态、城市性态和城市动态五个方面。多分形描述涉及两套参数：其一，全局参数，包括广义关联维数 D_q 和质量指数 τ_q。全局谱线：D_q-q 谱。其二，局部参数，包括局部分维 $f(\alpha)$ 和奇异性指数 $\alpha(q)$。局部谱线：$f(\alpha)$-α 谱。两套参数的联系：

Legendre 变换表示如下：

$$\alpha(q) = \frac{\mathrm{d}\tau(q)}{\mathrm{d}q} = D_q + (q-1)\frac{\mathrm{d}D_q}{\mathrm{d}q} \qquad (5\text{-}13)$$

$$f(\alpha) = q\alpha(q) - \tau(q) = q\alpha(q) + (1-q)D_q \qquad (5\text{-}14)$$

利用 Legendre 变换，可以实现局部参数与全局参数的数值转换。

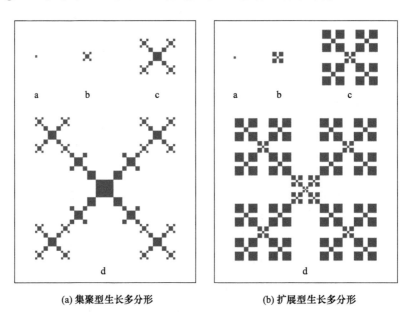

(a) 集聚型生长多分形　　　　　　　(b) 扩展型生长多分形

图 5-29　集聚型城市生长多分形模型和扩展型城市生长多分形模型
a 代表第一步，b 代表第二步，c 代表第三步，d 代表第四步

基于多分形的城市群问题诊断分析方法和步骤：

其一，实测谱线与标准谱线的比较。判断多分形结构发育状态时，理想谱线代表规范世界的分形结构，实测谱线代表现实世界的分形结构。

其二，不固定截距的谱线与固定截距的谱线比较。寻找谱线的变异，进而揭示系统的问题所在的层次。固定截距的谱线更接近于标准谱线，但参数可能越界；不固定截距的谱线更能代表现实世界的谱线，反映系统的问题。两方面综合判断，可以找到许多结构方面的问题。

其三，广义关联维数与嵌入空间维数的比较。判断城市边缘区和用地稀疏区的空间结构是否有序。理论上的分维谱线不超过嵌入空间的维数。如果城市分形定义于二维空间，则嵌入维数 $d=2$；如果城市分形定义于三维空间，则嵌入维数 $d=3$。理论上的多分维 $D_q < d$，$f(\alpha) \leqslant D_0$。也就是说，广义关联维数不大于嵌入维数，而局部分维不大于广义关联维数中的容量维。否则，城市群可能存在结构失调问题。

其四，空间集聚模式与空间扩散模式的判断。城市形态是以集聚趋势为主导还是以扩散趋势为主导（图 5-30～图 5-32）。这个判断结果对城市规划有启发性。

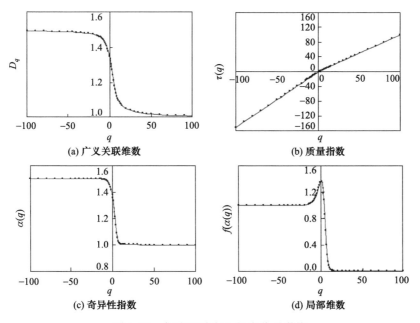

图 5-30　集聚型城市生长多分形谱线

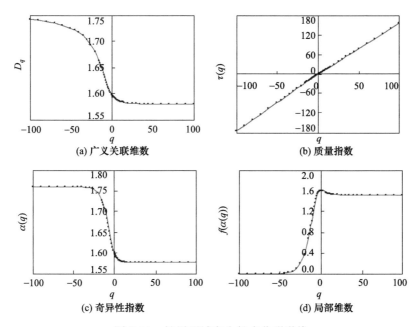

图 5-31　扩展型城市生长多分形谱线

其五，局部分维的双对数坐标图分析。考察城市内部结构是否存在凌乱、无序的现象。

其六，容量维、信息维和关联维的增长趋势分析。是一次 logistic 曲线还是二次 logistic 曲线？是加速还是减速，最高维数是多少？

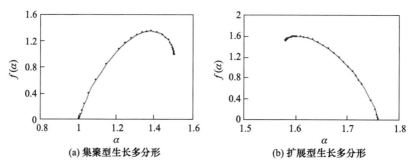

(a) 集聚型生长多分形　　　　(b) 扩展型生长多分形

图 5-32　集聚型城市生长多分形和扩展型城市生长多分形局部谱线

三、基于理论和实证研究的政策建议

基于上述研究，我们针对城镇化与资源、生态环境要素耦合诊断分析提出如下政策性建议：

（1）城市规划和管理要讲究科学，尊重规律。城镇化和城市演化，都有明确的数学规律。过去人们之所以认为城市发展没有严格的数学规律，城市地理学不属于科学研究范畴，主要原因在于方法不成熟，测度不准确，角度不适当，或者算法有问题。随着科学技术的发展，上述问题逐步被克服，今天我们可以揭示许多城市发展和分布的定量规律。不过这些规律有一个特点，那就是在大样本统计中表现，在演化过程中形成。城市地理学的规律不是存在的规律，而是演化的规律。人文地理学没有铁律，但并不表明城市地理系统不遵守任何规律。如果我们的城市规划和管理不遵循科学规律，城市也能存在；但遵循这些规律，城市才能发展得更好。

（2）城市建设和管理，要大处着眼，细处着手。在城市多分形研究中，我们发现城市中心区、亚中心区空间结构比较有序，城市边缘区、土地稀疏区、郊区、远郊区则比较混乱无序。这意味着，城市规划和管理偏重自上而下的过程，导致城市发展存在盲区。城市是复杂适应系统（complex adaptive system, CAS），城市空间结构和秩序具有涌现性（emergence）。分形、混沌吸引子都是涌现的具体表现。就分形结构而言，可以从三个方面考察：一是规范结构，即理想的、应然的、优化的结构，其分维落入合理范围；二是实际结构，即现状的、实然的、可能存在缺陷的结构。比较这两种结构，就可以诊断问题（表 5-13）。判断的基准则是基于分形优化思想的价值研究（参见前面的总结）。

表 5-13 城市和城市体系问题诊断的理论标准

城市	参数	实际范围	合理范围	异常值
单分形	分维 D	$0-d=2$	$1.5\sim1.75$	$D>2$
多分形	广义维数 D_q	$0-d=2$	$1.25\sim1.95$	$D_q>2$
	局部维数 $f(\alpha)$	$0-D_0$	$1\sim1.75$	$f(\alpha)>D_0$
分维关系	部门（如工业用地）分维与整体分维（城市用地）	$0-d=2$	部门分维<整体分维	部门分维>整体分维
异速标度	城市人口-面积异速标度指数 b	$0.5\sim1$	$2/3\sim1$	$b>1$
	中心人口-城市体系异速标度指数 b	$0.5\sim1$	$2/3\sim1$	$b>1$
位序-规模分布	Zipf 指数 q	$0.5\sim2$	$0.75\sim1$	$q>1.25$
	Pareto 指数 a	$0.8\sim2$	$1\sim1.35$	$a<0.8$

（3）城市建设和管理，要避免间架性设计。面对极端复杂的适应系统如城市和城市群，由于信息超载（information overload），人们往往情不自禁地走向另一个极端——过度简化（oversimplification）。间架性设计（schematic design）就是思维模式过度简化的一种表现。该模式起源于西周周公时期，历史学家黄仁宇指出："这种设计以极简单的口语道出，用一种数学的观念、夹带着一种几何图案，向真人实事笼罩过去。"这是几千年来中国人面对复杂现实系统常犯的毛病，也可能是当代中国城市地理实践工作的通病。像"一点三圈""一主两翼""一轴三点""三纵四横"，诸如此类，都是间架性思维的体现。规划山东半岛，搞一个"鹰击东海"（据说山东半岛在地图上像鹰的脑袋）；设计河南鹤壁，搞一个"鹤舞中原"（鹤壁有卫公养鹤的传说）……。用几千年前的半开化时期的思维模型来规划现代化的城市和区域。不仅城市规划和管理如此，城市研究也存在过度简化的问题。最能反映过度简化现象的，莫过于模型建设过程中的所谓"球形鸡综合征"（spherical chicken syndrome）。诺贝尔奖获得者莱德曼在一本科普著作中讲到一个"球形鸡"笑话："如果一个物理学家着手研究一只鸡，他必须首先给出如下假定：这只鸡子的形状为球形。"这个笑话在西方工程师之间流传甚广。正如生物学家常常感染"基因解释综合征"一样，物理学家常常染上"球形鸡综合征"。"球形鸡综合征"是分析方法的简化症，简化的目的不仅是建模，更多的是为了还原和分析。

既然科学研究从描述开始，将鸡近似为球形，就可以借助微积分进行数学描述了。他们可以估算球内的热能扩散，从而分析其生长演变的动力学。虽然将球形用于生物体不合事宜，但物理学家研究的很多现象的确可以用欧氏几何形态进行近似处理。不过，地理学就没有这么幸运了。如果我们将一个城市近似为一个半圆球，那就比"球形鸡"更为糟糕。

（4）城市规划和管理，应该遵循自组织原则。城市管理和优化，不二法门是自组织思想。20世纪80年代，国际复杂科学研究所圣非研究所（SFI）的科学家借助计算机模拟实验研究证明，对于复杂系统，自上而下的演化模式是没有前途的——任何一个选择了自上而下组织模式的复杂系统，最终的宿命只有一个，那就是衰落乃至崩溃。复杂系统如城市群的最佳出路是通过自组织法则自下而上地发育和演化。在自组织原理的支配下，城市结构自动趋向于优化，城市群的功能自动趋向于强大。那么，什么是自组织呢？简而言之，自组织（self-organization）强调的是自下而上的演化和发展。在自组织过程中，系统通过要素的相互作用，自发地形成结构和秩序。自组织是相对于他组织而言的，他组织强调自上而下，与自组织演化的方向刚好相反。现代科学研究证明，社会经济系统是异常复杂的非平衡开放系统，这个系统每时每刻都在变化，系统中涌现出来的是海量的信息。计划赶不上变化——任何一个智商超群的头脑都不可以及时有效地处理无穷无尽的信息。而且，系统的信息之中夹杂着很多冗余信息，以及各种随机的噪声，这些噪声在不断地干扰着决策者的认知和判断。在这种情况下，想要依靠个别领导者的聪明才智或者某种智囊机构的有限知识来有效管理好复杂的社会经济系统演化，是比较困难的。只有个别运气特别好的人物会遇到一些意想不到的奇迹，而奇迹的发生却是可遇而不可求的事情。然而，长期以来，我们的管理者却习惯于固有的自上而下的管理模式，借助于少数专家的短期调研进行决策、采取措施。于是，在大众心中，专家常常变成了"砖家"；在历史的长河中，英明的领导却被某些特别宣判为十足的傻瓜。

面对复杂的社会经济系统，包括我们研究的城市和城市体系，一个有效的经营和管理方式就是借助于自组织思想和理念，自下而上地调动群众的智慧和能力。怎样通过运用自组织的方式经营和管理城市呢？办法是：各级领导们尽可能少地干预具体事务，而是组织专家/学者科学地制定公平的规则，然后将主要精力用于维护规则的权威性。让城市的参与者，包括工人、农民、教师、学生、农民工、外地游客，如此等等，熙熙攘攘地在规则的支配下各行其是。这样，表面看来领导们清净无为，实际上则是采取最为科学、最为有效、最为延年益寿的管理方式（图5-33）。基于这种思路管理城市，各种城市病自然下降到最低的水平，城市结构也会自然而然发展优化的分形结构。世界上没有完美的事物，绝对优化不可能，城市的问题和弊病也不可能完全消除。但是，没有最好，只有更好。

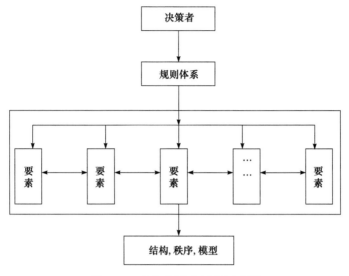

图 5-33 自组织城市管理示意图

第六章　"城市病"诊断与评价的机器学习技术方法

第一节　"城市病"评价的人工神经网络模型

一、人工神经网络模型原理

1. 基本概念

人工神经网络（Artificial Neural Network，ANN）是由大量简单神经元联接而成的非线性复杂网络系统，是模仿大脑神经网络的结构和功能而建立的一种信息处理系统，是理论化的生物神经元网络模型，是能够进行复杂逻辑操作和实现非线性关系表达的人工数学模型。图 6-1 是一个典型的前向反馈网络的结构图。从左至右依次为输入层、隐藏层和输出层。本例含有两个隐藏层，不过一般情况下以一个隐藏层最为常见。近年来兴起的深度网络则以多个隐藏层结构最为常见。

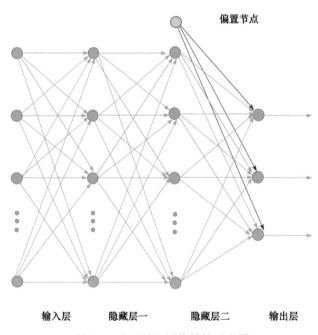

图 6-1　人工神经网络结构示意图

根据人工神经网络模型的结构参数（层数、每层神经元数目、连接方式和连接方向）、转移函数类型和学习算法等的不同，可将 ANN 分为多种类型，常见的有感知器

（perceptron）、反向传播网络（back propagation，BP）、径向基函数网络（radial basis function network，RBFN）、自组织特征映射网络（self-organizing feature map，SOFM）、学习向量量化网络（learning vector quantization networks，LVQ）等。

由于人工神经网络模型具有高度的并行性和非线性、优良的容错能力和鲁棒性、较强的联想和记忆功能以及强大的适应性和自学习功能，长期以来，ANN 被广泛应用于模式信息处理和模式识别、最优化问题计算、复杂控制、信号处理和预测预估等领域。

2. 人工神经网络神经元模型

图 6-2 是一个简化的人工神经网络神经元模型（没有隐藏层），其中 R 代表输入向量的元素个数。在一个单层网络中，输入向量 P 的每一个元素都通过权重矩阵 W 和每一个神经元连接起来。第 i 个神经元把所有加权的输入和偏置加和得到它自己的标量输出 $n(i)$。不同的 $n(i)$ 合起来形成网络的输入 n。最后，通过不同的转移函数，网络层输出 a，图 6-2 的底部显示了 a 的表达式。

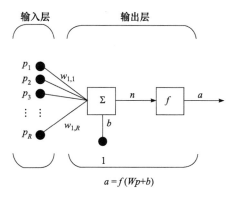

图 6-2 人工神经网络神经元模型

3. 人工网络模型转移函数

人工网络模型转移函数是对神经元输入加权和进行变换的数学函数。对于 BP 模型来说，常用的转移函数有三种，即 S 形对数函数、双曲正切函数和线性函数（图 6-3）。

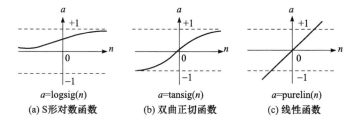

图 6-3 人工神经网络常用转移函数

图 6-3（a）是 S 形对数函数，其计算公式和导数如公式 6-1 和 6-2 所示：

$$f(x) = \frac{1}{1+e^{-x}} \tag{6-1}$$

$$f'(x) = f(x)[1 - f(x)] \tag{6-2}$$

图 6-3（b）是双曲正切函数，其计算公式和导数如公式 6-3 和 6-4 所示：

$$f(x) = \frac{e^x - e^{-x}}{e^x + e^{-x}} \tag{6-3}$$

$$f'(x) = \frac{1}{2}[1 - f^2(x)] \tag{6-4}$$

图 6-3（c）是线性函数，其计算如式（6-5）所示：

$$f(x) = x \tag{6-5}$$

对于 RBFN 模型来说，常用的转移函数为径向基函数，尤其以高斯函数最为常见，其计算如式（6-6）所示：

$$\varphi_i(x) = \exp\left(-\frac{\|x - c_i\|^2}{2\sigma_i^2}\right) \tag{6-6}$$

式中，参数 σ_i 是第 i 个高斯函数的"基部宽度"或"平坦程度"（spread）；c_i 是第 i 个高斯函数的中心（center）。基部宽度的大小不仅影响到本类中心的输出，而且也影响到其他类的输出。因为越靠近类中心，输出响应程度就越大，本类中心的宽度大小，会制约其他类中心的宽度大小（图 6-4）。

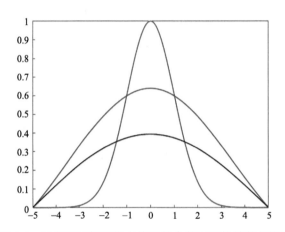

图 6-4　径向基函数网络中核函数参数对网络性状的影响

二、人工神经网络模型构建

在分析已有"城市病"评价或相近工作的基础上，综合考虑京津冀城市群的自然地理环境和社会经济发展水平，根据上述提到的评价指标体系制定原则，提出京津冀城市群"城市病"评价指标体系如表 6-1 所示，并基于该指标体系构建了"城市病"评价人工神经网络模型的目标值。

表 6-1　京津冀城市群"城市病"评价指标体系

表现层	专题层	指标层	指标编号	指标单位	指标属性
自然资源短缺	水资源	人均水资源量	X_1	m³	反向
	土地资源	城市人口密度	X_2	人/km²	正向
	生物资源	建成区 NDVI 年均值	X_3	—	反向
公共资源紧张	教育资源	每百人大中小学在校人数	X_4	人	反向
		每一专任教师数负担学生数	X_5	人	正向
	医疗资源	每千人医院床位数	X_6	张	反向
		每千人医生数	X_7	人	反向
经济发展滞阻	经济增长	GDP 年增长率	X_8	%	反向
	经济结构	第三产业比重	X_9	%	反向
	经济消耗	万元 GDP 能源消费量	X_{10}	tce	正向
		万元产值水耗	X_{11}	m³	正向
居民生活困难	就业困难	城镇登记失业率	X_{12}	%	正向
	住房紧张	房价收入比	X_{13}	—	正向
	收入不足	城镇居民人均可支配收入	X_{14}	元	反向
城市交通拥堵	道路拥堵	高峰拥堵延时指数	X_{15}	—	正向
	资源不足	建成区道路面积率	X_{16}	%	反向
生态环境污染	大气污染	全年空气质量优良天数率	X_{17}	%	反向
		可吸入颗粒物年均浓度	X_{18}	μg/m³	正向
		PM₂.₅ 年均浓度	X_{19}	μg/m³	正向
		二氧化硫年均浓度	X_{20}	μg/m³	正向
		二氧化氮年均浓度	X_{21}	μg/m³	正向
	水污染	单位工业增加值工业废水排放量	X_{22}	t/万元	正向
		城市污水处理率	X_{23}	%	反向
	生活垃圾	生活垃圾无害化处理率	X_{24}	%	反向
	噪声污染	道路交通噪声年均值	X_{25}	dB（A）	正向
		区域环境噪声年均值	X_{26}	dB（A）	正向

续表

表现层	专题层	指标层	指标编号	指标单位	指标属性
	绿色设施	建成区绿地率	X_{27}	%	反向
基础设施不足		人均公共绿地面积	X_{28}	m^2	反向
	一般设施	城市排水管道密度	X_{29}	km/km^2	反向
	社会治安	刑事案件发案率	X_{30}	%	正向
公共安全弱化	交通事故	道路事故死亡率	X_{31}	人/万台车	正向
	火灾事故	每万人火灾起数	X_{32}	起	正向

根据表 6-1 京津冀城市群"城市病"评价指标体系和各指标的分级标准（尹燕平，2018），制定"城市病"人工神经网络评价模型的训练数据集。将 32 个指标的五级数值及其对应的等级作为原始数据。为了增大训练样本，在 Matlab 中使用 linspace 函数，分别对输入变量和目标变量进行了线性内插，构建成 34×100 矩阵的输入神经元训练数据，1×100 矩阵的输出神经元训练数据。

由于各个指标的实际数值差异较大，为了减少奇异性和增加网络训练收敛速度，对原始数据进行了归一化处理。归一化公式如式（6-7）和式（6-8）所示：

$$正向指标：x_i = \frac{x_i - \min(x_i)}{\max(x_i) - \min(x_i)} \tag{6-7}$$

$$反向指标：x_i = \frac{\min(x_i) - x_i}{\max(x_i) - \min(x_i)} \tag{6-8}$$

为了使网络具有较大的适应性，对构建完成的数据集使用 rand 函数添加 15% 的随机噪声。

根据"城市病"评价指标体系的指标个数，确定输入端神经元的数量为 32，输出端神经元个数为 1，并输出"城市病"的指数数值。采用迭代法，确定网络误差最小时的隐藏层神经元个数。经过试验，隐藏层神经元个数在 16～22 时误差较小，因此本研究设置 20 个隐藏层神经元。在转移函数设置上，遵循通行的做法，在隐藏层设置为正切 S 形函数，在输出层设置为线性函数。据此，本文采用的 BP 神经网络模型结构如图 6-5 所示。

采用随机选取方法，分别选择 70%、15% 和 15% 的样本作为训练、测试和检验数据集。使用平均平方根误差（mean squared error，MSE）作为网络训练的效能评价指标。选用带有动量项的梯度下降 Levenberg-Marquardt 法作为训练算法（在 Matlab 中的函数为 trainlm）。其算法如式（6-9）所示：

$$\Delta W_{ij}(t) = -\eta \frac{\partial E(t)}{\partial W_{ij}(t)} + \alpha \Delta W_{ij}(t-1) \tag{6-9}$$

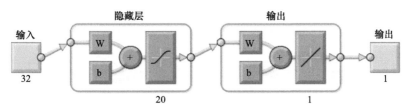

图 6-5 "城市病"评价 BP 神经网络结构

式中，W_{ij} 为神经元 i 和 j 之间的权值；E 为误差；η 为学习速率；α 为动量。

图 6-6 为网络训练过程误差变化曲线。蓝色为训练集，绿色为检验集，红色为测试集。图 6-7 为训练完成后的误差直方图。

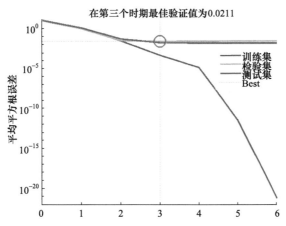

图 6-6 "城市病"评价 BP 网络训练误差变化曲线图

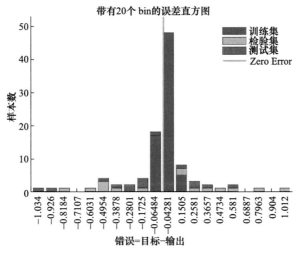

图 6-7 "城市病"评价 BP 网络训练误差直方图

分别对训练样本、检验样本和测试样本以及所有样本的期望值和网络实际输出值做拟合，发现各个样本集的拟合效果均较好，R 值都超过 0.85（图 6-8）。

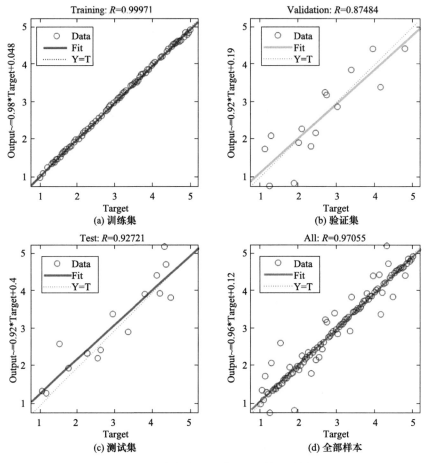

图 6-8 "城市病" 评价 BP 网络拟合效果

三、人工神经网络模型研究结果

使用京津冀城市群 13 个城市 2010 年和 2015 年的 "城市病" 诊断指标数据集，运行人工神经网络模型，得到各城市的 "城市病" 总体诊断结果如表 6-2 所示，空间格局如图 6-9 和图 6-10 所示。根据表 6-1 中各指标的等级（尹燕平，2018），在 ArcGIS 中采用自然断点法将 "城市病" 综合指数按照<1.5、1.5～2.5、2.5～3.5、3.5～4.5 和>4.5 划分为五个区间，分别与极轻微、轻微、较严重、严重和极严重 5 个等级对应。然后，根据 2010 和 2015 年的指数变化情况确定变化趋势，如果两个年份的差值小于 0.1，则判断为稳定，若差值大于 0.1，且 2010 年的指数值小于 2015 年，则为恶化趋势，否则为好转趋势。

从表 6-2、图 6-9 和图 6-10 可以看出,京津冀 13 个城市 2010 年的"城市病"指数为 2.31～2.73,均值为 2.51。根据指数对应的"城市病"等级,北京、天津、秦皇岛、承德、沧州和廊坊为轻微级别,其他城市为较严重级别。城市群整体属于较严重级别。2015 年,京津冀 13 个城市的"城市病"指数区间有所扩大,在 2.16～3.05。各城市指数所对应的"城市病"等级也有所变化,北京、天津、秦皇岛和承德等 4 个城市仍为轻微级别,张家口则由较严重转为轻微级别。其余城市为较严重级别。值得说明的是,沧州和廊坊由 2010 年的轻微级别转变为较严重级别。城市群"城市病"指数均值为 2.57,整体属于较严重级别。

表 6-2 2010～2015 年京津冀城市群各城市"城市病"指数、等级及趋势

城市	2010 年指数	2010 年等级	2015 年指数	2015 年等级	变化趋势
北京	2.31	轻微	2.16	轻微	好转
天津	2.33	轻微	2.34	轻微	稳定
石家庄	2.64	较严重	2.71	较严重	稳定
唐山	2.57	较严重	2.62	较严重	稳定
秦皇岛	2.32	轻微	2.33	轻微	稳定
邯郸	2.51	较严重	2.67	较严重	恶化
邢台	2.72	较严重	3.05	较严重	恶化
保定	2.72	较严重	2.87	较严重	恶化
张家口	2.73	较严重	2.43	轻微	好转
承德	2.37	轻微	2.24	轻微	好转
沧州	2.37	轻微	2.63	较严重	恶化
廊坊	2.43	轻微	2.55	较严重	恶化
衡水	2.61	较严重	2.79	较严重	恶化

根据指数的变化趋势和大小,制作了"城市病"变化趋势空间分布图(图 6-11)。可以看出,2010～2015 年京津冀城市群各城市"城市病"变化趋势具有明显的区域分异,大致规律是:城市群北部的张家口、承德和北京呈现好转态势,中南部平原城市,除石家庄外,廊坊、保定、沧州、衡水、邯郸和邢台都呈现恶化态势,而东南部的城市如天津、唐山、秦皇岛以及中南部的石家庄则呈现稳定态势。

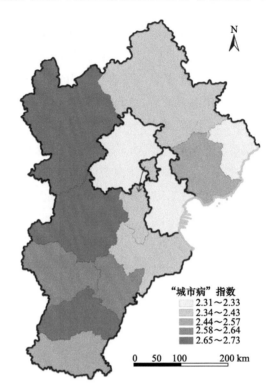

图 6-9　2010 年京津冀城市群各城市 "城市病" 指数

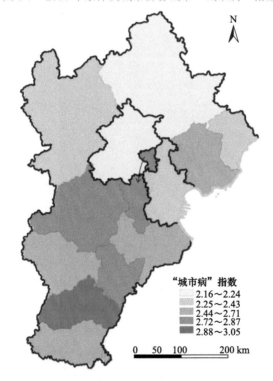

图 6-10　2015 年京津冀城市群各城市 "城市病" 指数

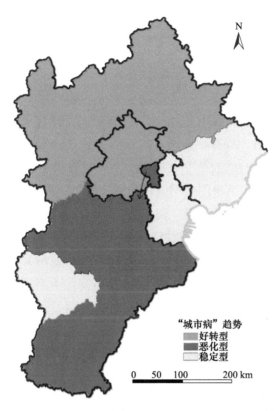

图 6-11　2010～2015 年京津冀城市群各城市"城市病"等级变化

第二节　"城市病"评价的随机森林模型方法

一、随机森林模型原理

随机森林是一种新兴的机器学习技术，由 Leo Breiman 和 Cutler Adele 在 2001年开发完成，属于一种现代分类与回归技术，同时也是一种组合式的自学习技术。组合学习的思路是在对新的实例进行分类的时候，把若干个单分类器集成起来，通过对多个分类器的分类结果进行某种组合来决定最终的分类，以取得比单个分类器更好的性能。因此，也有很多研究采用了随机森林算法构建模型解决实际问题。如任才溶（2018）利用随机森林算法并基于 Spark 平台建立了 $PM_{2.5}$ 浓度值预测模型和 $PM_{2.5}$ 浓度等级预测模型，并对所建立的模型预测结果进行了评价。杨瑞君等（2017）通过训练随机森林模型，找到了多种空气污染物与空气质量等级之间的内在映射关系，建立了随机森林评价模型，提高了评价的科学性和鲁棒性。

城市指标是多维的，变量之间的关系复杂且呈非线性，并且测量变量中有许多缺失值。传统的统计方法在分析这些数据时遇到了挑战，尤其是线性统计方法，如广义线性模型，不足以揭示更复杂的过程、格局和关系。对于这些数据，需要更灵活和稳健的可以处理非线性关系、高阶相关性和缺失值的分析方法。随机森林通过自助法随机选择部分向量生长成分类"树",让每个树都完整生长而不做修剪。并且在生成树的时候,每个节点的变量都仅仅在随机选出的少数几个变量中产生。即在变量(列)和数据(行)的使用上进行随机化。通过这种随机方式生成的大量的树被用于分类和回归分析,因此被称为"随机森林"。森林中每一棵树都依赖于一个随机向量,森林中的所有向量都是独立分布的。最终的决策树通过对潜在的随机向量树进行"投票"表决生成,即具有最多投票的分类。如果目的是回归,则由这些树输出结果的平均值作为因变量的预测值。

随机森林算法基本的数学流程(崔东文,2014)如下:

(1)首先利用 bootstrap 方法重抽样,随机产生 k 个训练集 θ_1,θ_2,…,θ_k。利用每个训练集生成对应的决策树 $\{T(x,\theta_1)\}$,$\{T(x,\theta_2)\}$,…,$\{T(x,\theta_k)\}$。

(2)假设特征有 M 维,从中随机抽取 m 个特征作为当前节点的分裂特征集,并以这 m 个特征中最好的分裂方式对该节点进行分裂。一般而言,在整个森林的生长过程中,m 的值维持不变。

(3)令每个决策树得到最大程度的生长,不做剪枝处理。

(4)对于一个新的数据 $X=x$,单棵决策树 $T(\theta)$ 的预测可以通过对叶节点的观测值 $l(x,\theta)$ 取平均获得。假如一个观测值 X_i 属于叶节点 $l(x,\theta)$,且不为 0,则权重向量 $w_i(x,\theta)$ 如式(6-10)所示:

$$w_i(x,\theta) = \frac{1\{X_i \in R_i(x,\theta)\}}{\#\{j : X_i(x,\theta)\}} \tag{6-10}$$

式中,权重 $w_i(x,\theta)$ 之和等于 1,# 为 number of ××××。

(5)在给定自变量 $X=x$ 下,单棵决策树的预测通过对因变量观测值 Y_i($i=1$,2,…,n)的加权平均得到,如式(6-11)所示:

$$\bar{\mu}(x) = \sum_{i=1}^{n} w_i(x,\theta)Y_i \tag{6-11}$$

(6)对决策树权重 $w_i(x,\theta)$($i=1$,2,…,k)取平均,得到每个观测值 $i \in \{1,2,…,n\}$ 的权重 $w_i(x)$,如式(6-12)所示:

$$w_i(x) = k^{-1} \sum_{i=1}^{k} w_i(x,\theta)y \tag{6-12}$$

(7)对于所有 y,随机森林的预测如式(6-13)所示:

$$\bar{\mu}(x) = \sum_{i=1}^{n} w_i(x,\theta)Y_i \tag{6-13}$$

因此,在给定 $X=x$ 的条件下,Y 的条件均值的估计等于所有因变量观测值的加权和。权重随自变量 $X=x$ 的变化而变化,当给定 $X=X_i$($i \in \{1,2,…,n\}$)下 Y 的条件分布与 $X=x$ 下 Y 的条件分布越相似,其权重越大。

二、诊断城市热岛效应影响因素的随机森林模型

热岛效应是城市化过程中产生的重要负面效应，是空气污染、城市微气候恶化等的重要原因之一，是现代"城市病"的一个重要方面。基于遥感数据与统计年鉴指标构建了随机森林诊断模型，以揭示京津冀城市群的城镇单元在不同发展阶段影响热岛效应强度的重要因素的差异。

首先，定义城市综合发展指数（urban development index，UDI）如式（6-14）所示，计算京津冀 2000 年、2005 年、2010 年和 2015 年四期各城镇单元的发展水平。

$$UDI = \log(SUM\_POP \times MEAN\_NLI) \tag{6-14}$$

式中，SUM_POP 为城镇斑块范围内的人口总量，根据 Landscan 人口公里网数据统计得到。MEAN_NLI 为各个城镇斑块上的夜间灯光强度指数均值，采用由 DMSP-OLS 传感器获得的数据。

其次，定义城市热岛效应指数（UHI）如式（6-15）所示：

$$UHI = LST(市区) - LST(郊区) \tag{6-15}$$

其中，LST 为地表温度，采用从地理空间数据云获取的 MODLT1M 产品，空间分辨率约为 1km（图 6-12b）。市区范围采用 2000 年土地利用解译产品分类中城镇类别

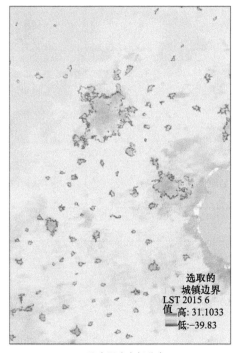

选取的
城镇边界
LST 2015 6
值 高：31.1033
低：-39.83

非城镇
用地
城镇用地

(a) 2015年城镇边界　　　　　　　　　　(b) 地表温度空间分布

图 6-12　京津冀城市群城市用地遥感解译结果与地表温度空间分布图

的空间范围，郊区范围采用 2015 年的城镇边界[图 6-12（a）]向外 10 km 缓冲区的范围。

最后，将京津冀城镇单元四期一共 600 多个 UDI 的计算结果汇总，根据 UDI 分布的自然断点，分为四个城市发展阶段：初级发展阶段（5，7.6）、中级发展阶段（7.6，8.85）、高级发展阶段（8.85，10.2）和超级发展阶段（10.2，10.9）。

进一步构建城市形态指标、自然要素指标、人类社会经济活动指标和空气污染指标（表 6-3～表 6-5），得到一共 17 个指标，通过样本扩充得到四个城市发展阶段的样本数据集，建立随机森林模型。最终通过提取随机森林模型的特征重要性，进行指标的重要性排序，分析各个阶段影响城市热岛效应的主要因素。

表 6-3　城市形态指标

指标名称	简写	计算方法	时间范围
形状指数	SHAPE_AM	土地利用图层中城市用地几何形状	2000 年，2005 年 2010 年，2015 年
分形维数	FRAC_AM	土地利用图层中城市用地几何形状	2000 年，2005 年 2010 年，2015 年
圆度	CIRCLE_AM	土地利用图层中城市用地几何形状	2000 年，2005 年 2010 年，2015 年
连续度	CONTIG_AM	土地利用图层中城市用地几何形状	2000 年，2005 年 2010 年，2015 年
有效网眼面积	MESH	土地利用图层中城市用地几何形状	2000 年，2005 年 2010 年，2015 年
分离度	SPLIT	土地利用图层中城市用地几何形状	2000 年，2005 年 2010 年，2015 年
聚集指数	AI	土地利用图层中城市用地几何形状	2000 年，2005 年 2010 年，2015 年

表 6-4　自然要素指标

指标名称	简写	计算方法	时间范围
植被指数	MEAN_NDVI	遥感产品（MOD13Q1）	2000 年，2005 年 2010 年，2015 年
森林覆盖率	MEAN_TREE	遥感产品（MOD44B）	2000 年，2005 年 2010 年，2015 年
年均降水量	MEAN_PRE	国家气象中心历史监测数据空间插值并统计	2000 年，2005 年 2010 年，2015 年

续表

指标名称	简写	计算方法	时间范围
年均空气相对湿度	MEAN_RHU	国家气象中心历史监测数据空间插值并统计	2000 年，2005 年 2010 年，2015 年
年均气温	MEAN_TEM	国家气象中心历史监测数据空间插值并统计	2000 年，2005 年 2010 年，2015 年
年均风速	MEAN_WIN	国家气象中心历史监测数据空间插值并统计	2000 年，2005 年 2010 年，2015 年

表 6-5 人类社会经济活动指标和空气污染指标

指标名称	简写	计算方法	时间范围
人口密度	MEAN_POP	Landscan 人口栅格数据统计	2000 年，2005 年 2010 年，2015 年
人口总量	SUM_POP	Landscan 人口栅格数据统计	2000 年，2005 年 2010 年，2015 年
夜间灯光强度总量	SUM_NLI	DMSP-OLS 夜间灯光遥感反演指数统计	2000 年，2005 年 2010 年，2015 年
气溶胶光学厚度	MEAN_AOD	遥感产品（MOD04C6）	2000 年，2005 年 2010 年，2015 年

三、随机森林模型研究结果

根据特征重要性诊断结果得到京津冀城市群不同发展阶段影响城市热岛效应的重要因素，如图 6-13 所示。

研究结果显示，京津冀城市群的城市发展各个阶段对应的影响城市热岛效应强度的重要因素各不相同。在初级发展阶段，形态指数变量对热岛效应的影响程度较高，城市分离与聚集决定着热岛能否形成。足够规模、足够连续的城镇对热岛效应的形成有着至关重要的作用。在中级发展阶段，除了形态指数之外，自然因素的贡献较大，具体包括风速、降水等，其影响能力和连续度指标相近。高级发展阶段中，人口的快速增加和城市用地规模的增长成为城市热环境变化的重要驱动力，形态指标中连续度依然重要。同时这一阶段，城市产污和排放增加，大气气溶胶状况受到影响，也会对热岛效应产生间接影响。超级发展阶段的主要影响因素是风速和连续植被覆盖度，通风廊道的建设有利于缓解城市热岛效应。在形态指标中，分形维数代表的复杂度成为最重要的因素。

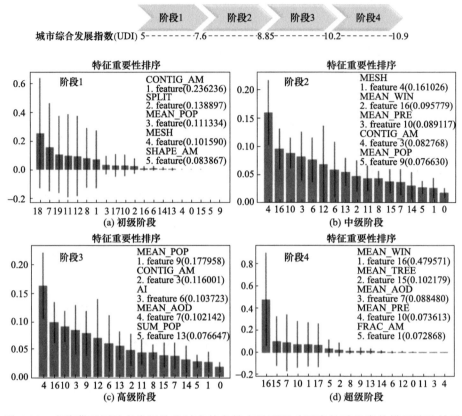

图 6-13　京津冀不同城市发展阶段城市热岛效应重要驱动因素的随机森林模型检验结果

结果表明，京津冀城市群超大规模城市的形状过于复杂，会增强热岛效应，加大"城市病"病情程度。通过本次研究，诊断出了城市形态对于城市热岛效应的重要影响，为科学规划，实现京津冀城市健康发展提供了参考。

第三节　"城市病"评价的支持向量机模型方法

一、支持向量机模型原理

支持向量机（support vector machines，SVM）是建立在统计学习理论 VC 维理论和结构风险最小化原理基础上的机器学习方法。它在解决小样本、非线性和高维模式识别问题中表现出许多特有的优势，并在很大程度上克服了"维数灾难"和"过学习"等问题。此外，它具有坚实的理论基础与简单明了的数学模型，因此，在模式识别、回归分析、函数估计、时间序列预测等领域都得到了长足的发展，并被广泛应用于文本识别、手写字体识别、人脸图像识别、基因分类及时间序列预测等。

标准的支持向量机学习算法问题可以归结为求解一个受约束的二次型规划（quadratic programming，QP）问题（丁世飞，2011）。对于小规模的二次优化问题，利用牛顿法、内点法等成熟的经典最优化算法便能够很好地求解。但是当训练集规模很大时，就会出现训练速度慢、算法复杂、效率低下等问题。普遍使用的训练算法都是将原有大规模的 QP 问题分解成一系列小的 QP 问题，按照某种迭代策略，反复求解小的 QP 问题，获得原有大规模的 QP 问题的近似解，并使该近似解逐渐收敛到最优解。与其他传统方法相比，支持向量机具有结构简单、适应性好、训练速度快和泛化能力强等优势。

二、预测城市热岛效应的支持向量机模型

目前已有多项研究利用支持向量机对城市环境因素进行评价或预测，如陈莉和李运超（2014）运用蚁群算法优化支持向量机，完成了对我国创新型城市的多维度评价工作，通过训练得到了土地集约利用评价结果，经检验优于传统评价方法；马文涛（2007）提出了一种基于支持向量机回归的方法来检测评估水质，结果表示，支持向量机回归的方法能够较好地进行水质评价，同时还可预测水质的污染程度，在水质检测方面具有优势；尚梦佳等（2018）基于支持向量机方法评价了喀斯特山区土壤环境质量，李玉霞（2018）基于支持向量机方法评价了城市的空气质量等。然而目前还没有基于支持向量机模型预测城市热岛的成熟研究。预测城市热岛效应对于诊断和预测"城市病"风险具有重要的意义，本部分通过遥感影像、土地利用解译数据、气象站点监测值等数据统计了京津冀城市群城市尺度的社会经济与自然属性指标，通过 MODIS LST 地表温度遥感产品计算了京津冀城市群城市热岛效应强度，进一步构建了基于支持向量机方法的京津冀城市群城市热岛强度预测模型。

基于京津冀 2000 年、2005 年、2010 年和 2015 年四期中八个指标的数值（表 6-6），构建了多个机器学习与传统统计模型，用于预测京津冀城市尺度的热岛效应强度。本部分设置交叉检验的次数为 6（6 折交叉检验），分别建立贝叶斯岭回归（Bayesian ridge）、普通线性回归（linear regression）、弹性网络回归（elastic net）、支持向量机回归（SVR）、梯度增强回归（gradient boosting regressor，GBR）模型对象，其中前 3 个算法属于广义线性回归，后两个属于支持向量机和梯度增强算法的变体，得到模型性能评估结果，如表 6-7 所示。通过对比各个模型在城市热岛效应预测应用中的性能，来检验支持向量机模型在城市热岛效应预测中的应用潜力。

本研究选取多个指标来评估模型性能，如采用平均绝对误差（mean absolute error，MAE）来评估预测结果和真实数据集的接近程度，其值越小说明拟合效果越好；使用均方差（mean squared error，MSE）计算拟合数据和原始数据对应样本点的误差平方和的均值，其值越小说明拟合效果越好；判定系数的含义为解释回归模型的方差得分，取值范围是[0,1]，越接近于 1 说明自变量越能解释因变量的方差变化，值越小则说明效果越差。

　　将热岛效应预测值与实际值比较得到图 6-14，其中真实值根据热岛强度的大小进行了排序。结果显示 SVM 具有最佳的拟合效果，且平滑程度接近原始曲线，具有最佳的预测性能，证明该模型可以通过城市形态、城市发展水平、城市植被与气象条件等变量有效预测城市热岛效应，研究结果可以为京津冀城市群科学预测热岛效应风险提供重要参考。

表 6-6　数据列表

数据指标	简称	数据来源
数字海拔高度	DEM	中国科学院资源环境数据中心
PM$_{2.5}$ 空间栅格产品	PM$_{2.5}$	NASA 社会经济数据中心
面积加权城市形状指数	SHAPE_AM	基于 LUCC 通过景观指数计算得到
城市聚集指数	AI	基于 LUCC 通过景观指数计算得到
年均风速	WIN	中国国家气象中心
空气相对湿度	RHU	中国国家气象中心
植被指数栅格产品	NDVI	MODIS MOD13Q1 产品
夜间灯光强度	NLI	DMSP-OLS 历史数据及预测栅格数据

表 6-7　各模型性能统计结果

	解释方差	平均绝对误差	均方差	r^2
贝叶斯回归（Bayesian ridge）	0.4091	0.3069	0.1537	0.4091
普通线性回归（linear regression）	0.4125	0.3061	0.15284	0.4125
弹性网络回归（elastic net）	0.3505	0.3256	0.16897	0.3505
梯度增强回归（gradient boosting regressor, GBR）	0.7957	0.1874	0.05314	0.7957
支持向量机回归（SVR）	0.9468	0.1002	0.01387	0.9467

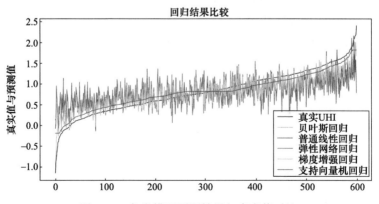

图 6-14　各类模型预测结果与真实值对比

第四节 基于深度学习的"城市病"诊断途径

一、深度学习模型原理

深度学习是机器学习领域一个新的研究方向，近年来在语音识别、计算机视觉等多类应用中取得了突破性的进展。深度学习通过组合低层特征形成更加抽象的高层表示、属性类别或特征，给出数据的分层特征表示。在地理学领域已有部分基于深度学习的研究与探索，如尹文君等（2015）针对环境大数据时代下的城市空气质量预报，提出了一种基于深度学习的新方法，模拟人类大脑的神经连接结构，将数据在原空间的特征转换到具有语义特征的新特征空间，自动学习得到层次化的特征表示，从而提高预报性能。史亚星（2018）设计了一种基于深度学习的深度网络混合模型用于短时交通流量预测，由一层降噪自动编码器和两层受限玻尔兹曼机构成，使用 SVR 方法作为预测器，经过检验发现模型具有较高的优度。但这类研究大多基于单模型，数据相对简单，对深度学习内在层级与机理没有足够的探索与考量。

深度学习之所以被称为"深度"，是相对于支持向量机、提升方法（boosting）、最大熵方法等"浅层学习"方法而言的，深度学习所习得的模型中，非线性操作的层级数更多。浅层学习依靠人工经验抽取样本特征，通过网络模型学习后获得的是没有层次结构的单层特征；而深度学习通过对原始信号进行逐层特征变换，将样本在原空间的特征表示变换到新的特征空间，自动地学习得到层次化的特征表示，从而更有利于分类或特征的可视化（图6-15）。

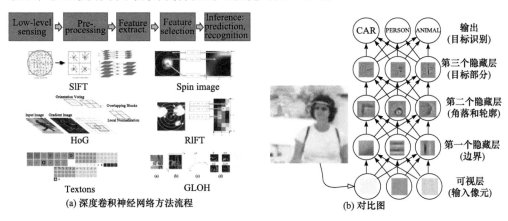

图6-15 传统机器学习方法流程

深度神经网络（deep neural networks，DNN）是由多个单层非线性网络叠加而成的，常见的单层网络按照编码解码情况分为3类：只包含编码器部分的网络、只包含解码器部分的网络、既有编码器部分也有解码器部分的网络。编码器提供从输入到隐含特征空间的自底向上的映射，解码器以重建结果尽可能接近原始输入为目标将隐含特征映射到输入的空间。深度神经网络分为前馈深度网络、反馈神经网络和后向神经网络三类（图 6-16）。其中前馈深度网络（feed-forward deep network，FFDN）包括多层感知机（multi-layer perceptrons，MLP）、卷积神经网络（convolutional neural networks，CNN）等；反馈神经网络包括反卷积网络（deconvolutional networks，DN）、层次稀疏编码网络（hierarchical sparse coding，HSC）等；双向神经网络（bi-directional deep networks，BDDN）包括深度玻尔兹曼机（deep Boltzmann machines，DBM）、深度信念网络（deep belief networks，DBN）、栈式自编码器（stacked auto-encoders，SAE）等。

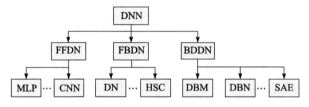

图 6-16　深度神经网络分类结构

以深度前馈网络为例，深度前馈网络也叫作前馈神经网络，或者是多层感知机（multilayer perceptrons，MLPs），是深度学习模型中的精粹。前馈网络的目标是近似某些函数。例如，对于分类器 $y = f(x)$ 来说，它将一个输入值 x 变成对应的类别 y。前馈网络就是定义一个映射 $y = f(x, \theta)$，并通过学习得出参数 θ 的值使之产生最好的函数近似。

简而言之，神经网络可以定义成输入层，隐含层和输出层。其中，输入层接受数据，隐含层处理数据，输出层则输出最终结果。这个信息流就是接受 x，通过处理函数 f，输出 y。这个模型并没有任何的反馈连接，因此被称为前馈网络。模型如图 6-17 所示。

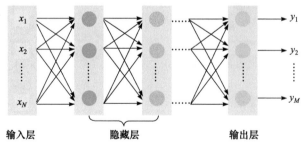

图 6-17　前馈神经网络结构

二、基于耦合 LSTM 与随机森林算法的北京空气污染水平预测模型

LSTM 算法全称为 long short-term memory，最早由 Sepp Hochreiter 和 Jürgen Schmidhuber 于 1997 年提出，是一种特定形式的循环神经网络（recurrent neural network，RNN）。RNN 是一系列能够处理序列数据的深度学习神经网络的总称。LSTM 提供许多解决办法，例如 ESN（echo state network）和增加有漏单元（leaky units）等，通过计算有漏单元和设计连接间的权重系数，允许累积远距离节点间的长期联系。LSTM 单一节点的结构如图 6-18 所示，其巧妙之处在于通过增加输入门限、遗忘门限和输出门限，使得自循环的权重可以变化，从而使得该模型在参数固定的情况下，可以动态改变不同时刻的积分尺度，进而避免了梯度消失或者梯度膨胀的问题。

　　由于 LSTM 通过各种"门"从细胞状态中忘记、更新信息，因而可以更好地解决长期依赖问题，在空气污染预测等方面已经开展了广泛的应用。

　　空气污染水平的影响因素众多，包括气象要素、地面社会经济活动要素、植被覆盖等，这决定了对空气污染的预

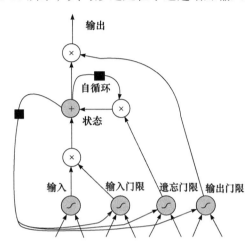

图 6-18　LSTM 的单元示意图

测既需要提取足够重要的特征变量，又需要充分挖掘历史时序信息，两个难点的有效解决会对提升预测精度产生重要的作用。目前多种机器学习算法被运用于空气污染的预测，包括朴素贝叶斯、支持向量机、随机森林和神经网络等。研究发现随机森林算法和递归神经网络分别在模型收敛时间和准确率上表现良好。然而，随机森林算法的准确率由决策树的分类特征决定，该模型可以有效提取重要变量，对一部分情形具有良好的预测能力，但不能提取时间序列的局部特征，而 LSTM 神经网络模型具有记忆选择性的特点，恰好弥补了这一缺陷。综合考虑以上两点，本研究提出了耦合 LSTM 和随机森林算法的集成模型 LSTM-RF，通过 LSTM 提取时序特征，并通过随机森林方法筛选重要变量以提升对极端污染事件的预测能力，并将预测结果与其他模型进行比对，以检验其预测性能。模型架构如图 6-19 所示。

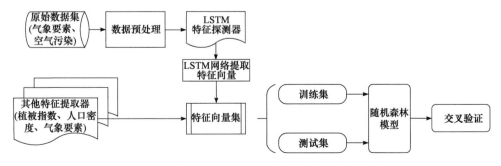

图 6-19　耦合 LSTM 和随机森林算法的集成模型

本研究构建了包含 10 个维度的特征数据集（表 6-8），包括 PM$_{2.5}$露点温度、温度、压力、风向、风速、积雪时间、累积的下雨时数、归一化植被指数和人口密度。预测目标值为美国大使馆发布的北京市 PM$_{2.5}$小时浓度。该数据集覆盖了北京 2010～2014 年数据，数据集长度为 43799。在 LSTM 特征提取部分，本研究使用了历史数据进行训练，对露点温度、温度、压力、风向、风速、积雪时间、累积的下雨时数 7 个维度的特征进行了归一化处理，并随机划分出 20%的数据用于交叉验证。在第一个隐层中定义了具有 50 个神经元的 LSTM 和用于预测污染的输出层中的 1 个神经元。输入形状是 1 个时间步长。研究模型优化器使用 adam，将损失函数设置为均方误差（MSE），拟合了 50 个批量大小为 80 的训练时期，得到训练损失曲线如图 6-20。经过 5 轮训练，最终结果显示均方误差小于 0.001，达到了较高的精度。

表 6-8　构建数据集列表

变量名称	英文简写	数据来源
PM$_{2.5}$浓度	PM$_{2.5}$	US Embassy in Beijing（美国驻北京大使馆）
露点温度	DEWP	Beijing Capital International Airport（北京首都国际机场）
温度	TEMP	Beijing Capital International Airport（北京首都国际机场）
压力	PRES	Beijing Capital International Airport（北京首都国际机场）
风向	CBWD	Beijing Capital International Airport（北京首都国际机场）
风速	LWS	Beijing Capital International Airport（北京首都国际机场）
积雪时间	LS	Beijing Capital International Airport（北京首都国际机场）
累积的下雨时数	LR	Beijing Capital International Airport（北京首都国际机场）
归一化植被指数	NDVI	MODIS MOD44B
人口密度	POP	Landscan

通过 LSTM 模型提取了历史时序的 50 个特征，并结合其他特征共 60 个特征，参与随机森林预测模型的构建。模型使用前一天的特征向量集来预测后一个小时的空气污染水平。将 LSTM-RF 耦合模型的预测结果与单独使用随机森林的结果对比，得到表 6-9 和表 6-10。结果显示，LSTM-RF 耦合模型显著提高了预测值与真实值之间拟合的 R^2，平均 R^2 从 0.1 左右跃升至 0.9 左右，显示了 LSTM-RF 耦合模型较高的预测能力。将 LSTM-RF 耦合预测结果与决策树模型、弹性网络估计模型、支持向量机模型、梯度增强回归模型、随机森林模型进行对比得到图 6-21。结果显示，相比弹性网络估计模型、支持向量机模型和梯度增强回归模型而言，

LSTM-RF 可以有效预测罕见的高度污染天气，该类天气在样本总体中占比较少，而其他模型未能良好地进行预估。另外，决策树模型和随机森林模型可以通过特征筛选，较好地预测高度污染天气，却仅对少量样本有效，对更多样本的估计并不准确，偏离对角线较大。LSTM-RF 模型相比以上两个模型而言，可以对更多的样本进行精确预测，预测总体精度显著提升。该模型可以进一步通过更多维度特征的补充，实现更为精准的预估，在京津冀城市群空气污染预测问题中具有良好的应用前景。未来还可尝试结合更多数据进行时空预测建模分析。

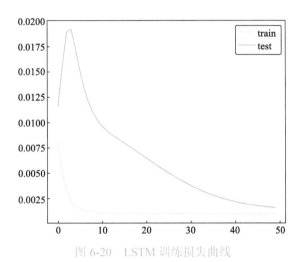

图 6-20　LSTM 训练损失曲线

表 6-9　随机森林模型 5 折交叉检验性能评估

随机森林模型性能评估结果	1 折	2 折	3 折	4 折	5 折
R^2	0.109	0.1792	0.0120	0.182	0.169
explained_variance	0.117	0.1823	0.0178	0.177	0.169
mean_absolute_error	0.060	0.0587	0.0588	0.059	0.057
mean_squared_error	0.007	0.007	0.007	0.007	0.007
median_absolute_error	0.0381	0.040	0.039	0.038	0.037

表 6-10　LSTM-RF 模型 5 折交叉检验性能评估

LSTM-RF 模型性能评估结果	1 折	2 折	3 折	4 折	5 折
R^2	0.869	0.904	0.881	0.891	0.919
explained_variance	0.870	0.904	0.886	0.892	0.920
mean_absolute_error	0.017	0.016	0.0151	0.016	0.015
mean_squared_error	0.001	0.001	0.001	0.001	0.001
median_absolute_error	0.009	0.009	0.008	0.008	0.009

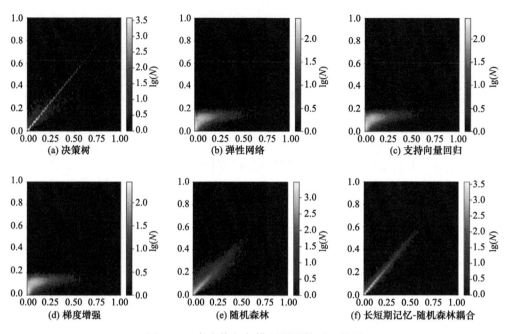

图 6-21 真实值与各模型预测值对比结果

三、深度学习模型研究方向

随着遥感技术、无人机、物联网以及"互联网+"等技术的发展，多源时空大数据种类不断丰富，如遥感影像和无人机影像数据、各类传感器数据、视频监控数据和微博签到数据等。在城市智慧化、信息化建设和发展的浪潮下，由物联网、社交网络及城市基础设施等产生的数据量已经由 GB（gigabyte）、TB（terabyte）级快速增长为 PB（petabyte）和 EB（exabyte）级。围绕各类"城市病"的研究中，多源时空数据是各项工作的基石，也成为深度学习技术有效应用的重要场景。例如，利用高分辨率遥感影像数据（如 IKONOS、QuickBird、WorldView 等）对城乡生活垃圾堆进行提取；利用对城市车辆的提取判断道路的拥堵情况；利用视频监控数据等时间序列数据获取车辆运动状态；利用基于传感器和社交网络的众源数据获取城市的社会事件类型及具体的空间坐标，以便进行城市基础设施、社会公共事务的维护和管理等。深度学习方法可以有效地综合利用多源时空大数据来反映和诊断城市的健康状态，多源时空数据与深度学习技术的结合，对"城市病"的溯源和解决方案的研究具有重要意义。

然而当下基于海量数据的机器学习和深度学习技术需要巨大计算能力的支撑，已非普通科研团队所能承受。过去一年来，亚马逊、微软以及阿里云等科技巨头，相继开始在云端处理这些数据，这种将云计算与人工智能结合的思路逐渐成为业界共识。通过构建数据采集系统、数据交换系统、开放算法平台、数据应用平台等实现海量数据的输入、处理与输出的闭环成为深度学习技术应用于"城市病"诊断的技术基础。就目前的深度学习进展来说，其真正能发挥作用的场合仍然有很大的局限性，主要停留在一些细分领域，比如图像、视频识别与城市特征提取的结合等。

城市是一种超级复杂体，海量实时数据处理、终端用户实时感知、大时空尺度的趋势分析等方面都成为基于深度学习的人工智能技术在"城市病"诊断需求中真正落地的重要试验场。杭州 12 家企业联合参与了城市大脑计划，这些企业从不同领域分工，实现"城市病"的诊断与解决方案的提出，比如阿里云提供计算能力、移动和联通提供网络能力、海康威视提供图像视频捕捉能力等，结合各方不同的技术优势，共同挖掘、分析杭州的城市数据，这对今后城市数据平台的搭建和完善具有积极效应。在学术研究领域，利用卷积神经网络技术与遥感技术对城市车辆运行情况、垃圾分布情况、企业工厂分布情况实现大范围、长时间的动态监测，已然成为一个新兴的研究方向。深度学习模型未来将进一步运用到深入分析城市发展现状、了解城市相关变化、准确判断城市发展方向和剖析城市发展动力，进而开展城镇化动态监测与评估，探索城镇化发展的客观规律之中，为"城市病"的诊断和解决提供完整方案。

第七章 "城市病"诊断与评价的生态热力学途径

第一节 能值和㶲值方法基本原理

一、能值理论

能值分析法最早是由美国著名生态学家 Odum（1988）于 20 世纪 80 年代提出，主要内容是将物质能量用单位太阳能表示，以能值为量纲，通过测度资源、产品或劳务形成所需间接或直接利用的太阳能解释代谢流的流动和贮存的过程。其中，他将能值（emergy）定义为：一种流动或储存的能量所包含的另一种类别能量的数量。同时，能值被进一步解释为产品或服务形成过程中直接或间接投入应用的一种有效能（available energy）总量，实质是体现能（embodied energy）。在实际应用中，以太阳能值（solar emergy）衡量某一能量的能值，单位为太阳能焦耳（sej）。Odum 的最大贡献在于提出能量品质以及能量与货币流动为相反方向的观点（黄书礼，2004）。能值分析统一了能量流、物质流和货币流等量化指标，是生态学和经济学交叉联系的纽带（蓝盛芳等，2002）。

能值分析是将生态经济系统中各输入、输出物质或能量转换为统一能值后，比较不同物质或能量类别对系统的贡献。能值分析中，货币流和能值流呈现反向循环。对于经济子系统各生态流和自然子系统与经济子系统交界面不宜用能值转换率进行转换度量的生态流，采用能值货币比率推算出其能值后再进行统一分析，从而解决了自然环境与社会经济综合分析的难题（陆宏芳等，2004）。图 7-1 是一个简化的能值分析系统图。

能值分析中使用能值转换率（emergy transformity）作为各能量或物质的转换单位。能值转换率是每单位某种类别的能量（单位 J）或物质（单位 g）所含太阳能值的数量。

根据热力学第二定律可推断，能量具有等级之分，能值转换率可以表示不同能量类别的能量品质。生态经济系统是一个具有耗散结构的自组织系统，各种能流，从数量多、能质低的等级向数量少、能质高的等级流动和转化，位于生态经济系统阶层较高的成分或要素，能量品质高，能值转换率也较高。在研究某地区的生态经济系统时，只要将各种物质或能量乘以其能值转换率即可求得该物质或能量的太阳能值（蓝盛芳等，2002）。

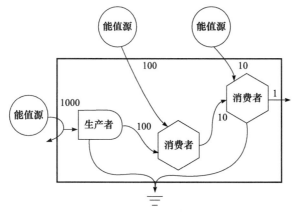

图 7-1 能值分析系统图
图中数值表示能量值

能值的基本计算公式如式（7-1）所示：

$$E_m = \sum_i T_i \times E_i \qquad (7-1)$$

式中，E_m 为能量值；T_i 为资源 i 的太阳能值转换率；E_i 为资源 i 的实际投入量。

将能值系统中各种资源的单位统一，就可对系统中不同资源进行分析比较，以此判断人类经济社会系统和自然环境能量等对系统的贡献程度，从而解决自然环境与社会经济综合分析的难题（陆宏芳等，2004）。

二、㶲值理论

1956 年，Rant 首先提出了㶲（erergy）这一概念。㶲在热力学中被定义为系统在与环境达到完全平衡状态过程中所能做的最大功（Wall，1977）。由热力学第二定律可知，在不可逆过程中，能量品质不断降低。㶲统一了能量的"量"和"质"属性。㶲不仅与系统状态有关，也与环境状态有关。当系统与环境达到平衡时，㶲为零，意味着没有做功能力。系统的做功能力由系统与参考环境的物理和化学方面的梯度（强度量的差异）决定，㶲便是能统一描述这些差异的概念。系统运动过程中均伴随着能量或物质的品质的降低。系统与环境状态的差异与系统的品质正向相关，当系统与环境状态的差异增加时，系统的㶲含量增加，反之降低。㶲可以用于衡量系统与热力学平衡状态之间的距离，描述自组织状态，预测系统演化发展趋势。相比传统的能量分析方法，㶲分析途径能更真实地反映不可逆过程导致的系统内部损耗，因此广泛应用于分析社会经济层面的能源消耗和利用效率。

近年来，出现了基于㶲概念的研究热潮，相继出现了积累㶲、生态㶲和扩展㶲等相关概念。1978 年，Szargut（1978）提出了积累㶲概念。以地矿尺度为基准，产品或服务的生产或形成过程中消耗的化石燃料㶲的综合即为积累㶲，积累㶲主要以驱动工业文明的化石燃料和矿物等不可更新资源为基础，存在一定的局限性（季曦，2008）。Jørgensen 等（1988；2001；1995）把㶲应用在自然生态领域，提出了生态㶲概念：系统内部的生物化学能和生物有机体基因所包含的信息。扩展㶲由 Sciubba（2003）提出，他把人类劳动和货币折算成㶲，并将其纳入到系统分析框架中，扩展了㶲理论内涵。Sciubba 把扩展㶲分析方法应用到城市系统中，核算了输入系统的㶲流，并评估了所有能量的可持续性。

传统观念认为，驱动地球表层系统过程的能量直接或间接来自于太阳能。但是，Chen（2005）关于地球表面㶲损耗的热力学研究指出：驱动全球生态系统的最根本资源是宇宙㶲（地球作为辐射热机以太阳辐射为高温热源和以宇宙背景微波辐射为低温热源之间的做功能力），并且通过科学计算地球热力系统证实宇宙㶲相对于人类经济规模的稀缺性。他把㶲值定义（embodied cosmic exergy，即体现宇宙，简称㶲值）为：一项产品或服务从形成到消解直接或间接消耗的宇宙㶲（Chen，2006）。

体现宇宙㶲的计算公式如式（7-2）所示：

$$U = \sum_i U_i = \sum_i \mathrm{Tr}_i E_i \qquad (7\text{-}2)$$

式中，E_i 为产品或服务进行过程中单独投入的第 i 项㶲流；Tr_i 为对应的㶲值转换率；U_i 为推动过程 i 需要投入的所有㶲值（姜昧茗，2007）。

㶲值与能值概念相似，不同之处在于能值的评估起点是太阳，而㶲值的评估起点是由太阳和宇宙背景辐射所代表的宇宙。㶲值理论建立在 Odum 的能值分析方法和 Szargut 的积累㶲理论的基础上。㶲值也有类似能值的㶲值转换率，即形成一焦耳某种能量所需要投入的宇宙㶲，它是衡量能量品质的指标。产品或服务所在生态经济系统的阶层越高，其形成过程所直接和间接投入的宇宙㶲越多，㶲值转换率越高，能量品质也越高。能量本身作为广延量在生态经济系统中是可加的，但是其流通率不具有独立可加性，故能值的重复计算从根本上难以避免。此外，能值理论以太阳能为全球根本资源，不具有稀缺性。同时能量永远在被循环使用，从来不会被消耗。因此，从能值角度无法说明人类作用对全球生态可持续性的严重影响（Chen，2006）。

具体来看，能值和㶲值都是基于生态热力学对城市中社会经济系统和自然环境的能量流动进行分析，通过城市的各种资源量与能值转换率或㶲值转换率相乘而转化为统一的量纲进行测度。因此，两者所选取的指标一致，且计算方法类似。尽管能值与㶲值的概念与计算方法相似，但是其内涵与表达内容却又有所不同。

能值分析理论和方法是以热力学第一定律（能量守恒定律）为理论依据，从地球生物圈能量运动角度出发来进行系统评价。它的实质是体现能（embodied energy），即任何形式的能量均源于太阳能，并且各种资源的能量在运动过程中总量恒定不变。因此它的评估起点为太阳，运用太阳能值转换率，将各种资源统一转换为太阳能值，以此表达城市系统运行时结构与功能特征和生态经济效益等数量关系特征。

所有的能量在转换过程中都存在熵增，即会有损失，㶲则是在系统运行过程中被消耗的不可逆资源（Capra，1982）。因此，㶲值理论在能值分析和积累㶲理论的基础上应运而生。㶲值分析是以热力学第二定律为理论依据，从整个地球的能量运动进行系统评价。它认为推动地球运动的太阳或者宇宙的能量在运动过程中是有方向性的，即系统在变化的前后，数量虽然恒定，但能量的品质会因不可用能的损失而降低。因此，它的评估起点是由太阳和宇宙背景辐射所代表的宇宙，运用㶲值转换率，将各种资源统一转换为宇宙㶲值，真实地反映不可逆过程导致的系统内部损耗，以期找到城市系统运行各环节的㶲优势和㶲薄弱环节，从而优化和改善城市生态系统。

第二节 基于生态热力学的“城市病”诊断框架

一、基于生态热力学的“城市病”诊断框架

城市生态经济系统的复杂性使得表征城市可持续发展问题，必须通过一整套综合指标体系从各个角度反映城市生态经济系统的真实结构与功能状况。城市生态经济系统包括家庭消费、工业生产、能量收敛（energy convergence）和货币循环等。城市生态经济系统的能量特性如下：自然系统的运行主要依赖可再生资源；农业系统除了利用可再生能量进行光合作用外，还依赖人类经济系统的人力、肥料、机械及相关管理；城市系统的能量来源则更加多样化，不可再生化石燃料以不同形态投入人类系统，例如电力、煤炭、汽油、天然气等，借此构成城市系统重要的公共服务设施；可再生资源对城市系统的功能不是生产性的，而是提供生态维持服务，如空气清洁、温度调节和污染物扩散等（黄书礼，2004）。

因此，根据生态热力学理论，构建京津冀城市群地区代谢输入要素和输出要素指标体系，如表 7-1 所示。输入要素主要包括可更新自然资源（R）、本地可更新资源（IR）、本地不可更新资源（N）和输入资源与产品（IM），输出要素主要包括输出资源与产品（EX）和废弃物排放（W）。

表 7-1　京津冀城市群地区要素指标体系

指标类型	指标要素		单位	能值转换率
输入要素	可更新自然资源（R）	1. 太阳光能	J	1
		2. 风能	J	$2.45×10^4$
		3. 降雨（势能）	J	$3.05×10^4$
		4. 降雨（化学能）	J	$4.70×10^4$
		5. 潮汐能	J	
		6. 波浪能	J	
		7. 木材消耗量	g	
		8. 水力发电量	g	
		9. 城市用水总量	g	$2.27×10^4$
		10. 地热能	J	$3.43×10^4$
	本地可更新资源（IR）	11. 农产品	J	$3.36×10^4$
		12. 畜产品	J	$3.36×10^4$
		13. 水产品	J	$3.36×10^4$
		14. 水电	J	
		15. 新能源发电	J	
		16. 木材产量	J	
	本地不可更新资源（N）	17. 表土损失	J	$7.4×10^4$
		18. 化石燃料投入		
		煤	J	$6.72×10^4$
		原油	J	$5.04×10^4$
		天然气	J	$8.06×10^4$
		19. 生产物质投入		
		建筑沙石	g	$2.07×10^5$
		钢材	g	$3.02×10^9$
		火电	J	$1.6×10^5$

续表

指标类型	指标要素		单位	能值转换率
	本地不可更新资源（N）	20. 农业生产投入		
		化肥农药使用	g	$1.69×10^7$
		农机总动力	J	
输入要素	输入资源与产品（IM）	21. 输入水量	g	$2.27×10^4$
		22. 输入化石燃料	J	$6.25×10^4$
		23. 外资投入	$	$9.37×10^{12}$
		24. 贸易输入	$	$9.37×10^{12}$
		25. 就业人口净增	J	$6.74×10^6$
		26. 旅游外汇总额	$	$1.66×10^{12}$
输出要素	输出资源与产品（EX）	27. 贸易输出	$	$6.34×10^{12}$
	废弃物排放（W）	28. 固体废弃物	g	$1.8×10^9$
		29. 废水	g	$6.66×10^8$
		30. 废气	g	$6.66×10^8$
		31. 环境改善投资	$	

结合京津冀实际情况，分别建立"城市病"诊断能值评价指标体系和㶲值评价指标体系，对各城市系统进行诊断分析和对比。关于"城市病"的能值诊断，主要采用四个能值评价指标（表 7-2），衡量能值来源结构、能值强度、环境负荷、经济可行性与可持续发展能力。在对城市㶲值系统结构分析的基础上，参考能值评价指标和已有研究成果（Odum，1996；姜昧茗，2007），建立由㶲值来源结构、强度、环境负荷、开发程度与经济效率组成的㶲值评价指标体系（表 7-3）。

表 7-2 京津冀城市群"城市病"诊断能值评价指标体系

	指标	符号
能值来源结构	1. 本地可更新资源占总投入之比	R/U
	2. 能值自给率（ESR）	$(R+N)/U$
	3. 购入能值占总投入之比	$(G+P_2I)/U$

续表

指标		符号
能值来源结构	4. 输入服务占总投入之比	P_2I/U
	5. 能值总流入	$R+N+F+G+P_2I$
能值强度	6. 能值密度（EPD）	$U/area$
	7. 能值集约度	$(G+P_2I+N_1)/(R+N_0)$
	能值利用福祉与社会发展	
	8. 人均能值	$U/population$
	9. 人均能源能值消耗	$F/population$
	10. 输出与输入能值比	$(P_1E+B)/(P_2I+G)$
环境负荷	11. 废弃物与可更新能值比	W/R
	12. 环境负载率（ELR）	$(N+F+G+P_2I)/R$
	开发程度与经济效率	
	13. 能值货币比（P_1）	U/GDP
	14. 能值投资率（EIR）	$(F+G+P_2I)/R$
	15. 经济生产效率指数	$U/(G+P_2I)$
经济可行性与可持续发展	16. 能值产出率（EYR）	$(P_1E+B)/(P_2I+G+F)$
	17. 能值可持续指标（ESI）	EYR/ELR
	18. 可持续发展性能指标（EISD）	EYR×EER/ELR

表 7-3 京津冀城市群"城市病"诊断烟值评价指标体系

指标		符号
烟值来源结构	1. 本地可更新资源占总投入之比	R/U
	2. 烟值自给率	$(R+N)/U$
	3. 购入烟值占总投入比	$(G+P_2I)/U$
	4. 输入服务占总投入之比	P_2I/U

续表

指标		符号
	5. 㶲值密度	$U/area$
	6. 集约型资源与弥散型资源比	$(G+P_2I+N_1)/(R+N_0)$
	7. 㶲值多样性指数	
㶲值强度	㶲值利用福祉与社会发展	
	8. 人均㶲值	$U/population$
	9. 人均能源㶲值消耗	$F/population$
	10. 输出与输入㶲值比	$(P_1E+B)/(P_2I+G)$
环境负荷	11. 废弃物与可更新㶲值比	W/R
	12. 㶲值货币比	U/GDP
开发程度与经济效率	13. 㶲值投资率	$(N+G+P_2I)/R$
	14. 经济生产效率指数	$U/(G+P_2I)$

借鉴刘耕源等（2008）和 Su 等（2011）等学者的指标测度成果，根据 Rapport 提出的活力-组织力-恢复力（VOR）理论，遵循系统性、科学性、有效性和可操作性等原则，构建"城市病"能值分析（表7-2）和㶲值分析（表7-3）诊断框架。其中，活力、组织结构和恢复力分别反映城市中经济、社会和自然系统的概况，以此测度城市社会生态系统自我更新和维持的能力；生态系统服务功能维持主要反映了城市生态系统提供服务的能力。

在此基础上，根据表7-1中生态热力学评价的具体指标，汇总得到京津冀城市群生态热力学分析的二级指标体系（表7-4），即将各具体指标统计汇总为可更新资源（R）、本地可更新资源（IR）、本地不可更新资源（N）、输入资源与产品（IM）、输出资源与产品（EX）、废弃物排放（W）和总能值用量（U）七大类。

表 7-4 京津冀城市群生态热力学分析指标体系

生态热力学指标		单位	计算公式
	可更新资源（R）	sej	R
系统能值流量	本地可更新资源（IR）	sej	IR
	本地不可更新资源（N）	sej	N

续表

生态热力学指标		单位	计算公式
系统能值流量	输入资源与产品（IM）	sej	IM
	输出资源与产品（EX）	sej	EX
	废弃物排放（W）	sej	W
	总能值用量（U）	sej	$R+N+\text{IM}$
系统烟值流量	可更新资源（R_1）	sej	R_1
	本地可更新资源（IR_1）	sej	IR_1
	本地不可更新资源（N_1）	sej	N_1
	输入资源与产品（IM_1）	sej	IM_1
	输出资源与产品（EX_1）	sej	EX_1
	废弃物排放（W_1）	sej	W_1
	总烟值用量（U_1）	sej	$R_1+N_1+\text{IM}_1$

二、熵值法确定权重

熵值法源于早期热力学语境中熵的含义。热力学熵是一个状态参数，用来度量系统的无序状态。后来被广泛运用到社会系统中，信息熵能够测度系统状态不确定性程度，即信息熵越大，系统结构越稳定（陈明星等，2009）。也就是说，指标样本之间变异程度越大，系统结构越不稳定，信息熵就越小，该指标越重要，反之亦然。因此，本研究采用熵值法来计算出指标的权重，使权重的大小来源于客观自身的信息量，从而避免人为主观赋值。主要计算步骤如下：

（1）数据归一化处理。多城市同一指标数值差异较大，通过执行秩变换，以此消除不寻常的分布。

$$X_{ij} = \log 10(a_{ij}) \tag{7-3}$$

（2）计算第 i 年第 j 项指标的比重：

$$Y_{ij} = X_{ij} / \sum_{i=1}^{m} X_{ij} \tag{7-4}$$

（3）计算第 j 项指标的信息熵：

$$e_j = -\frac{1}{\ln n} \sum_{i=1}^{m} (Y_{ij} \times \ln Y_{ij}), (0 \leqslant e_j \leqslant 1) \tag{7-5}$$

（4）计算第 j 项指标的信息熵冗余度：

$$d_j = 1 - e_j \tag{7-6}$$

（5）计算第 j 项指标的权重：

$$w_j = d_j \bigg/ \sum_{j=1}^{m} d_j \tag{7-7}$$

式中， i 为年份； j 为指标项； m 为评价年数； n 为指标数。

三、集对分析计算综合得分

集对分析方法主要是将确定性和不确定性视为 1 个系统，将具有联系的多个集合看成 1 个集对，然后按照集对的某一特性对多个集合展开分析（赵克勤，1996）。集对分析方法能够客观准确地对系统的不确定性进行分析评价，因而被广大学者接受并应用于应用数学、工程科学、资源质量评价和生态系统健康评价等多目标决策的相关领域（孟宪萌和胡和平，2009；李文君等，2011；廖瑞金等，2014）。因此，该方法能够避免主观因素影响，从部分与整体多方面对京津冀城市群展开评价。具体计算方式如下。

（1）构建多属性评价问题集 Q：

$$Q = \{S, M, H\} \tag{7-8}$$

式中， S 为所有城市 s 的不同年份 k 的集合； M 为所有指标 r 的集合； H 为决策矩阵 h 的集合；即 h_{kr} 为不同年份 S_k 关于指标 m_r 的属性值。

（2）寻找指标 r 的最优值 U_r 和最劣值 V_r，将各指标汇总，构成最优评价集 $U = \{U_1, U_2, U_3, \cdots, U_n\}$ 和最劣评价集 $V = \{V_1, V_2, V_3, \cdots, V_n\}$。

（3）计算各指标 r 的同一隶属度 a_{kr} 和对立隶属度 c_{kr}：
其中，正向指标计算公式为

$$a_{kr} = \frac{h_{kr}}{U_r + V_r} \tag{7-9}$$

$$c_{kr} = \frac{U_r V_r}{(U_r + V_r) h_{kr}} \tag{7-10}$$

反向指标计算公式为

$$a_{kr} = \frac{U_r V_r}{(U_r + V_r) h_{kr}} \tag{7-11}$$

$$c_{kr} = \frac{h_{kr}}{U_r + V_r} \tag{7-12}$$

（4）结合各指标权重 w，计算指标 r 的平均同一隶属度 a_k 和平均对立隶属度 c_k：

$$a_k = \sum_{i=i}^{n} w_r a_{kr} \qquad (7\text{-}13)$$

$$c_k = \sum_{i=i}^{n} w_r c_{kr} \qquad (7\text{-}14)$$

（5）计算年份 k 的"城市病"综合指数：

$$r_k = \frac{a_k}{a_k + c_k} \qquad (7\text{-}15)$$

通过以上的集对计算分析，将城市社会生态系统的多个评价指标集对成 1 个相对贴近度最优的系统，以此反映其病态程度，其中，r_k 值越大，代表该城市这一年份的生态系统服务状况病态程度越严重，反之亦然。

第三节　京津冀特大城市群"城市病"能值表征

一、基于能值的城市系统分析

H.T.Odum 创立了一套用于描述能量系统的符号语言，成为能量或能值系统分析的典范。本研究在分析城市系统结构和组分以及物质循环和能量信息流动的基础上，绘制得到京津冀城市群的能值系统图（图 7-2）。它包含了系统的主要组成成分及之间的流动关系。其中，可更新资源是指由太阳、风和降水等自然条件形成的资源；本地的可更新能源指的是用水总量、用电总量、水力发电、新能源发

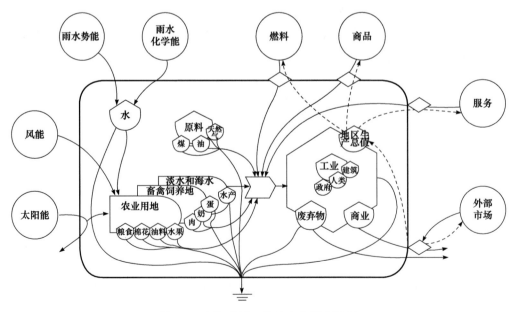

图 7-2　京津冀城市群城市能值系统图

电以及通过人类种植开发的农畜水产品和木材产品；本地的不可更新资源指的是短时间内难以再生的土壤、原煤、原油、天然气、钢材、水泥和电力等物质与能量；输入资源与产品指的是城市进口和调入项，主要包括总化石燃料、进口商品总额、国际旅游收入和实际利用外资；输出资源与产品主要包括出口总额和劳务收入；废弃物排放主要包括工业废水排放、工业二氧化硫排放以及工业烟尘排放。

二、城市能值分析指标

本研究能值分析采用的是最新的能值基准 GEB2016（$12.0×10^{24}$ sej/a）。基于表 7-1 的能值项目数据和修正的能值转换率，对京津冀各城市 2000～2016 年进行连续 17 年的动态能值分析，然后得到城市群"城市病"的能值特征。

（一）城市社会生态系统活力指标

城市社会生态系统活力要素主要包括能值货币比、能值投资率和净能值产出率三个指标。

1. 能值货币比

能值货币比（EMR）是指城市的总能值使用量（U）与地区生产总值（GDP）的比值，各城市 EMR 结果如表 7-5 和图 7-3。

表 7-5　2000～2016 年京津冀各城市能值货币比指标分析（单位：10^{12} sej/美元）

年份	北京	天津	石家庄	唐山	秦皇岛	邯郸	邢台	保定	张家口	承德	沧州	廊坊	衡水
2000	4.35	7.42	5.79	6.30	3.07	10.49	8.26	3.34	8.57	4.76	4.64	1.56	1.91
2001	3.69	6.62	5.15	6.23	2.92	8.55	7.60	2.86	7.38	4.37	4.36	1.31	1.44
2002	3.27	6.48	4.75	6.06	3.43	8.68	7.43	2.70	7.69	3.78	4.51	1.20	1.51
2003	3.13	6.15	4.64	5.99	3.67	7.34	6.27	2.67	7.82	3.50	4.07	1.11	1.37
2004	3.14	5.80	4.50	5.53	3.39	6.58	5.76	2.88	7.21	3.51	3.56	1.17	1.21
2005	3.05	5.50	4.29	5.46	3.59	6.72	5.66	3.15	6.58	3.46	2.81	1.14	1.96
2006	3.02	5.13	4.08	5.12	3.27	4.99	6.01	2.92	5.95	2.78	3.17	1.04	2.01
2007	2.69	4.70	3.57	4.67	3.02	4.51	5.46	2.57	6.08	2.23	3.25	0.93	1.79
2008	3.09	4.27	3.24	3.70	2.77	3.80	4.46	2.33	5.23	1.90	3.11	0.98	1.51
2009	2.34	3.89	3.29	3.75	2.57	3.80	4.04	2.13	4.43	1.91	3.18	0.96	1.36
2010	2.44	3.64	3.25	3.48	2.15	3.78	3.64	1.98	4.18	1.65	2.79	0.94	1.25
2011	2.44	3.26	2.82	3.26	1.96	3.17	3.06	1.78	4.01	1.35	2.60	0.88	1.16
2012	2.36	2.91	2.55	2.93	1.96	2.85	2.41	1.64	3.87	1.30	2.47	0.82	1.09

续表

年份	北京	天津	石家庄	唐山	秦皇岛	邯郸	邢台	保定	张家口	承德	沧州	廊坊	衡水
2013	2.18	3.06	2.39	2.90	2.01	3.04	2.91	1.17	3.04	1.19	2.27	0.79	1.03
2014	1.97	2.71	2.37	2.78	1.90	3.04	2.74	1.21	2.67	1.08	2.21	0.75	1.00
2015	1.76	2.37	2.42	2.76	1.84	3.14	2.48	0.90	2.48	1.04	2.19	0.60	0.94
2016	1.48	2.34	2.39	2.52	1.74	2.89	2.27	0.90	2.08	0.96	2.25	0.61	0.81

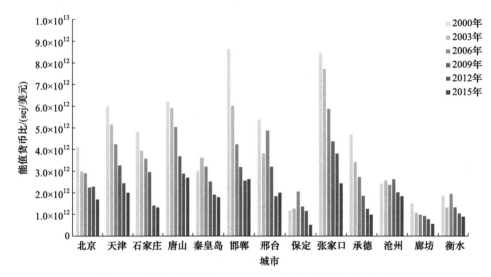

图 7-3　京津冀各城市 2000～2016 年主要年份能值货币比

能值货币比可以衡量自然资源与经济成长之间的贡献关系，反映出城市不同阶段开发和工业化程度对于自然资源的依赖程度。即比值越高，则每单位经济活动使用的能值量越高，自然资源的贡献就越大，那么它的经济成长越慢，开发程度越低（黄书礼，2004）。

可以看出，自 2000 年以来，京津冀城市群能值货币比整体呈现下降趋势，但下降幅度在不同阶段有所差异。其中，京津冀城市群在 2000～2010 年降幅最快，2000年的比值大约是 2010 年的 2.1 倍，这表明在"九五"至"十一五"期间，京津冀城市群经济成长速度非常快，工业化程度越来越高，城市社会经济活力不断提升；在 2011～2016 年能值货币比缓慢下降，这表明在"十二五"以来，受经济结构调整的制约，京津冀城市群经济增速放缓，同时加强了对自然资源的保护与改善。

从城市范围来看，2016 年能值货币比倒数前五的城市分别为廊坊、衡水、保定、承德和北京，比值分别为 0.61、0.81、0.90、0.96 和 1.48。北京由于经济较发达，物价相对较高，因此单位货币能够购买的能值用量偏低，但经济活力强。而其他四个城市虽然比值较低，但他们的发展多依赖于内部的自然资源，城市开发相对弱，工业化水平相对较低，经济活力弱。正数前五的城市分别为邯郸、唐山、石家庄、天津、邢台，比值分别为 2.89、2.52、2.39、2.34 和 2.27。这些城市的经济水平和重工业发展水平相对发达，邯郸、唐山和邢台的煤炭资源丰富，石家庄和天津作为河北省会城市和直辖市，对外交流程度高，因此单位货币能够购买的能值用量大，经济活力强。处于中等水平的城市分别为沧州、张家口和秦皇岛，分别为 2.25、2.08 和 1.74。沧州能值资源并不丰富，但地处京津经济带与山东半岛经济带之间，交通极为便利，石油加工业发达，这表明沧州的经济贡献力较大，城市工业化水平较高。而张家口和秦皇岛能值储量较高且生产总值较低，尽管比值较高，但城市开发相对弱，工业化水平并不发达，但在 2000～2010 年经济成长速度非常快，这表明城市的经济发展很有潜力。

2. 能值投资率

能值投资率（EIR）是指经济系统有偿投入的能值（IM）与自然环境无偿投入的能值（$R+N$）的比值。各城市 EIR 结果如表 7-6 和图 7-4。

表 7-6 2000～2016 年京津冀各城市能值投资率指标分析

年份	北京	天津	石家庄	唐山	秦皇岛	邯郸	邢台	保定	张家口	承德	沧州	廊坊	衡水
2000	1.33	0.84	0.96	0.26	0.53	0.13	0.09	0.53	0.14	0.23	0.46	0.63	0.65
2001	1.32	0.74	0.90	0.26	0.55	0.15	0.15	0.97	0.20	0.26	0.61	0.70	0.43
2002	1.24	0.69	0.90	0.30	0.69	0.13	0.11	0.96	0.20	0.33	0.62	0.73	0.56
2003	1.30	0.64	0.96	0.30	0.82	0.14	0.11	1.23	0.18	0.33	0.60	0.80	0.60
2004	1.49	0.73	0.97	0.33	0.83	0.15	0.31	1.28	0.20	0.52	0.78	0.79	0.67
2005	1.67	0.95	1.07	0.36	0.77	0.26	0.39	1.31	0.17	0.50	0.80	0.87	0.82
2006	2.09	1.00	1.11	0.52	0.89	0.32	0.52	1.26	0.18	0.52	0.46	1.04	0.81
2007	2.00	0.91	1.21	0.52	0.91	0.43	0.44	2.15	0.16	0.45	0.40	0.99	0.71
2008	2.90	0.81	1.29	0.66	0.86	0.42	0.37	1.17	0.15	0.58	0.32	0.96	0.71
2009	2.13	0.84	1.29	0.55	0.84	0.43	0.37	1.13	0.19	0.51	0.38	0.89	0.61
2010	2.71	0.94	1.47	0.43	1.00	0.42	0.36	1.01	0.16	0.51	0.40	0.96	0.65
2011	3.51	1.08	1.55	0.42	1.08	0.44	0.42	0.91	0.14	0.57	0.32	0.92	0.72
2012	3.35	1.07	0.53	0.77	1.07	0.49	0.23	1.00	0.15	0.48	0.32	0.87	0.75
2013	3.26	1.26	0.56	0.78	0.95	0.45	0.60	1.16	0.11	0.50	0.35	0.95	0.75

续表

年份	北京	天津	石家庄	唐山	秦皇岛	邯郸	邢台	保定	张家口	承德	沧州	廊坊	衡水
2014	3.16	1.32	0.49	0.79	0.95	0.43	0.52	0.44	0.19	0.56	0.36	0.99	0.65
2015	2.86	0.98	0.42	0.78	0.88	0.36	0.50	0.70	0.22	0.51	0.38	1.21	0.60
2016	2.25	1.19	0.35	0.94	0.86	0.38	0.47	0.74	0.24	0.46	0.39	1.38	0.50

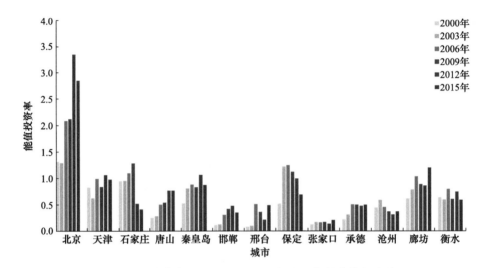

图 7-4　京津冀各城市 2000～2016 年主要年份能值投资率

能值投资率可以测度经济发展与环境负荷之间的关系，反映经济的发展程度。即比值越大，该地区经济发展程度越高，所承受的环境负荷就越大。

在 2000～2016 年，京津冀城市群能值投资率处于上升趋势，这表明城市群经济发展程度越来越高，经济活力越来越强。但由于经济的高速发展，使城市内部产生越来越多的经济活动副产物，导致环境污染加剧，环境负荷压力增大。

从图 7-4 可以明显看出，各城市间能值投资率差异较大。北京的能值投资率明显高于其他城市，这表明该城市经济的发展程度和所承受的环境压力都很高。天津、石家庄、唐山、秦皇岛、廊坊和保定的能值投资率相对较高。

在 2000～2016 年能值投资率的发展趋势各城市间也有异质性。其中，天津、唐山和廊坊能值投资率处于波动上升趋势，这表明这些城市经济的发展越来越依赖于外界，而外部能值过多的投入容易打破系统内的平衡，致使自然环境负荷压力增大。石家庄和保定则在 2000～2011 年比值波动上升，在 2011 年之后开始下降，这表明在"十一五"之后，这些城市产业结构的变化减缓了经济发展的速度，自然环境状态开始有所好转。在 2000～2016 年，邯郸、邢台、张家口、承德和沧州能值投资率虽然有所上升，但比值一直远小于1，这表明这些城市的经济发展以自然资源和环境为驱动力，导致经济竞争力较小，能值投资率不高。

3. 净能值产出率

净能值产出率（NEYR）是指系统总产出能值（EX）与外部市场输入能值（IM）之比。各城市 NEYR 结果如表 7-7 和图 7-5。

表 7-7　2000～2016 年京津冀各城市净能值产出率指标分析

年份	北京	天津	石家庄	唐山	秦皇岛	邯郸	邢台	保定	张家口	承德	沧州	廊坊	衡水
2000	1.75	2.20	2.05	4.79	2.88	8.75	11.68	2.90	8.21	5.31	3.20	3.20	2.55
2001	1.76	2.35	2.11	4.78	2.83	7.88	7.78	2.03	6.09	4.85	2.65	2.65	3.31
2002	1.81	2.44	2.11	4.32	2.44	8.42	10.44	2.04	5.90	4.07	2.60	2.60	2.78
2003	1.77	2.57	2.04	4.37	2.22	7.94	10.01	1.82	6.43	4.05	2.67	2.67	2.66
2004	1.67	2.37	2.04	4.00	2.21	7.59	4.18	1.78	6.03	2.93	2.29	2.29	2.50
2005	1.60	2.05	1.94	3.75	2.30	4.91	3.54	1.77	6.80	2.98	2.25	2.25	2.22
2006	1.48	2.00	1.90	2.94	2.13	4.13	2.93	1.80	6.71	2.93	3.16	3.16	2.24
2007	1.50	2.10	1.82	2.91	2.10	3.33	3.26	1.47	7.31	3.21	3.49	3.49	2.40
2008	1.35	2.23	1.77	2.52	2.17	3.38	3.72	1.86	7.85	2.73	4.12	4.12	2.41
2009	1.47	2.19	1.78	2.82	2.20	3.34	3.67	1.89	6.38	2.98	3.65	3.65	2.63
2010	1.37	2.07	1.68	3.35	2.00	3.40	3.81	1.99	7.30	2.98	3.47	3.47	2.55
2011	1.28	1.93	1.64	3.40	1.93	3.28	3.36	2.10	8.00	2.76	4.12	4.12	2.39
2012	1.30	1.93	2.90	2.29	1.93	3.06	5.39	2.00	7.74	3.07	4.09	4.09	2.32
2013	1.31	1.80	2.80	2.28	2.05	3.20	2.66	1.86	9.75	2.99	3.85	3.85	2.32
2014	1.32	1.76	3.04	2.26	2.05	3.34	2.91	3.27	6.20	2.80	3.76	3.76	2.54
2015	1.35	2.02	3.36	2.29	2.13	3.79	3.01	2.43	5.57	2.97	3.61	3.61	2.68
2016	1.44	1.84	3.82	2.06	2.16	3.66	3.14	2.36	5.24	3.16	3.53	3.53	3.01

净能值产出率反映的是系统的产出对经济的贡献大小，可以衡量系统的生态经济效率。当净能值产出率大于 1 时，该地区系统的产出大于经济投入，则认为具有经济效益（Odum，1988）。

在 2000～2016 年中，京津冀城市群的净能值产出率呈波动下降趋势，表征能值产出的增长速度大于投入的增长速度，对外部市场的经济贡献能力持续增长，城市群内部发展具有经济效益，并且经济活力逐步增强。

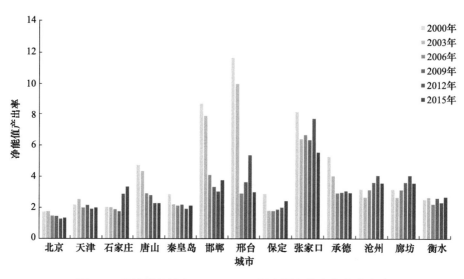

图 7-5 京津冀各城市 2000～2016 年主要年份净能值产出率

从城市群各城市来看，净能值产出率高值城市分别为张家口、承德、邯郸和邢台。尽管这些城市在 2000～2016 年净能值产出率处于波动下降趋势，但在 2000 年基期时，这些城市内部的能值储备量较高，随着经济的增长，开发程度越来越大，系统产出增长明显，对外部市场贡献越来越大。低净能值产出率城市分别为北京、天津、唐山，这些城市经济发展相对较发达，但由于化石燃料、商品和服务等资源的大量输入与系统内部物质的生产、利用效率不匹配，致使投入相对大，产出相对少，比值较低，但比率一直大于 1，表明这些城市仍具有经济效益。另外，石家庄、秦皇岛、保定、沧州、衡水和廊坊净能值产生率处于中间值，基本在 2～4 之间浮动，这表明以城市内部自然资源为驱动力的城市，对外部市场的经济贡献能力持续增长。

（二）城市社会生态系统组织结构指标

城市社会生态系统组织结构要素主要包括可更新资源能值比、能值自给率和能值交换率三个指标。

1. 可更新资源能值比

可更新资源能值比是指可更新资源（R）占能值总投入（U）的比值。一般来说，太阳、风和雨水等自然资源的计算与面积相关，地区面积越大能值越高，并且一个地区的可更新资源值通常变化不大（黄书礼，2004）。而可更新资源能值比可以判断自然环境的贡献程度，即比值越高，该地区自然资源能值使用量越多，比值越低则该地区使用量越少。

从图 7-6 和表 7-8 中可以看出，京津冀城市群在 2000～2016 年，可更新资源能值量相对稳定，但随着能值总投入的增多，可更新资源能值比非常低，并且呈现下降的趋势。这表明城市群对不可更新资源与市场外部输入的资源依赖程度越来越强，而自然环境的贡献程度越来越少，表征着京津冀城市群的资源利用结构并不合理。

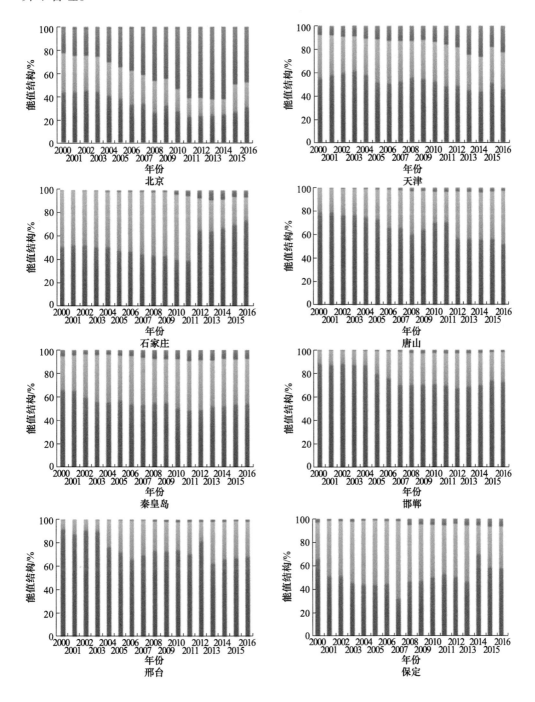

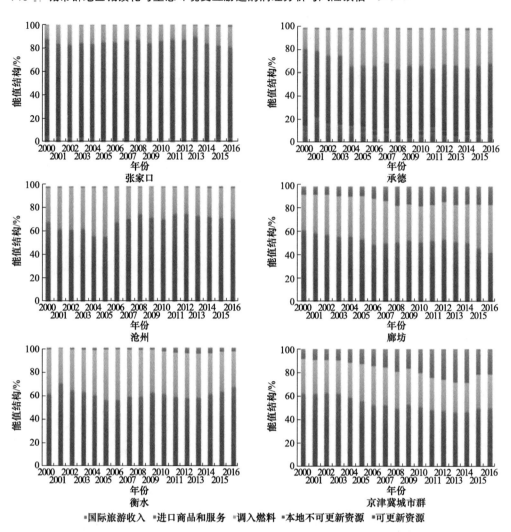

图 7-6   京津冀各城市 2000～2016 年能值结构

从城市群内部各城市来看，可更新资源能值比比值最高的城市分别为承德和张家口，主要是因为承德和张家口地处燕山、太行山和坝上高原，自然资源非常丰富。最低的城市分别为天津、北京和唐山，自 2005 年以来，三个城市的比值均小于 0.3%，这说明这三个城市自然资源的贡献非常低，过多的外部资源输入和不可更新资源的投入势必加剧城市社会生态系统的生态脆弱性，改善城市的资源利用结构迫在眉睫。

2. 能值自给率

能值自给率（ESR）是指本地区生产的能值（$R+N$）占能值总投入（U）的比值，它可以反映地区的经济发展程度和对外交流程度（蓝盛芳等，2002）。也就是说，能值总投入中可更新资源和本地不可更新资源比值越大，系统自给自足的能力也就越强，区域内部开发程度就越高，对外交流程度则越弱。因此，能值自给率过大和过小都会影响城市的长远发展。

京津冀城市群内部系统主要是以不可更新能值为主，且能值自给率呈波动下降趋势（表7-9），但是自2000年以来，指标一直小于1，这表明京津冀城市群的发展依赖于外部市场的输入，系统自给自足的能力相对较弱。

从图7-6中可以看出，北京、天津、石家庄、唐山和秦皇岛等经济比较发达的城市能值自给率较低。其中，能源资源的调入成为天津、石家庄、唐山和秦皇岛发展经济的驱动力，这说明他们的发展对于能源依赖性较大。北京除了输入能源满足自身发展之外，第三产业的高度发达也使得输入资源能值得以提升，致使对外依赖性越来越强。其他八个经济相对不发达的城市能值自给率较高。张家口、承德、邢台等城市内部自然资源丰富，资源使用量相对较小。2000~2016年对自有资源开发程度较大，以内部自然资源推动经济发展。但随着不可更新资源的消减，越来越多的能源资源调入以满足发展需求，城市与外界的交流越来越密切，但整体上以自有资源发展经济的格局尚未改变。

表 7-8　京津冀城市群可更新资源能值比指标分析　　　（单位：%）

年份	北京	天津	石家庄	唐山	秦皇岛	邯郸	邢台	保定	张家口	承德	沧州	廊坊	衡水
2000	0.27	0.22	0.85	0.44	2.12	0.78	1.98	4.75	8.56	13.44	4.81	1.99	4.18
2001	0.25	0.22	0.57	0.47	1.75	0.62	1.08	4.11	8.16	21.48	3.49	2.39	4.42
2002	0.26	0.17	0.75	0.32	1.59	0.43	1.00	4.25	7.22	15.64	3.03	1.83	2.79
2003	0.25	0.22	0.82	0.30	1.48	0.69	1.62	3.30	6.81	14.66	3.95	2.22	4.61
2004	0.21	0.16	0.62	0.39	1.26	0.48	1.05	2.33	6.93	13.62	2.99	2.29	2.90
2005	0.17	0.16	0.48	0.32	1.12	0.40	0.85	1.64	5.46	14.03	2.65	1.75	1.73
2006	0.12	0.11	0.45	0.22	1.06	0.36	0.64	1.32	4.78	11.28	1.60	1.58	1.53
2007	0.14	0.10	0.44	0.27	0.92	0.39	0.66	1.35	4.10	13.30	1.50	1.64	1.88
2008	0.13	0.11	0.59	0.29	0.84	0.50	0.79	1.97	4.61	11.37	1.49	1.38	1.98
2009	0.14	0.11	0.51	0.23	0.90	0.45	0.95	1.76	4.09	8.56	1.49	1.31	3.13
2010	0.12	0.07	0.32	0.23	0.71	0.34	0.92	1.89	4.90	12.23	0.84	1.32	2.00
2011	0.12	0.08	0.41	0.20	0.79	0.23	0.85	1.87	5.08	14.71	0.80	1.16	1.68

续表

年份	北京	天津	石家庄	唐山	秦皇岛	邯郸	邢台	保定	张家口	承德	沧州	廊坊	衡水
2012	0.12	0.11	0.57	0.21	0.82	0.32	0.96	1.36	3.59	10.49	0.96	1.09	1.75
2013	0.10	0.06	0.62	0.19	0.88	0.35	0.76	3.25	5.06	10.35	1.05	1.08	1.95
2014	0.08	0.06	0.30	0.18	0.61	0.34	0.55	1.40	4.63	11.52	0.70	0.88	1.44
2015	0.09	0.08	0.37	0.20	0.88	0.28	0.81	3.08	5.46	11.88	1.01	1.00	1.89
2016	0.13	0.09	0.40	0.23	1.13	0.42	1.05	2.80	7.18	13.98	0.86	0.94	2.02

表 7-9 京津冀城市群能值自给率指标分析

年份	北京	天津	石家庄	唐山	秦皇岛	邯郸	邢台	保定	张家口	承德	沧州	廊坊	衡水
2000	0.33	0.49	0.47	0.78	0.61	0.88	0.91	0.57	0.87	0.81	0.66	0.58	0.56
2001	0.32	0.52	0.48	0.78	0.58	0.86	0.86	0.42	0.82	0.79	0.60	0.55	0.65
2002	0.33	0.53	0.48	0.75	0.53	0.87	0.90	0.42	0.82	0.74	0.59	0.54	0.59
2003	0.33	0.56	0.46	0.74	0.46	0.86	0.89	0.36	0.84	0.74	0.61	0.51	0.58
2004	0.30	0.52	0.46	0.71	0.46	0.86	0.75	0.37	0.82	0.65	0.55	0.51	0.55
2005	0.27	0.45	0.43	0.70	0.48	0.78	0.70	0.38	0.84	0.63	0.54	0.47	0.51
2006	0.23	0.43	0.42	0.61	0.42	0.74	0.64	0.38	0.84	0.61	0.67	0.42	0.51
2007	0.23	0.45	0.40	0.60	0.41	0.69	0.67	0.26	0.85	0.63	0.70	0.42	0.53
2008	0.17	0.49	0.39	0.54	0.43	0.69	0.71	0.38	0.86	0.57	0.75	0.44	0.53
2009	0.21	0.48	0.39	0.58	0.44	0.69	0.70	0.38	0.83	0.59	0.72	0.45	0.57
2010	0.17	0.45	0.36	0.64	0.43	0.69	0.71	0.44	0.85	0.59	0.70	0.42	0.52
2011	0.13	0.41	0.35	0.66	0.41	0.68	0.68	0.45	0.86	0.56	0.74	0.40	0.52
2012	0.13	0.41	0.61	0.48	0.40	0.66	0.80	0.43	0.86	0.62	0.74	0.40	0.50
2013	0.14	0.38	0.59	0.47	0.42	0.65	0.60	0.34	0.89	0.60	0.72	0.38	0.50
2014	0.14	0.36	0.60	0.47	0.42	0.67	0.63	0.63	0.82	0.57	0.71	0.35	0.51
2015	0.15	0.43	0.65	0.48	0.40	0.71	0.64	0.45	0.80	0.60	0.70	0.34	0.53
2016	0.19	0.38	0.69	0.46	0.41	0.69	0.64	0.43	0.78	0.62	0.70	0.30	0.56

3. 能值交换率

能值交换率（EER）是指系统输入的外部资源能值（IM）与输出的内部资源能值（EX）的比值。各城市 EER 结果如表 7-10 和图 7-7。

表 7-10 2000～2016 年京津冀城市群能值交换率指标分析

年份	北京	天津	石家庄	唐山	秦皇岛	邯郸	邢台	保定	张家口	承德	沧州	廊坊	衡水
2000	1.49	1.28	9.72	8.28	2.79	13.32	2.61	1.61	9.10	6.19	4.84	4.84	4.93
2001	1.50	1.11	7.18	9.45	2.72	14.35	4.13	2.83	9.20	8.45	5.89	5.89	2.59
2002	1.40	0.98	5.68	9.44	3.14	11.73	2.52	3.09	9.54	8.57	6.08	6.08	2.16
2003	1.20	0.86	4.46	9.30	1.49	10.36	1.55	3.29	7.69	7.96	4.87	4.87	1.07
2004	1.26	0.74	2.44	5.89	1.02	5.69	3.71	3.42	6.05	7.27	3.93	3.93	0.43
2005	0.99	0.76	2.09	5.73	0.90	9.64	3.66	3.01	4.89	9.06	3.42	3.42	1.54
2006	1.01	0.68	2.51	4.84	0.98	8.27	4.74	1.95	3.59	6.52	2.46	2.46	1.73
2007	0.84	0.62	2.25	3.71	1.02	5.00	3.69	2.22	2.48	4.50	2.18	2.18	1.17
2008	1.03	0.63	1.90	2.47	0.73	4.02	2.17	0.86	3.13	3.47	1.49	1.49	0.83
2009	0.92	0.91	2.77	6.20	1.37	8.26	3.60	1.09	7.75	11.30	2.78	2.78	0.75
2010	1.05	0.88	2.46	3.73	1.25	5.98	2.29	0.77	7.10	4.92	2.56	2.56	0.51
2011	1.22	0.87	2.16	3.14	1.15	3.91	2.12	0.65	5.26	7.82	1.70	1.70	0.43
2012	1.26	0.81	0.74	4.08	1.09	4.13	1.18	0.80	4.56	8.36	1.59	1.59	0.41
2013	1.22	0.50	0.79	3.27	1.11	4.41	2.79	0.69	2.98	5.15	1.66	1.66	0.35
2014	1.19	0.45	0.66	2.05	0.91	3.44	1.94	0.46	3.89	2.33	1.53	1.53	0.34
2015	1.28	0.77	0.71	2.02	0.85	2.98	2.13	0.56	3.31	2.91	1.90	1.90	0.43
2016	1.15	0.53	0.64	2.56	0.86	3.36	2.08	0.72	3.42	2.36	2.16	2.16	0.37

能值交换率可以反映系统内部与外界物质与能量交换的能力，比值越大，该区域在交换过程中越有利于获取价值财富。京津冀城市群在 2000～2016 年，能值交换率呈波动下降趋势，这表明在交换过程中，京津冀城市群输出能值增长的速度大于外部能值投入的速度，城市生产结构由高投入、高能耗、低效率转向低投入、低能耗、高效率。

从图 7-7 中可以看出，能值交换率较低的城市分别为北京、天津、保定、衡水和秦皇岛。北京和天津这些发达的城市从外界获取的能值较多，同时输出量也较大，高投入和高产出使其比值较低，三个城市物质和能量交换能力较强。保定和衡水的能值交换率虽然也较低，但是他们的输入和输出都较少，对外交流程度较弱。

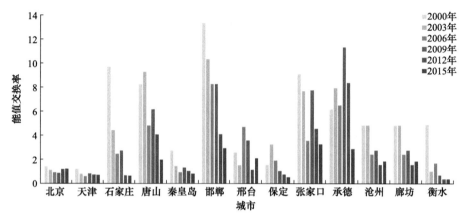

图 7-7　京津冀各城市 2000～2016 年主要年份能值交换率

能值交换率较高的城市分别为张家口、承德、唐山和邯郸。唐山和邯郸有丰富的矿产资源和发达的重工业，因此与外界交换能力较强。虽然张家口和承德能值交换率较高，但是他们由外部投入的能值并不多，输出能值过低导致指标值较大，因此两个城市对外交流程度也较弱。

石家庄、邢台、沧州、廊坊和衡水的能值交换率处于京津冀城市群的中间水平，且在"九五"期间能值交换率降幅显著。由于生产效率和工业化水平的提升，这些城市输出能值增长的速度大于外部能值投入的速度，因此指标值逐年降低，这表明这些城市获取财富的能力越来越强。

（三）城市社会生态系统恢复力指标

城市社会生态系统恢复力要素主要包括环境负载率和废弃物产生率两个指标。

1. 环境负载率

环境负载率（ELR）是指系统中不可更新的能值（N+IM）与本地可更新资源能值（R+IR）的比值。各城市 ELR 结果如表 7-11 和图 7-8。

环境负载率主要是对系统承受环境压力的评价，即比值越高，区域环境压力越大。Brown 和 Ulgiati（2016）根据环境负载率大小将其分为三类：指标小于 3 为低环境负荷，3～10 为中环境负荷，大于 10 为高环境负荷。在 2000～2016 年，

表 7-11 2000～2016 年京津冀各城市环境负载率指标分析

年份	北京	天津	石家庄	唐山	秦皇岛	邯郸	邢台	保定	张家口	承德	沧州	廊坊	衡水
2000	3.35	3.44	0.89	2.24	0.61	1.46	0.72	0.63	0.25	0.20	0.33	0.83	0.46
2001	3.04	3.73	1.38	2.05	0.77	1.92	1.26	0.54	0.27	0.12	0.40	0.65	0.53
2002	2.85	4.29	0.74	1.21	0.69	1.24	0.71	0.14	1.19	0.41	0.52	0.25	0.25
2003	3.19	3.52	0.69	1.25	0.61	0.83	0.75	0.17	1.18	0.38	0.56	0.25	0.18
2004	4.08	3.28	0.66	1.30	0.85	0.97	0.77	0.19	1.29	0.38	0.67	0.25	0.22
2005	4.92	3.30	0.64	1.31	0.93	0.92	0.56	0.23	1.21	0.37	0.52	0.20	0.18
2006	6.65	3.66	0.71	1.38	0.82	0.95	0.77	0.32	1.13	0.43	0.53	0.21	0.18
2007	6.75	4.04	0.71	1.55	0.75	1.36	0.77	0.40	1.10	0.42	0.55	0.22	0.31
2008	9.40	6.23	0.76	1.63	0.77	1.18	1.43	0.37	1.19	0.38	0.77	0.23	0.32
2009	7.25	6.86	1.10	2.36	0.95	1.24	1.39	0.72	1.43	0.56	1.24	0.31	0.35
2010	9.11	7.66	1.17	2.18	0.94	1.15	1.13	0.42	1.33	0.54	1.27	0.38	0.31
2011	11.01	7.38	1.29	2.10	0.85	1.21	1.07	0.42	1.15	0.48	1.41	0.38	0.27
2012	11.90	8.02	1.42	2.20	0.82	1.34	1.06	0.48	1.11	0.40	1.39	0.43	0.27
2013	12.65	8.78	1.44	2.47	0.84	1.30	1.01	0.48	1.14	0.38	1.42	0.45	0.30
2014	12.94	8.48	0.84	2.31	0.88	1.29	0.81	0.50	1.22	0.41	1.42	0.44	0.30
2015	13.16	10.06	0.83	2.33	0.86	1.26	1.08	0.31	0.95	0.39	1.39	0.52	0.30
2016	11.49	9.71	0.78	2.20	0.82	1.21	1.01	0.35	0.82	0.36	1.38	0.53	0.29

京津冀城市群的环境负载力呈波动上升趋势,这表明京津冀城市群随着经济的高速发展,生态环境急剧恶化,社会生态系统所承受的环境压力日益增大。

与已有的研究结果相比,本文研究选取本地可更新资源指标较多,整体能值偏高,因此指标值相对较小。本文根据 2016 年的指标值大小将城市划分为三类:指标高于 3 的北京、天津属于高环境负荷;处于 1～3 的唐山、邯郸、邢台和沧州为中环境负荷;低于 1 的石家庄、秦皇岛、保定、张家口、承德、廊坊和衡水为低环境负荷。

北京和天津的经济发展明显高于京津冀其他城市,资源与经济要素的高投入和高强度利用势必会增加资源与生态环境负荷,出现人地矛盾和资源紧张等一系列问题，致使生态环境越来越恶化。唐山、邯郸和邢台化石燃料资源丰富，沧州则依靠便利的交通大力发展重化工产业，致使环境污染越来越严重。低环境负荷的城市中，保定和石家庄由于土地资源丰富，与农业相关的能值相对较大，导致环境负载率比值较小。而秦皇岛、张家口、承德、廊坊和衡水由于经济发展和对外交流能力相对较弱，环境所承受压力也相对较小。

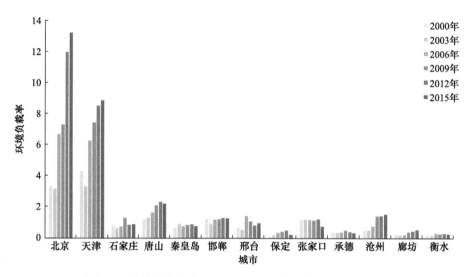

图 7-8　京津冀各城市 2000～2016 年主要年份环境负载率

2. 废弃物产生率

废弃物产生率是指废弃物排放能值（W）与能值总投入（U）的比值。各城市结果如表 7-12 和图 7-9。

表 7-12　2000～2016 年京津冀各城市废弃物产生率指标分析

年份	北京	天津	石家庄	唐山	秦皇岛	邯郸	邢台	保定	张家口	承德	沧州	廊坊	衡水
2000	0.78	0.76	1.98	1.56	2.20	1.11	0.84	8.62	1.24	1.26	2.21	1.31	0.99
2001	0.72	0.90	1.99	1.62	0.69	1.26	1.01	7.04	1.51	1.23	2.03	7.01	1.14
2002	0.59	0.84	1.87	1.54	1.53	1.08	1.19	6.40	1.25	1.29	1.66	6.86	2.71
2003	0.39	0.72	1.64	1.39	1.23	1.12	1.52	5.71	1.02	1.19	1.50	6.43	3.31
2004	0.31	0.65	1.90	1.35	1.56	1.06	1.24	3.75	1.01	3.86	1.71	4.34	3.48
2005	0.28	0.74	1.69	1.17	1.54	0.85	1.40	2.78	1.02	2.37	1.55	3.13	1.94
2006	0.19	0.53	1.56	1.08	1.41	0.96	1.07	2.97	1.15	2.66	1.14	3.32	2.80
2007	0.16	0.45	1.59	0.92	1.29	0.93	1.04	1.77	0.75	2.68	0.86	2.99	2.20

续表

年份	北京	天津	石家庄	唐山	秦皇岛	邯郸	邢台	保定	张家口	承德	沧州	廊坊	衡水
2008	0.11	0.36	1.17	1.00	1.02	0.75	1.28	2.41	0.79	2.53	0.76	2.46	3.07
2009	0.14	0.34	0.94	0.63	1.11	0.53	1.13	2.46	1.24	1.88	0.75	2.43	2.83
2010	0.11	0.30	0.84	0.52	1.25	0.45	1.17	2.82	0.78	1.93	0.59	2.34	2.97
2011	0.10	0.28	1.07	0.44	1.37	0.42	1.90	2.34	0.56	0.52	0.91	2.30	2.00
2012	0.10	0.27	2.11	0.51	1.22	0.34	2.29	2.17	0.59	0.42	0.90	1.72	1.91
2013	0.10	0.22	1.89	0.32	1.18	0.39	1.68	2.87	0.68	0.49	0.70	1.44	2.28
2014	0.10	0.23	1.61	0.37	1.23	0.36	1.71	2.54	0.77	0.49	0.74	1.41	1.93
2015	0.10	0.25	1.32	0.32	1.51	0.33	1.48	2.67	0.61	0.44	0.64	1.37	1.79
2016	0.10	0.22	0.80	0.37	0.75	0.26	1.11	1.67	0.51	0.45	0.29	1.22	0.86

　　废弃物产生率主要反映城市生态系统对废弃物的处理能力，即其值越大，废弃物对环境的影响越大，生态系统越脆弱。京津冀城市群在 2000～2016 年废弃物产生率整体呈现下降的趋势，这表明废弃物排放量的增长速度小于总能值投入的增长速度，但其比值较高，生态胁迫较大。

　　从图 7-9 中可以看出，北京和天津在 2000～2016 年指标一直处于下降的趋势，并且比值一直小于 1，这表明自 2000 年以来随着环保技术进步和产业结构的调整，废弃物排放对环境的影响有所减缓。而河北省大部分城市重工业密集，在 2000～2016 年的中前期，大部分城市饱受环境污染。在"十一五"后，越来越重视工业

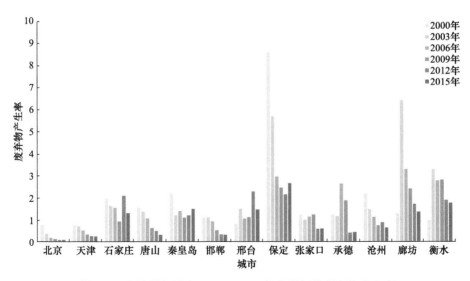

图 7-9　京津冀各城市 2000～2016 年主要年份废弃物产生率

生产对环境的影响，资源利用效率和生产环保标准的提高，使废弃物排放量减少，环境压力得以缓解，这说明环境保护工作已取得了初步成效。

其中，石家庄、唐山、邯郸和沧州，在 2000～2016 年处于波动下降的趋势，说明这一期间处于工业由粗放式发展逐渐转型升级为低环境成本的经济发展模式。然而，其工业相对发达，排放的废弃物仍然数量较大，环境压力不容乐观。

废弃物产生率高值排名前三的城市分别是保定、廊坊和衡水。其中，保定在 2000～2016 年比值一直下降，而廊坊和衡水则处于先上升后下降的趋势，拐点出现在 2005 年。这三个城市工业水平一般，总能值投入量较低，因而废弃物产生率较高，但其废弃物排放量并不大，社会生态系统的环境压力相对较小。秦皇岛、邢台、承德和张家口废弃物产生率指标先上升后下降，但比值相对较低，拐点出现在 2011 年左右，这些城市工业并不发达，主要是由于废气排放量的增加而致使比率上升。

（四）城市社会生态系统服务功能维持指标

城市社会生态系统服务功能维持要素主要包括能值密度、人均能值用量和人均燃料能值三个指标。

1. 能值密度

能值密度（EPD）是指城市的总能值总投入（U）与土地面积的比值。各城市 EPD 结果如表 7-13 和图 7-10。

表 7-13　2000～2016 年京津冀城市群能值密度指标分析（单位：10^{13} sej/m^2）

年份	北京	天津	石家庄	唐山	秦皇岛	邯郸	邢台	保定	张家口	承德	沧州	廊坊	衡水
2000	1.22	1.58	0.52	0.99	0.22	0.70	0.36	0.13	0.17	0.09	0.22	0.22	0.19
2001	1.21	1.59	0.51	0.99	0.20	0.62	0.37	0.14	0.16	0.09	0.22	0.23	0.18
2002	1.25	1.74	0.51	1.02	0.30	0.70	0.39	0.15	0.17	0.09	0.25	0.25	0.19
2003	1.37	1.97	0.57	1.48	0.43	0.69	0.38	0.18	0.19	0.09	0.27	0.28	0.19
2004	1.72	2.27	0.65	1.39	0.55	0.75	0.44	0.23	0.20	0.10	0.29	0.29	0.20
2005	1.93	2.71	0.67	1.84	0.54	0.91	0.45	0.24	0.21	0.11	0.31	0.30	0.27
2006	2.22	2.90	0.73	1.89	0.61	0.83	0.56	0.24	0.22	0.11	0.41	0.31	0.28
2007	2.41	3.17	0.76	1.98	0.65	0.89	0.58	0.25	0.24	0.11	0.48	0.31	0.26
2008	3.11	3.69	0.83	2.03	0.64	0.90	0.52	0.26	0.26	0.12	0.53	0.38	0.26
2009	2.58	3.75	0.93	2.26	0.67	0.95	0.51	0.27	0.24	0.12	0.61	0.37	0.25
2010	3.12	4.26	1.04	2.72	0.68	1.10	0.53	0.29	0.26	0.12	0.65	0.43	0.27

续表

年份	北京	天津	石家庄	唐山	秦皇岛	邯郸	邢台	保定	张家口	承德	沧州	廊坊	衡水
2011	3.60	4.67	1.08	3.10	0.80	1.09	0.52	0.29	0.28	0.12	0.71	0.46	0.28
2012	3.81	4.68	1.08	2.68	0.73	1.06	0.44	0.32	0.29	0.13	0.74	0.47	0.29
2013	3.92	5.49	1.10	2.83	1.51	1.15	0.55	0.24	0.27	0.13	0.72	0.50	0.29
2014	3.81	5.32	1.39	2.76	1.58	1.16	0.54	0.25	0.25	0.13	0.74	0.51	0.30
2015	3.68	4.89	1.50	2.64	1.48	1.22	0.52	0.20	0.24	0.13	0.77	0.47	0.30
2016	3.35	5.23	1.61	2.62	1.44	1.20	0.54	0.21	0.23	0.17	0.85	0.48	0.31

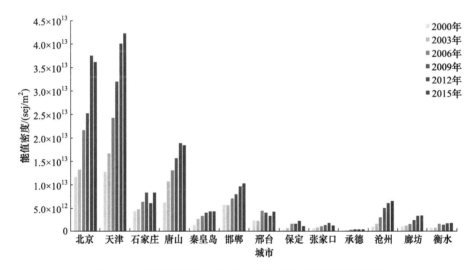

图 7-10　京津冀各城市 2000～2016 年主要年份能值密度

能值密度,也称"能源利用强度",它可以反映出一个城市能值使用的集约程度,能够衡量经济的发展强度和发展等级特性。能值密度越大,经济发展就越快,发展等级则越高(蓝盛芳等,2002)。京津冀城市群的能值密度在 2000～2016 年呈上升趋势,这表明该地区整体的经济发展形势越来越好,居民生活福祉也日益提高。

北京和天津这些工业发达的城市能值密度非常高,并且 2000 年至 2016 年大约增长了三倍多,这说明 17 年来这两个地区经济活动强度越来越大,经济发展水平和产业聚集程度越来越高。同时,高度的集约也表征着这些地区有限的土地资源会越来越紧张。

虽然河北省各城市的能值密度在 2000～2016 年都在上升,但按照能源利用强度大小可将其划分为两类:高于 $0.8×10^{13}$ sej/m² 的唐山、石家庄、秦皇岛、沧州和邯郸;低于 $0.8×10^{13}$ sej/m^2 的邢台、保定、张家口、承德、廊坊和衡水。通过分类可以发现,石家庄、唐山、邯郸、和沧州等工业相对发达的地区的能值密度比张家口、承德和保定等以自然资源供给为主的地区高。工业越发达的地区能值密度越大,生态系统提供给人类的服务就越多。

2. 人均能值用量

人均能值用量(EUPP)是区域的能值总投入(U)与总人口的比值。各城市 EUPP 结果如表 7-14 和图 7-11。

表 7-14　2000~2016 年京津冀城市群人均能值用量指标分析(单位:10^{16} sej/人)

年份	北京	天津	石家庄	唐山	秦皇岛	邯郸	邢台	保定	张家口	承德	沧州	廊坊	衡水
2000	1.50	2.06	0.93	1.89	0.65	1.01	0.69	0.28	1.37	1.09	0.46	0.38	0.41
2001	1.47	1.88	0.89	1.90	0.59	0.89	0.70	0.30	1.31	1.03	0.47	0.42	0.38
2002	1.48	2.06	0.89	1.95	0.88	0.99	0.73	0.31	1.42	1.06	0.53	0.42	0.41
2003	1.60	2.34	0.99	2.23	1.18	0.97	0.72	0.34	1.56	1.12	0.56	0.46	0.41
2004	1.89	2.65	1.13	2.63	1.49	1.05	0.81	0.44	1.62	1.17	0.60	0.48	0.42
2005	2.06	3.10	1.11	3.41	1.45	1.27	0.83	0.45	1.71	1.32	0.64	0.49	0.57
2006	2.31	3.21	1.19	3.47	1.62	1.16	1.02	0.45	1.76	1.32	0.83	0.50	0.58
2007	2.42	3.34	1.26	3.62	1.72	1.23	1.04	0.45	1.95	1.38	0.96	0.55	0.55
2008	2.89	3.69	1.36	3.68	1.70	1.22	0.91	0.46	2.08	1.41	1.06	0.65	0.52
2009	2.28	3.59	1.50	4.15	1.76	1.28	0.91	0.47	1.92	1.46	1.19	0.67	0.52
2010	2.61	3.91	1.66	4.83	1.76	1.45	0.92	0.52	2.23	1.48	1.25	0.71	0.54
2011	2.93	4.11	1.72	5.48	2.08	1.43	0.91	0.57	2.39	1.50	1.39	0.71	0.57
2012	3.02	3.95	1.70	4.71	1.81	1.38	0.76	0.59	2.46	1.59	1.43	0.73	0.58
2013	3.04	4.44	1.84	5.26	4.02	1.48	0.44	0.57	2.13	1.52	1.35	0.80	0.57
2014	2.91	4.18	1.78	4.94	4.01	1.49	0.93	0.53	1.96	1.54	1.34	0.76	0.59
2015	2.78	3.77	1.83	4.55	3.77	1.56	0.89	0.38	2.01	1.66	1.46	0.70	0.59
2016	2.53	3.99	1.95	4.49	3.64	1.52	0.91	0.40	1.93	2.03	1.58	0.71	0.61

人均能值用量可以用来衡量人们生活水平,即人均能值用量越高,该区域生活水平越高。京津冀城市群在 2000~2016 年人均能值用量不断增高,这表明该地区居民的生活水平日益提升,获取的福利越来越多。

2016 年人均能值用量高于 $2.5×10^{16}$ sej/人的城市分别为北京、天津、秦皇岛和唐山。其中，在 2000~2016 年，北京、天津和唐山由于外部投入的资源能值量越来越大，人均可用能值量就越来越多。

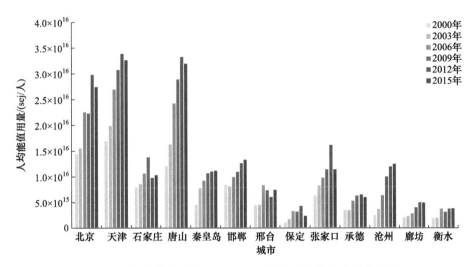

图 7-11 京津冀各城市 2000~2016 年主要年份人均能值用量

2016 年人均能值用量处于（1~2.5）×10^{16} sej/人的城市有 5 个，分别是石家庄、秦皇岛、邯郸、张家口和沧州，石家庄、邯郸和沧州的经济发展相对较好，人均使用能值较高，表明这些城市居民的生活水平在京津冀城市群处于中等水平；而张家口自然资源非常丰富且人口相对较少，随着资源的不断开发致使人均能值用量越来越高，居民生活水平提高较快。低于 1×10^{16} sej/人的城市是邢台、保定、承德、廊坊和衡水。其中，邢台、承德、廊坊和衡水居民的生活水平一般，而保定人口基数大，致使人均能值用量少，但自 2000 年以来人均能值用量不断提升，该地区发展潜力较大。

3. 人均燃料能值

人均燃料能值是区域的不可再生资源的消费量与该地区人口的比值。各城市结果如表 7-15 和图 7-12。

表 7-15 2000~2016 年京津冀城市群人均燃料能值指标分析 （单位：sej/人）

年份	北京	天津	石家庄	唐山	秦皇岛	邯郸	邢台	保定	张家口	承德	沧州	廊坊	衡水
2000	20.33	20.49	8.82	24.49	7.14	5.96	3.02	2.81	4.46	5.71	2.56	2.56	4.49
2001	20.43	19.44	9.02	27.08	7.83	6.81	4.25	2.56	5.21	5.01	2.85	2.85	4.32
2002	20.86	20.08	8.60	34.36	8.82	7.18	5.35	2.12	6.02	9.62	2.96	2.96	4.76
2003	21.36	20.83	10.06	37.31	10.80	9.01	6.66	2.54	6.95	10.22	3.10	3.10	4.93

续表

年份	北京	天津	石家庄	唐山	秦皇岛	邯郸	邢台	保定	张家口	承德	沧州	廊坊	衡水
2004	23.03	23.30	13.14	38.70	11.88	14.17	9.61	2.80	12.81	9.29	3.67	3.67	5.95
2005	21.97	23.79	15.71	43.03	12.48	19.74	9.28	3.62	13.29	9.61	4.64	4.64	4.86
2006	22.85	25.51	18.12	48.27	14.13	22.09	10.87	3.68	14.20	11.51	5.37	5.37	4.94
2007	23.55	26.59	19.68	50.51	15.24	23.42	11.62	3.61	15.53	13.41	5.77	5.77	4.77
2008	21.86	27.34	18.71	50.68	15.10	22.33	10.88	3.51	14.28	13.14	5.64	5.64	4.55
2009	21.61	28.56	18.18	54.78	14.65	22.74	10.61	3.56	13.06	13.95	6.92	6.92	4.15
2010	21.68	31.34	18.79	55.41	15.65	23.34	11.08	4.15	14.65	14.11	6.99	6.99	4.19
2011	21.20	33.48	19.34	62.94	15.74	24.47	12.12	4.55	16.38	15.36	9.43	9.43	4.74
2012	21.22	34.68	19.70	63.61	16.98	24.82	11.68	4.82	16.17	16.40	9.78	9.78	4.96
2013	21.27	35.82	19.74	67.69	17.10	25.21	11.15	3.11	15.86	16.18	9.59	9.59	5.07
2014	21.24	35.92	17.52	64.18	16.34	24.16	10.95	3.21	15.57	16.29	9.68	9.68	4.87
2015	21.12	35.72	16.35	61.60	15.53	24.08	10.70	2.74	15.51	18.25	11.43	11.43	4.45
2016	21.43	35.31	15.71	63.30	15.59	23.94	10.57	2.94	14.83	18.78	12.64	12.64	3.98

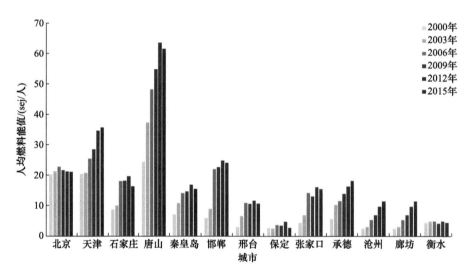

图7-12 京津冀各城市2000～2016年主要年份人均燃料能值分析图

人均燃料能值可以反映居民的生活水平，该比值越高，表征区域信息化越发达，生活水平越高（Odum，1996）。京津冀城市群在2000～2016年人均燃料能值用量增高，表明该地区信息程度和居民生活水平越来越高。

人均燃料能值高值排名前四的分别是唐山、天津、邯郸和北京，他们的指标值基本高于 20 sej/人。在 2000～2016 年，这些地区以化石燃料推动经济发展，尤其是唐山的钢铁、石化等重工业区，对煤炭、石油和天然气等化石燃料的需求日益增多，所承受的环境压力也越来越重。

2016 年人均燃料能值处于 10～20 sej/人的城市有 7 个，分别是石家庄、秦皇岛、邢台、沧州、廊坊、张家口和承德。其中，石家庄工业最发达，但人口基数大，人均燃料能值较小；秦皇岛、张家口和承德的人均燃料能值较高，与其人口数量较少有关。

2016 年人均燃料能值低于 10 sej/人的城市是衡水和保定。保定工业化水平相对较高，但总人口数量位居河北省首位，因此人均燃料能值较低。而衡水第二产业的水平一般，应当优化产业结构和整合可利用资源以促进经济增长。

三、基于能值的发展策略建议

通过对京津冀城市群 13 个城市社会生态系统的能值分析，可以发现在 2000～2016 年，各城市存在产业结构不平衡、能源利用结构不合理和生态环境负荷压力大等问题。

其中，北京主要从外部市场购入大量燃料以驱动城市的发展，单位面积可使用的能值量和人均能值用量相对较高，这表明城市的经济相对发达，居民的生活水平不断提升。但随着人口的增多和城市的扩张，本地可更新和不可更新资源量日益减少，城市对外依赖程度越来越高，而且随着经济活动强度的提升，城市生态环境所承受的压力越来越大，同时巨大的经济投资与物质的生产、能源的利用效率不匹配，导致生态系统净产出较低，生产方式急需改进。

天津和唐山有丰富的能源资源，是京津冀地区工业相对发达的城市。这两个城市由于传统工业的发展，社会生态系统的活力和功能维持能力不断提升，使得经济高速发展，人民的生活水平相对较高，同时随着资源的过度开采和传统工业不合理的排放，导致城市生态环境日益恶化。但有所不同的是，唐山主要以本地不可更新资源能值量为主，与外部市场交流较弱，经济发展与天津相比有一定差距。而天津凭借着区位优势，2016 年的进口商品总额是 2000 年的 10 倍多，外贸交流大幅度增加，尽管本地资源相对丰富，但本地不可更新资源占比并不高。北京和天津的进口商品量明显高于河北省的 11 个城市，但这两个城市的工业结构并不同，北京市以第三产业为主导，由于人口众多，主要进口燃料和货物，而天津主要以进口矿石、塑料和橡胶等工业产品为主，这说明天津经济依赖于能源消耗和资源密集型重工业。

河北的 11 个城市组织结构有一定的相似性，本地可更新资源和本地不可更新资源占比较大，进口商品占比相对较小，并且主要以矿产为主，表明这些城市经济发展依赖于工业和制造业。但不同城市之间的经济发展水平和人口数量特征有显著差异。石家庄作为河北的省会，拥有交通便利的地理优势和相对发达的工业和农业基础，地区生产总值在河北仅次于唐山；沧州是重要的石油化工基地和海岸带城市，邯郸市是全国老工业基地之一，也是京津冀地区下游产业规划目的地之一，地区生产总值分别居河北第三位和第五位，这两个城市与石家庄和唐山结构相似，但经济发展水平有较大差距。保定的人口居河北首位，产业大多是劳动密集的加工制造业，高端产业较少，地区生产总值在河北居第四位，人均能值用量非常低，居民生活水平有待提高。河北其他城市发展相对滞后，其中邢台和衡水主要是第一产业发达，廊坊和秦皇岛则是以旅游为主，张家口和承德自然资源非常丰富，但结构相对单一，产业发展水平相对落后。

Odum（1995）提出能量具有层级性，其定义为能值转换率的高低可以反映出系统内不同类别能量的阶层性。也就是说，城市中不同土地类型存在层级性，单位土地投入的能值量越大，其系统层级越高。黄书礼（2004）将能值转换率层级性与能值密度最大化相结合，把台北划分为不同的层级，以此对城市的人类活动分区和分层。根据 Odum 的能量层级理论，以城市生态系统健康为目标，针对京津冀城市群社会生态经济系统所存在的问题，基于能值分析提出以下发展策略建议：

第一，调整优化产业结构，推动产业转型升级。严控高能耗、高污染产业的发展，以淘汰落后产业来推动产业升级。重点发展金融服务业、信息技术产业、旅游业等高能值转换率的产业，以此提升系统能量的层级，增强城市能量流动效率，提升城市稳定性。

第二，调整能源利用结构，提升能源利用效率。充分利用张家口和承德等地地理优势，大力发展风力发电、太阳能发电，农村地区重点推动生物质能发电等新能源发电产业；加快推进"煤改气"等工程建设，在生活、生产等多领域推动天然气发展；大力创新科技发展，提升废弃物循环使用效率。

第三，加强污染防治，改善生态环境质量。提升水资源循环使用效率，缓解水资源缺乏。减少煤炭燃烧等污染物排放，加强对汽车尾气、工业废气等污染气体的防治，提高排放达标率；推广垃圾分类制度，大力提升工业固体废弃物的综合利用效率。

第四节　京津冀特大城市群"城市病"㶲值表征

一、基于㶲值的城市系统分析

结合京津冀城市系统的整体特征，借助 Odum 创立的"能量系统语言"，绘制京津冀城市群的㶲值系统图（图 7-13）。系统的主要组成成分与能值系统相似，但不同点在于㶲流包含与环境影响（EI）绝对值相等的反方向㶲流，以表征环境的缓冲作用。

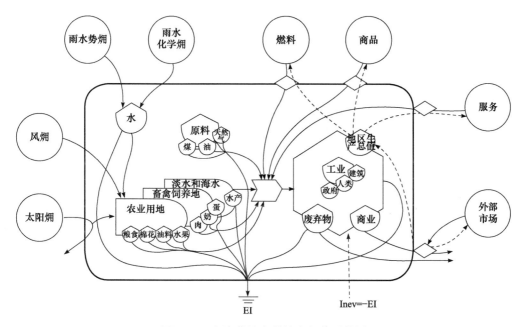

图 7-13　京津冀城市群城市㶲值系统图

二、城市㶲值分析指标

㶲值指标的计算方法与能值类似，主要是将系统各组分指标换算为能量，乘以㶲值转换率，将能量统一转换为宇宙㶲值。然后，分析㶲流在系统中的贡献与变化，从而模拟城市系统在其发展过程中的演变，揭示城市社会生态系统的发展过程和机制。本节主要探讨了京津冀各城市"城市病"㶲值单要素表征。

（一）城市社会生态系统活力指标

城市社会生态系统活力要素主要包括㶲值货币比、㶲值投资率和㶲值生产率三个指标。

1. 㶲值货币比

㶲值货币比是指城市的总㶲值投入量（U_1）与地区生产总值（GDP）的比值，各城市㶲值货币比结果如表 7-16。

表 7-16 2000～2016 年京津冀各城市㶲值货币比指标分析（单位：10^9 sej/美元）

年份	北京	天津	石家庄	唐山	秦皇岛	邯郸	邢台	保定	张家口	承德	沧州	廊坊	衡水
2000	1.31	1.38	1.39	1.66	1.27	2.16	1.36	0.65	4.10	5.50	0.52	0.38	0.37
2001	1.20	1.26	1.29	1.68	1.23	1.61	1.39	0.60	3.90	7.49	0.53	0.33	0.27
2002	1.02	1.27	1.24	1.76	1.20	1.70	1.29	0.64	4.08	4.14	0.57	0.30	0.30
2003	0.97	1.21	1.19	1.77	1.19	1.45	1.08	0.54	3.21	3.88	0.54	0.30	0.27
2004	1.06	1.18	1.28	1.60	1.06	1.36	1.23	0.68	2.92	3.50	0.49	0.37	0.25
2005	1.06	1.11	1.35	1.49	1.18	1.45	1.17	0.81	2.41	4.05	0.40	0.37	0.42
2006	1.10	1.07	1.23	1.37	0.97	1.04	1.30	0.83	2.25	2.94	0.38	0.38	0.43
2007	0.98	0.98	1.05	1.26	0.93	0.90	1.19	0.79	2.01	2.07	0.51	0.34	0.38
2008	1.18	0.91	0.96	0.99	0.84	0.77	0.98	0.59	1.81	1.71	0.50	0.33	0.38
2009	0.87	0.81	1.03	0.99	0.76	0.80	0.97	0.55	1.68	1.33	0.53	0.33	0.34
2010	0.98	0.77	1.05	0.95	0.79	0.79	0.91	0.45	1.47	1.39	0.47	0.34	0.37
2011	1.05	0.71	0.99	0.88	0.68	0.69	0.77	0.47	1.31	1.31	0.42	0.30	0.30
2012	1.01	0.66	0.61	0.81	0.79	0.65	0.68	0.44	1.24	1.48	0.41	0.28	0.26
2013	0.94	0.76	0.56	0.80	0.60	0.62	0.74	0.35	1.11	0.85	0.38	0.29	0.26
2014	0.84	0.69	0.44	0.77	0.65	0.61	0.70	0.32	1.00	0.99	0.41	0.28	0.25
2015	0.68	0.54	0.45	0.76	0.55	0.61	0.57	0.30	0.94	1.11	0.37	0.17	0.23
2016	0.56	0.57	0.39	0.71	0.64	0.57	0.58	0.29	0.78	1.35	0.38	0.17	0.20

　　㶲值货币比反映的是城市的工业化程度和货币购买力。即每单位㶲值流动的美元越多，货币购买力越强，工业化程度则越弱。自 2000 年以来，京津冀城市群㶲值货币比大约下降了 2.5 倍，说明京津冀城市群的货币购买力快速减弱，这是因为需要在外部市场花费越来越多的货币以购买㶲值流入内部，以驱动系统的经济发展，因此导致城市群工业化程度越来越高，经济越来越发达。

　　在城市群内部不同的城市的㶲值货币比值也有所差异。根据 2016 年的指标值大小，将其分为三类：张家口和承德的高比值城市，北京、天津、唐山、秦皇岛、邯郸和邢台的中比值城市，石家庄、沧州、廊坊、衡水和保定的低比值城市。

　　从图 7-14 中可以看出，自 2000 年以来，张家口和承德城市比值一直很高，但他们的发展多依赖于内部自然资源，对外开放程度较弱。以重工业为主的唐山、天津和邯郸下降趋势非常明显，这表明城市工业化程度越来越高。处于中比值城市的北京经济发达，单位货币能够购买的炯值量偏低。石家庄炯值资源量较丰富，重工业发展与唐山、天津等有一定差距，比值偏低，但2000~2016年降幅明显，城市发展潜力巨大。炯值货币比较低的沧州、廊坊、衡水和保定，工业化水平发展一般，货币购买力也较弱，并且在2000~2016年虽有降低，但变化并不明显。

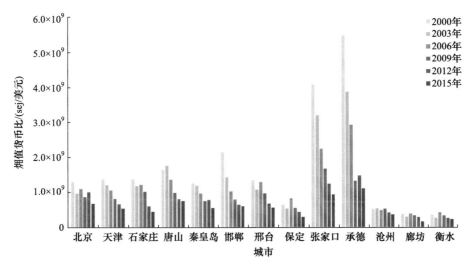

图 7-14 京津冀各城市 2000~2016 年主要年份炯值货币比

2. 炯值投资率

炯值投资率是指本地不可更新资源和外部投入的炯值（R_1+IM_1）与可更新资源炯值（N_1）的比值。各城市炯值投资率结果如表 7-17 和图 7-15。

炯值投资率与能值投资率概念相似，计算公式却不同，它主要反映的是系统的稳定性和可持续性，以此用来衡量城市的发展程度和环境负荷能力。该比率越高，城市社会生态系统维持其发展的需求就越大，对生态环境带来的压力就越多。因此，比率过大或者过小都会影响城市社会生态系统的可持续发展。

经计算可发现（表 7-17），在 2000~2016 年，京津冀城市群炯值投资率处于上升趋势，这表明城市群经济发展程度越来越高，同时环境负荷增大。虽然比值在 17 年间波动上升，但上升幅度在不同阶段有所差异。在 2000~2003 年上升比较缓慢，2003 年开始快速上升，从 2003 年的 734.94 上升至 2014 年的 2870.37，大约增长了 3 倍，2014 年之后速度放缓，甚至有些城市开始缓慢下降。这表明在"九五"至"十一五"期间，京津冀城市群经济发展速度非常快，城市社会经济活力非常活跃，"十二五"之后由于极速扩张导致资源短缺，并且开始注重对环境的治理和改善，因此一定程度影响了经济的发展。

表 7-17　2000～2016 年京津冀各城市烟囱投资率指标分析

年份	北京	天津	石家庄	唐山	秦皇岛	邯郸	邢台	保定	张家口	承德	沧州	廊坊	衡水
2000	1587.47	1189.67	466.18	668.02	225.39	432.78	170.46	141.33	151.36	109.85	72.72	116.69	55.73
2001	1738.56	1251.42	679.07	646.48	292.94	525.48	310.72	149.47	170.15	108.70	94.65	99.18	52.98
2002	1659.09	1638.81	524.29	1039.64	267.31	681.03	312.13	162.78	139.84	107.25	109.94	156.90	83.88
2003	1726.16	1326.10	495.42	950.07	285.52	452.63	222.92	151.49	116.94	119.67	88.17	143.20	53.78
2004	2171.75	1876.06	669.48	931.32	314.93	638.45	334.12	199.49	115.92	116.66	111.68	161.81	83.05
2005	2708.62	1851.10	929.20	1090.08	376.72	769.44	386.41	244.24	129.54	146.52	124.83	220.76	141.66
2006	4051.08	2673.17	948.01	1482.42	372.04	822.57	519.84	349.83	154.45	165.36	207.60	283.88	164.60
2007	3379.11	3019.40	951.47	1302.77	438.29	752.48	502.52	275.20	155.02	131.09	218.18	281.57	136.89
2008	3879.21	2793.15	731.26	1254.24	472.83	601.09	439.61	249.71	151.17	147.60	216.59	299.66	152.17
2009	3628.47	2804.35	879.58	1482.21	424.76	682.55	418.06	275.25	175.90	146.40	223.30	331.98	100.77
2010	4583.95	4252.27	1362.31	1612.76	622.51	844.42	444.49	208.37	147.78	132.59	388.54	344.22	195.32
2011	4574.25	3972.82	1202.12	1752.62	531.03	1201.18	465.23	251.10	133.88	128.33	405.83	392.76	189.10
2012	4758.82	3182.02	970.50	1756.19	592.18	945.61	484.59	341.08	175.56	199.47	354.80	439.32	173.13
2013	5833.00	5878.20	957.07	1982.35	428.88	865.33	526.01	196.96	148.30	127.03	324.66	473.66	166.74
2014	6489.74	5634.12	1604.04	2013.14	673.82	871.24	713.75	359.82	162.52	151.10	445.33	586.49	234.34
2015	5591.18	3984.63	1250.74	1851.98	455.97	1009.33	467.70	252.98	141.10	168.73	339.34	354.84	179.67
2016	3911.29	4104.22	1142.26	1541.63	450.65	737.72	419.77	266.58	112.92	191.41	391.82	391.35	174.59

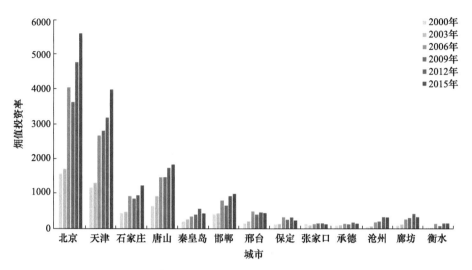

图 7-15 京津冀各城市 2000～2016 年主要年份㶲值投资率

可以明显看出，各城市间差异明显。根据 2016 年的指标数值特征，可将其分为三类：比值高于 1000 的城市有北京、天津、唐山和石家庄，处于 300～1000 的有秦皇岛、邯郸、廊坊、沧州和邢台，300 以下低值的城市有保定、衡水、张家口和承德。经过分类可以发现，经济越发达、工业化程度越高的城市，㶲值投资率越高，而且这些城市由于外部㶲值过多的投入，对系统内部的稳定性和可持续发展能力构成潜在影响。而㶲值投资率处于中低阶段的城市经济并不发达，并且经济发展往往以自给资源为驱动力，导致经济竞争力较低。

3. 㶲值生产效率指数

㶲值生产效率指数是指系统总投入㶲值量（U_1）与外部市场投入能值（IM_1）之比。各城市㶲值生产率结果如表 7-18 和图 7-16。

表 7-18 2000～2016 年京津冀各城市㶲值生产效率指数分析

年份	北京	天津	石家庄	唐山	秦皇岛	邯郸	邢台	保定	张家口	承德	沧州	廊坊	衡水
2000	1.60	1.87	2.70	5.81	4.55	9.72	12.94	6.45	17.93	27.08	3.02	3.02	2.23
2001	1.66	1.97	2.91	5.97	4.69	8.81	9.45	4.65	15.20	37.14	2.56	2.56	2.95
2002	1.61	1.98	3.04	5.79	3.58	9.23	12.29	4.98	14.75	19.44	2.48	2.48	2.48
2003	1.55	2.08	2.82	5.87	2.99	8.49	12.55	3.29	12.09	19.62	2.52	2.52	2.38
2004	1.52	1.91	3.02	5.17	2.88	8.07	5.27	3.15	11.02	12.84	2.16	2.16	2.24
2005	1.44	1.71	3.12	4.56	3.05	5.43	4.28	2.77	11.35	15.53	2.10	2.10	2.16
2006	1.38	1.66	2.94	3.56	2.57	4.46	3.56	3.21	11.67	14.50	2.91	2.91	2.19

续表

年份	北京	天津	石家庄	唐山	秦皇岛	邯郸	邢台	保定	张家口	承德	沧州	廊坊	衡水
2007	1.32	1.71	2.76	3.47	2.51	3.61	3.94	2.10	10.85	13.77	3.13	3.13	2.31
2008	1.23	1.78	2.63	2.90	2.47	3.49	4.37	3.00	11.63	11.26	3.66	3.66	2.69
2009	1.29	1.78	2.78	3.22	2.43	3.45	4.69	3.07	10.58	9.39	3.33	3.33	2.93
2010	1.22	1.68	2.54	3.68	2.79	3.48	4.98	2.67	11.75	11.44	3.14	3.14	3.20
2011	1.18	1.57	2.63	3.74	2.46	3.40	4.51	3.13	11.87	12.35	3.62	3.62	2.53
2012	1.17	1.54	4.31	2.70	2.93	3.18	7.90	3.12	11.20	15.83	3.73	3.73	2.30
2013	1.17	1.43	4.04	2.67	2.25	3.12	3.58	3.48	15.42	9.86	3.47	3.47	2.41
2014	1.17	1.40	3.54	2.64	2.68	3.25	3.94	4.68	10.06	11.34	3.31	3.31	2.58
2015	1.21	1.59	4.03	2.74	2.39	3.70	3.72	4.88	9.03	14.27	3.16	3.16	2.78
2016	1.24	1.46	4.24	2.60	3.03	3.68	4.17	4.61	8.32	19.42	3.10	3.10	3.08

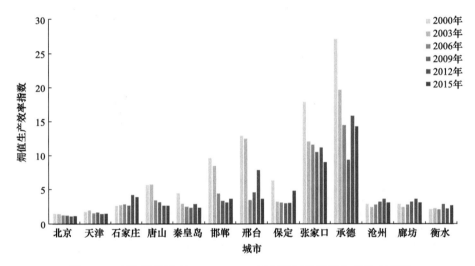

图 7-16　京津冀各城市 2000～2016 年主要年份㶲值生产效率指数

㶲值生产率反映的是系统的㶲值产出对经济的贡献大小，即㶲值生产率越高，外部投入的㶲值占比越低，系统对外交流程度越弱。在 2000～2016 年，京津冀城市群的㶲值生产率呈波动下降趋势，表征着京津冀城市群对外部市场的经济贡献能力持续增长，并且经济活力逐步增强。

不同城市间㶲值生产率波动趋势和指标大小有明显差异。张家口和承德指标值较高，并且在 2000 年到 2016 年下降幅度较大，说明这些城市 2000 年时城市内部资源的㶲值储备量较高，随着经济的发展，系统产出大幅提升，对外部市场贡献越来越大。

在 2000～2016 年，唐山、邯郸、邢台和保定㶲值生产率呈现下降趋势，这些城市大部分以本地化石燃料资源为驱动力发展经济，虽然对外部市场的经济贡献能力持续增长，但增幅并不大。石家庄、沧州、廊坊和衡水在2000～2016年比值处于平稳上升状态，幅度较小。而且受自然环境的影响，年投入㶲值波动起伏也致使这些城市比值趋势波动不定。

北京和天津指标值较小，这些城市经济相对发达，在2000～2016年，随着外部商品资源的投入，㶲值生产率变低，致使投入相对大，产出相对少，因此比值越来越小。

（二）城市社会生态系统组织结构指标

城市社会生态系统组织结构要素主要包括可更新资源㶲值比和㶲值自给率两个指标。

1. 可更新资源㶲值比

可更新资源㶲值比是指可更新资源㶲值（R_1）占㶲值总投入（U_1）的比值。通过可更新资源㶲值比可以判断自然环境对城市社会生态系统的贡献程度。

由表7-19可知，京津冀城市群可更新资源㶲值比值非常低，这说明可更新资源㶲值在㶲值结构中基本可以忽略。从城市群范围来看，经济不发达且自然资源丰富的城市，如张家口和承德，指标值较大，可更新资源㶲值占㶲值总量的1%～2%。而高度城市化的城市，如北京和天津，指标值非常小，占㶲值总量的0.02%左右。而且从图7-17中可以看出，在2000～2016年呈现下降的趋势，这说明对外部投入和不可更新资源的依赖越来越严重，京津冀城市群的资源利用结构非常不合理。

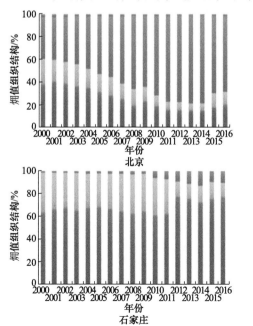
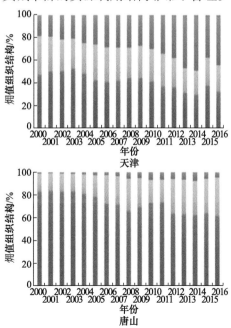

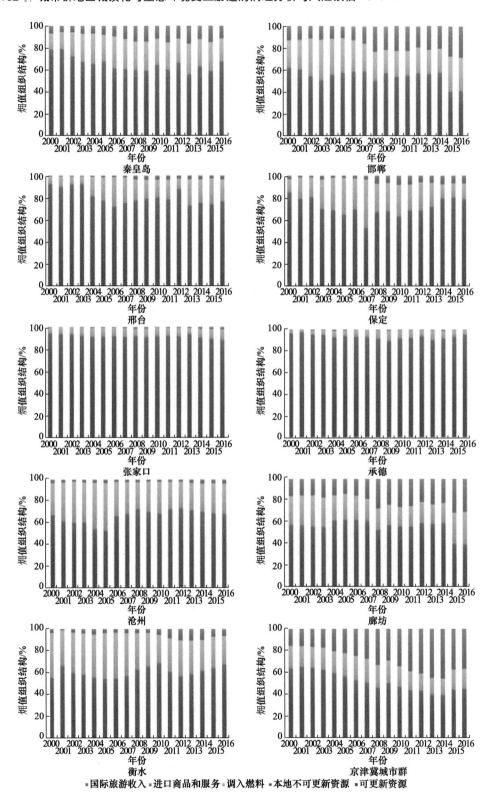

图 7-17 京津冀各城市 2000～2016 年主要年份炯值组织结构

2. 㶲值自给率

㶲值自给率是指系统内部投入的㶲值（R_1+N_1）与㶲值总投入（U_1）的比值，它可以反映出系统与外部的交流水平，用于衡量城市的自给能力。

由表 7-20 和图 7-17 可以看出，京津冀城市群内部资源结构以不可更新资源为主，㶲值自给率呈波动下降趋势，系统自给自足的能力较弱，而且城市之间差异十分明显。北京、天津和廊坊自给资源的㶲值占比非常低，而且㶲值自给率急剧下降，从 2000 年的 0.37、0.46 和 0.57 下降至 2016 年的 0.20、0.31 和 0.38，说明这些城市越来越依赖系统外部的投入。其中，北京和天津的发展主要依赖于第三产业，而廊坊则第二产业比重仍较大，且工业化程度相对较低。

张家口和承德主要以自给资源推动经济发展。在 2000～2016 年随着经济的提升和不可更新资源的消减，城市与外部市场的交流程度开始增多，但自给经济的格局尚未根本改变。邯郸、沧州和衡水㶲值自给率和㶲值组织结构非常相似，2016年㶲值自给率平均在 0.7 左右，这些城市以第二产业促进经济发展，但相对于其他城市较弱，大部分还是以自给资源发展经济。石家庄和唐山㶲值自给率也比较低。从生态系统组织结构可以看出，唐山也是工业化占主体，但比天津要低，调入的能源资源成为发展经济的驱动力。

表 7-19　2000～2016 年京津冀城市群可更新资源㶲值比指标分析（单位：%）

年份	北京	天津	石家庄	唐山	秦皇岛	邯郸	邢台	保定	张家口	承德	沧州	廊坊	衡水
2000	0.07	0.07	0.22	0.11	0.53	0.23	0.53	0.97	1.16	2.64	1.04	0.67	1.28
2001	0.06	0.07	0.15	0.12	0.48	0.18	0.31	0.95	1.14	4.11	0.85	0.80	1.27
2002	0.06	0.05	0.21	0.08	0.42	0.14	0.29	0.98	1.47	2.40	0.76	0.46	0.85
2003	0.06	0.07	0.21	0.09	0.33	0.22	0.39	0.84	1.38	2.18	0.96	0.49	1.34
2004	0.05	0.05	0.16	0.09	0.25	0.16	0.31	0.69	1.40	2.36	0.77	0.46	0.89
2005	0.04	0.05	0.11	0.07	0.24	0.13	0.26	0.61	1.10	2.35	0.70	0.36	0.59
2006	0.03	21.31	0.12	0.05	0.21	0.12	0.20	0.45	0.94	1.77	0.44	0.29	0.51
2007	0.03	0.03	0.11	0.06	0.19	0.12	0.20	0.64	0.84	2.03	0.42	0.30	0.61
2008	0.03	0.03	0.15	0.06	0.19	0.16	0.23	0.57	0.89	1.89	0.43	0.28	0.56
2009	0.03	0.03	0.12	0.05	0.19	0.14	0.25	0.52	0.83	1.47	0.42	0.27	0.84
2010	0.02	0.02	0.08	0.04	0.15	0.11	0.24	0.63	0.92	2.02	0.24	0.25	0.45
2011	0.02	0.02	0.09	0.04	0.14	0.11	0.22	0.56	0.95	2.25	0.22	0.23	0.46

续表

年份	北京	天津	石家庄	唐山	秦皇岛	邯郸	邢台	保定	张家口	承德	沧州	廊坊	衡水
2012	0.02	0.03	0.08	0.04	0.18	0.11	0.23	0.39	0.73	1.56	0.26	0.20	0.50
2013	0.02	0.02	0.08	0.04	0.09	0.11	0.20	0.71	0.89	1.47	0.28	0.19	0.53
2014	0.02	0.02	0.05	0.04	0.07	0.11	0.15	0.36	0.83	1.48	0.20	0.16	0.37
2015	0.02	0.02	0.06	0.04	0.09	0.09	0.22	0.61	0.92	1.46	0.27	0.25	0.47
2016	0.03	0.02	0.06	0.05	0.12	0.13	0.26	0.54	1.17	1.25	0.24	0.24	0.47

表 7-20 2000～2016 年京津冀城市群烟值自给率指标分析

年份	北京	天津	石家庄	唐山	秦皇岛	邯郸	邢台	保定	张家口	承德	沧州	廊坊	衡水
2000	0.37	0.46	0.63	0.83	0.78	0.90	0.92	0.84	0.94	0.96	0.67	0.57	0.55
2001	0.40	0.49	0.66	0.83	0.79	0.89	0.89	0.79	0.93	0.97	0.61	0.57	0.66
2002	0.38	0.50	0.67	0.83	0.72	0.89	0.92	0.80	0.93	0.95	0.60	0.55	0.60
2003	0.36	0.52	0.65	0.83	0.67	0.88	0.92	0.70	0.92	0.95	0.60	0.55	0.58
2004	0.34	0.48	0.67	0.81	0.65	0.88	0.81	0.68	0.91	0.92	0.54	0.61	0.55
2005	0.30	0.41	0.68	0.78	0.67	0.82	0.77	0.64	0.91	0.94	0.52	0.62	0.54
2006	0.28	0.40	0.66	0.72	0.61	0.78	0.72	0.69	0.91	0.93	0.66	0.62	0.54
2007	0.24	0.41	0.64	0.71	0.60	0.72	0.75	0.52	0.91	0.93	0.68	0.60	0.57
2008	0.19	0.44	0.62	0.66	0.60	0.71	0.77	0.67	0.91	0.91	0.73	0.52	0.63
2009	0.23	0.44	0.64	0.69	0.59	0.71	0.79	0.67	0.91	0.89	0.70	0.57	0.66
2010	0.18	0.40	0.61	0.73	0.64	0.71	0.80	0.63	0.91	0.91	0.68	0.55	0.69
2011	0.15	0.36	0.62	0.73	0.59	0.71	0.78	0.68	0.92	0.92	0.72	0.55	0.61
2012	0.15	0.35	0.77	0.63	0.66	0.69	0.87	0.68	0.91	0.94	0.73	0.58	0.56
2013	0.14	0.30	0.75	0.63	0.56	0.68	0.72	0.71	0.94	0.90	0.71	0.58	0.58
2014	0.14	0.29	0.72	0.62	0.63	0.69	0.75	0.79	0.90	0.91	0.70	0.59	0.61
2015	0.17	0.37	0.75	0.63	0.58	0.73	0.73	0.80	0.89	0.93	0.68	0.39	0.64
2016	0.20	0.31	0.76	0.62	0.67	0.73	0.76	0.78	0.88	0.95	0.68	0.38	0.68

（三）城市社会生态系统恢复力指标

城市社会生态系统恢复力要素主要包括废弃物产生率和废弃物㶲值比两个指标。

1. 废弃物产生率

废弃物产生率是指废弃物排放㶲值（W_1）与㶲值总投入（U_1）的比值。各城市废弃物产生率计算结果如表 7-21 和图 7-18。

表 7-21　2000～2016 年京津冀各城市废弃物产生率指标分析

年份	北京	天津	石家庄	唐山	秦皇岛	邯郸	邢台	保定	张家口	承德	沧州	廊坊	衡水
2000	0.62	0.68	1.71	1.02	1.50	1.04	0.72	5.20	1.08	0.75	1.88	0.98	0.88
2001	0.56	0.80	1.64	1.12	0.56	1.12	0.87	4.60	1.31	0.76	1.82	5.12	0.96
2002	0.46	0.74	1.54	1.01	1.13	0.99	0.96	4.42	1.14	0.72	1.58	4.58	2.33
2003	0.30	0.64	1.34	0.91	0.84	1.10	1.10	4.14	0.95	0.66	1.45	3.93	2.85
2004	0.22	0.56	1.45	0.88	0.91	1.01	1.10	3.10	0.96	2.50	1.68	2.42	2.99
2005	0.19	0.62	1.19	0.74	0.99	0.80	1.27	2.85	0.94	1.63	1.55	1.76	1.80
2006	0.13	0.44	1.20	0.72	0.87	0.93	0.99	2.77	1.05	1.72	1.20	1.71	2.61
2007	0.10	0.38	1.19	0.63	0.82	0.83	0.93	2.30	0.70	1.81	0.94	1.60	2.03
2008	0.07	0.31	0.90	0.69	0.70	0.66	1.09	2.04	0.72	1.84	0.84	1.43	2.46
2009	0.09	0.29	0.70	0.43	0.71	0.49	0.91	2.10	1.12	1.36	0.83	1.46	2.26
2010	0.06	0.25	0.59	0.32	0.74	0.42	0.93	2.63	0.70	1.44	0.65	1.32	2.07
2011	0.06	0.22	0.70	0.27	0.69	0.39	1.44	2.06	0.51	0.37	1.00	1.39	1.59
2012	0.06	0.21	0.97	0.34	0.74	0.33	1.65	1.83	0.55	0.28	0.95	1.04	1.60
2013	0.06	0.16	0.85	0.21	0.37	0.39	1.32	2.05	0.58	0.31	0.74	0.83	1.82
2014	0.06	0.17	0.81	0.24	0.38	0.35	1.38	1.97	0.65	0.29	0.78	0.80	1.54
2015	0.06	0.20	0.71	0.21	0.49	0.32	1.30	1.79	0.49	0.24	0.70	1.03	1.44
2016	0.07	0.17	0.40	0.23	0.25	0.25	0.94	1.09	0.42	0.18	0.32	0.93	0.68

废弃物产生率主要反映城市社会生态系统承受的废弃物压力。由计算得知，京津冀城市群的废弃物产生率呈下降趋势，这表明随着社会经济发展水平的提高，城市所承受的废弃物压力有所减缓。

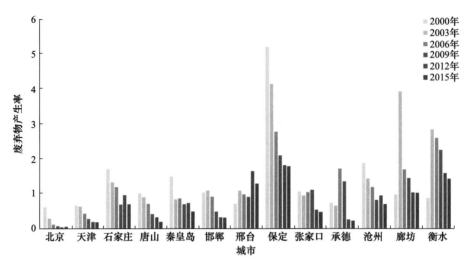

图 7-18 京津冀各城市 2000～2016 年主要年份废弃物生产率

但该烟值指标在城市群内各城市之间趋势差异明显。在2000～2016年，北京、天津、唐山、秦皇岛、邯郸和保定一直处于下降趋势。其中，北京在2000～2008年下降幅度较大，2008年之后趋于平缓，这说明北京在2008年奥运会举办之后，企业外迁等产业结构的变化使废弃物排放大幅减少，对系统运行的压力有所减缓。天津、唐山、秦皇岛和邯郸在2000～2001年比值有所上升，在2001～2011年快速下降，2011～2016年降速减缓。这表明这些城市2000年的工业化程度较低，烟值总投入较少，而在"九五"之后，经济增长速度快，废弃物排放减少，因此比值大幅下降。在"十一五"之后，经济增速放缓，工业化水平达到较高的程度，废弃物排放降速缓慢，因此比值相对稳定。

邢台、廊坊、衡水、张家口和承德则是呈现先上升后下降的趋势。其中张家口和承德波动幅度较大，说明这些城市对于废弃物产生率比较敏感，受自然环境影响较大。两个城市该比值不高，表明烟值总投入和废弃物排放量都不大。邢台、廊坊和衡水在"九五"期间比值一直上升，表明烟值总投入增长的速度低于废弃物排放量增长的速度，对系统造成的压力越来越大，在"十五"之后开始波动下降，说明这些城市在经济发展的同时对环境的保护力度加大，缓解了城市承受废弃物的压力。

2. 废弃物烟值比

废弃物烟值比是指系统中废弃物排放烟值（W_1）与可更新资源烟值（R_1）的比值。各城市废弃物烟值比计算结果如表7-22。

表 7-22 2000～2016 年京津冀各城市废弃物炯值比指标分析

年份	北京	天津	石家庄	唐山	秦皇岛	邯郸	邢台	保定	张家口	承德	沧州	廊坊	衡水
2000	921.81	935.00	763.02	929.15	281.02	454.77	135.60	535.18	92.83	28.44	180.40	180.40	68.95
2001	860.80	1145.42	1063.04	905.59	115.86	623.33	276.56	484.94	115.08	18.47	213.82	213.82	75.99
2002	709.18	1378.04	741.93	1281.77	273.37	709.46	334.62	448.39	77.90	30.09	208.82	208.82	273.35
2003	486.60	957.87	640.02	1040.47	252.53	503.09	285.11	495.58	68.84	30.48	151.20	151.20	212.68
2004	445.65	1191.99	913.02	1013.99	366.55	649.51	352.20	450.25	68.54	105.69	217.67	217.67	336.62
2005	488.98	1321.25	1042.24	1088.89	412.42	620.01	479.15	465.96	85.59	69.52	221.45	221.45	302.79
2006	480.49	1331.43	1026.16	1388.51	411.95	764.30	495.87	612.80	111.10	97.35	275.54	275.54	506.71
2007	333.23	1292.63	1068.44	1036.54	431.41	670.61	461.86	362.62	83.31	88.82	222.02	222.02	333.15
2008	258.28	965.37	614.02	1095.55	368.78	426.64	482.17	357.46	81.34	97.26	194.99	194.99	440.61
2009	310.30	917.10	566.84	827.23	372.69	344.73	369.85	403.31	134.91	92.72	197.39	197.39	270.79
2010	282.90	1208.89	766.00	726.40	497.92	367.25	389.87	419.54	76.53	71.28	267.70	267.70	461.54
2011	240.10	1004.21	790.38	670.33	489.05	479.84	658.06	368.99	53.95	16.58	443.68	443.68	343.90
2012	253.63	746.57	1151.86	760.42	417.59	307.05	721.89	464.90	75.43	17.69	369.82	369.82	317.90
2013	309.30	1044.49	1008.77	541.41	397.58	344.80	673.02	288.70	64.95	20.93	264.07	264.07	346.48
2014	344.27	1026.81	1763.40	619.34	569.05	318.24	920.29	547.25	78.92	19.47	384.10	384.10	417.41
2015	333.18	884.96	1169.19	504.38	535.03	342.81	586.12	295.26	53.22	16.66	256.60	256.60	303.28
2016	247.43	758.90	667.28	475.25	211.29	196.51	356.80	201.69	36.11	14.73	135.38	135.38	144.56

废弃物炯值比主要反映了环境对废弃物的处理能力，用来衡量环境承受压力的大小。京津冀城市群废弃物炯值比普遍较高，这说明城市群废弃物排放较多，环境压力较大。

受降雨、沙尘暴和雾霾等气象要素的影响，可更新资源炯值波动起伏，导致废弃物炯值比值敏感，在 2000～2016 年异常值较多，但仍然可以看出（表 7-22 和图 7-19），各城市间变化趋势迥异。根据变化趋势可将城市分为两种类型：下降型和先上升后下降型。

在 2000～2016 年，北京、天津、唐山和保定废弃物炯值比呈波动下降趋势。其中北京、天津和唐山随着产业结构的升级和科技进步，废弃物对环境产生的压

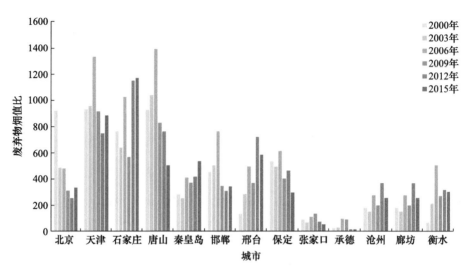

图 7-19　京津冀各城市 2000～2016 年主要年份废弃物㶲值比

力越来越小。其他 9 个城市在 2000～2016 年则呈现先上升后下降的趋势。其中,石家庄、邯郸、邢台和承德在 2011 年之后开始下降,而秦皇岛、邢台、沧州、廊坊和衡水在 2014 年之后开始下降。这说明废弃物对环境的压力在"十一五"后都有所降低。

同时,从图中可以明显看出,各个城市所承受的环境压力大小也略有不同。工业密集的地区,如天津、唐山和石家庄的环境所承受的压力较大,而经济相对落后的张家口和承德环境压力较小。

（四）城市社会生态系统服务功能维持指标

城市社会生态系统服务功能维持要素主要包括㶲值密度、人均㶲值用量和㶲值多样性指数三个指标。

1. 㶲值密度

㶲值密度是指城市的总㶲值总投入（U_1）与土地面积的比值。各城市㶲值密度计算结果如表 7-23 和图 7-20。

表 7-23　2000～2016 年京津冀城市群㶲值密度指标分析（单位: 10^9sej/m^2）

年份	北京	天津	石家庄	唐山	秦皇岛	邯郸	邢台	保定	张家口	承德	沧州	廊坊	衡水
2000	2.59	1.95	0.75	1.43	0.43	1.29	0.57	0.16	0.19	0.10	0.23	0.27	0.17
2001	2.72	2.11	0.78	1.59	0.42	1.02	0.59	0.15	0.17	0.09	0.23	0.29	0.16
2002	2.85	2.47	0.79	1.83	0.49	1.24	0.64	0.16	0.19	0.09	0.26	0.29	0.18

续表

年份	北京	天津	石家庄	唐山	秦皇岛	邯郸	邢台	保定	张家口	承德	沧州	廊坊	衡水
2003	3.15	2.86	0.91	2.16	0.56	1.20	0.62	0.19	0.22	0.10	0.29	0.32	0.18
2004	4.35	3.41	1.17	2.40	0.59	1.36	0.72	0.23	0.22	0.10	0.29	0.41	0.19
2005	5.15	3.74	1.37	2.69	0.61	1.63	0.71	0.27	0.24	0.11	0.31	0.46	0.27
2006	6.12	4.16	1.28	2.65	0.62	1.35	0.84	0.28	0.26	0.11	0.48	0.55	0.28
2007	7.10	4.71	1.35	2.90	0.71	1.35	0.95	0.27	0.31	0.11	0.59	0.62	0.27
2008	9.52	5.75	1.42	2.77	0.76	1.41	0.92	0.29	0.34	0.11	0.71	0.70	0.32
2009	7.92	5.63	1.69	3.12	0.78	1.50	0.97	0.30	0.30	0.12	0.78	0.78	0.32
2010	10.76	6.44	2.07	3.74	0.78	1.72	1.02	0.32	0.35	0.11	0.83	0.93	0.43
2011	13.65	7.29	2.39	4.24	0.81	1.80	1.03	0.37	0.38	0.12	0.92	0.97	0.39
2012	14.42	7.86	1.99	3.60	0.84	1.75	0.99	0.42	0.40	0.14	0.99	0.99	0.37
2013	15.14	10.68	2.00	3.71	0.85	1.72	1.01	0.36	0.36	0.14	0.96	1.16	0.40
2014	14.59	10.72	1.99	3.73	0.80	1.68	0.99	0.41	0.32	0.14	0.96	1.23	0.41
2015	11.62	8.37	2.06	3.55	0.74	1.78	0.86	0.34	0.30	0.14	1.00	0.73	0.40
2016	10.54	9.66	2.03	3.29	0.77	1.75	0.96	0.38	0.25	0.21	1.09	0.81	0.41

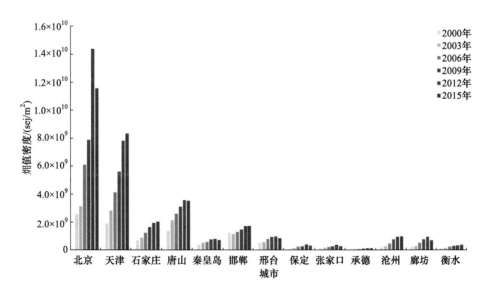

图 7-20 京津冀各城市 2000~2016 年主要年份烟值密度

从表 7-23 可知，京津冀城市群的烟值密度在 2000～2016 年呈上升趋势，这说明城市发展中投入使用的烟值越来越多，表征城市群经济越发活跃，城市化水平越来越高。

城市经济越发达，城市化水平越高，城市烟值密度越大，产业越密集。因此，根据 2016 年的指标值大小，将其分为三类：$4×10^9$ sej/m^2 以上的高密度城市、$1～4×10^9$ sej/m^2 的中密度城市、$1×10^9$ sej/m^2 以下的低密度城市。其中，高度发达的北京、天津烟值使用最为密集，明显高于其他城市，烟值密度分别增长了约 4 倍和 5 倍，主要是因为两个城市对外依赖程度较高。唐山、石家庄、邯郸和沧州属于中密度城市，经济相对发达，并且都是以钢铁和石化等重工业为主体，城市化水平相对较高，但与北京等发达城市还有较大的距离。邢台、廊坊、秦皇岛、衡水、保定、张家口和承德属于低密度城市，这些城市的经济发展水平一般，大多依赖于粗放型资源，密集型资源相对较少，城市化水平相对较低。

2. 人均烟值用量

人均烟值使用量是区域的烟值总投入（U）与总人口的比值。各城市人均烟值使用量计算结果如表 7-24 和图 7-21。

表 7-24　2000～2016 年京津冀城市群人均烟值用量指标分析（单位：10^{12} sej/人）

年份	北京	天津	石家庄	唐山	秦皇岛	邯郸	邢台	保定	张家口	承德	沧州	廊坊	衡水
2000	3.19	2.55	1.33	2.75	1.26	1.86	1.07	0.33	1.57	1.14	0.49	0.49	0.36
2001	3.30	2.51	1.39	3.07	1.22	1.46	1.12	0.32	1.43	1.03	0.49	0.49	0.35
2002	3.37	2.93	1.39	3.52	1.42	1.75	1.19	0.32	1.57	1.01	0.54	0.54	0.38
2003	3.68	3.40	1.58	4.13	1.55	1.68	1.17	0.35	1.79	1.07	0.59	0.59	0.38
2004	4.78	3.96	2.02	4.56	1.62	1.90	1.34	0.44	1.84	1.13	0.60	0.60	0.39
2005	5.50	4.28	2.26	4.99	1.64	2.27	1.31	0.50	1.96	1.26	0.63	0.63	0.57
2006	6.35	4.61	2.09	4.88	1.66	1.87	1.53	0.52	2.09	1.29	0.98	0.98	0.59
2007	7.14	4.97	2.23	5.28	1.88	1.86	1.70	0.50	2.47	1.29	1.18	1.18	0.57
2008	8.82	5.75	2.33	5.02	2.00	1.92	1.63	0.54	2.69	1.25	1.40	1.40	0.65
2009	6.99	5.39	2.74	5.74	2.04	2.04	1.73	0.54	2.43	1.33	1.54	1.54	0.66
2010	9.00	5.91	3.32	6.64	2.04	2.26	1.80	0.56	2.95	1.21	1.60	1.60	0.86

续表

年份	北京	天津	石家庄	唐山	秦皇岛	邯郸	邢台	保定	张家口	承德	沧州	廊坊	衡水
2011	11.09	6.41	3.80	7.49	2.11	2.35	1.80	0.73	3.23	1.31	1.79	1.79	0.78
2012	11.44	6.63	3.13	6.33	2.08	2.27	1.72	0.77	3.40	1.55	1.92	1.92	0.74
2013	11.75	8.65	3.32	6.90	2.27	2.22	1.74	0.64	2.84	1.45	1.79	1.79	0.79
2014	11.13	8.42	2.55	6.67	2.03	2.16	1.70	0.89	2.48	1.46	1.74	1.74	0.83
2015	8.78	6.45	2.51	6.14	1.88	2.27	1.47	0.65	2.53	1.60	1.88	1.88	0.80
2016	7.96	7.37	2.46	5.65	1.93	2.22	1.62	0.72	2.08	2.38	2.04	2.04	0.81

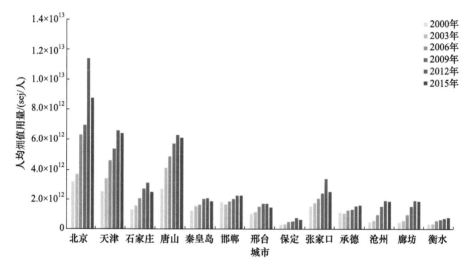

图 7-21　京津冀各城市 2000～2016 年主要年份人均㶲值用量

　　人均㶲值量可以用来反映人民获取的福祉水平。由计算可知，在 2000～2016 年，京津冀城市群的人均㶲值用量呈上升趋势，并且 2016 年的人均㶲值使用量大约是 2000 年的 2.3 倍，这说明居民在生活中使用的㶲值越来越多，居民生活福祉大幅提升。

　　居民的生活质量不仅与城市的经济发展息息相关，还会受到城市人口数量的制约。根据 2016 年的指标值大小，将其分为三类：$2×10^{12}$ sej/人以下的低生活质量城市、$2×10^{12}$ sej/人到 $4×10^{12}$ sej/人的中生活质量城市、$4×10^{12}$ sej/人以上的高生活质量城市。

　　可以看出，北京、天津和唐山的居民生活质量较高，他们从城市外部获取的㶲值比较大，尤其是北京。属于中生活质量的城市有 6 个，分别是石家庄、邯郸、张家口、承德、沧州和廊坊。张家口和承德可更新资源较高，这些城市的本地㶲值量很大，因此人均㶲值使用量相对较高，但生活水平一般。而石家庄、邯郸、沧州和廊坊交通便利，经济相对发达，居民生活水平也较好。秦皇岛、邢台、保定和衡水人均㶲值使用量较低。保定、邢台的经济发展相对较好，但人口数量居河北前列，居民可使用的㶲值量较低，而衡水的经济发展水平一般，但在2000～2016年人均㶲值使用量不断提升，上升潜力较大。

3. 㶲值多样性指数

㶲值多样性指数反映了城市的㶲流类别和多样化程度。各城市㶲值多样性指数结果如表7-25和图7-22。

表 7-25　2000～2016 年京津冀城市群㶲值多样性指数分析

年份	北京	天津	石家庄	唐山	秦皇岛	邯郸	邢台	保定	张家口	承德	沧州	廊坊	衡水
2000	0.64	0.68	0.68	0.67	0.61	0.39	0.45	0.57	0.40	0.59	0.66	0.70	0.69
2001	0.63	0.69	0.66	0.64	0.52	0.50	0.44	0.67	0.43	0.67	0.67	0.71	0.61
2002	0.64	0.69	0.67	0.62	0.67	0.43	0.46	0.68	0.48	0.67	0.68	0.72	0.65
2003	0.63	0.70	0.67	0.62	0.71	0.42	0.52	0.71	0.49	0.68	0.69	0.72	0.68
2004	0.60	0.69	0.66	0.65	0.70	0.43	0.52	0.72	0.53	0.72	0.71	0.71	0.68
2005	0.57	0.66	0.65	0.68	0.70	0.51	0.57	0.70	0.54	0.74	0.72	0.70	0.70
2006	0.52	0.65	0.67	0.69	0.68	0.56	0.62	0.70	0.53	0.71	0.65	0.70	0.70
2007	0.51	0.66	0.67	0.69	0.68	0.64	0.58	0.72	0.51	0.73	0.63	0.70	0.69
2008	0.41	0.67	0.69	0.70	0.69	0.65	0.55	0.72	0.53	0.75	0.59	0.71	0.66
2009	0.48	0.67	0.68	0.70	0.69	0.64	0.54	0.72	0.54	0.73	0.62	0.70	0.65
2010	0.41	0.66	0.68	0.69	0.68	0.64	0.54	0.73	0.52	0.76	0.63	0.71	0.62
2011	0.34	0.63	0.68	0.69	0.64	0.63	0.56	0.72	0.52	0.77	0.61	0.70	0.67
2012	0.35	0.63	0.69	0.70	0.67	0.63	0.42	0.71	0.50	0.73	0.61	0.70	0.69
2013	0.35	0.59	0.70	0.69	0.50	0.65	0.61	0.71	0.55	0.73	0.63	0.70	0.69
2014	0.34	0.58	0.70	0.70	0.49	0.66	0.60	0.61	0.59	0.74	0.64	0.69	0.67
2015	0.38	0.64	0.70	0.70	0.47	0.64	0.61	0.66	0.62	0.74	0.64	0.69	0.67
2016	0.43	0.60	0.69	0.69	0.49	0.65	0.60	0.65	0.68	0.69	0.65	0.69	0.66

该指标主要反映了城市㶲值的多样化程度，以此衡量系统服务功能维持的稳定程度。由计算分析可知，京津冀城市群的㶲值多样性指数并不高，整体保持在

0.6 左右，城市社会生态系统稳定性不足。

在 2000～2016 年，京津冀各城市㶲值多样性指数发展变化存在差异。按照变化趋势可以分为三类：上升型、下降型和平稳型。其中，北京、天津和秦皇岛呈下降趋势，然而下降幅度并不相同。北京从 2000 的 0.64 急剧下降至 2011 年的 0.34，然后在 2011～2014 年趋于平稳，2014 年后开始缓慢上升至 2016 年的 0.43。秦皇岛产业发展主要依赖于煤炭的输入和输出，㶲值类型随着港口吞吐量的增大而越来越单一，导致㶲值多样性降低。

上升型的城市主要有邯郸、邢台、保定、张家口和承德。这说明这些城市㶲值类型多以内部资源为主，随着与外部城市交流程度的加深，增加了㶲流类型，提升了社会生态系统的稳定性。而石家庄、唐山、沧州、廊坊和衡水在 2000～2016 年相对稳定，㶲值多样性指数变化不大，但指数并不高，社会生态系统稳定性有待进一步提高。

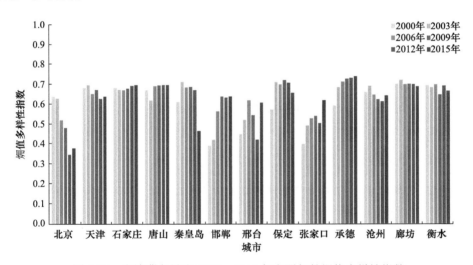

图 7-22　京津冀各城市 2000～2016 年主要年份㶲值多样性指数

三、基于㶲值的发展策略建议

Lotka（1922）提出功率最大化原理，即自组织系统在自组织过程中，单位时间能量传输和转换量最大的设计将在竞争中获胜，这说明了系统结构模式存在可持续性问题。Odum（1996）依据功率最大化原理提出最大能值功率原理，即单位时间能值传输与转化最大的系统设计将获取生存的胜利。在此基础上，季曦（2008）结合㶲值提出了最大㶲值功率原理，即在系统中获得最大㶲值功率的系统设计将淘汰其他替代设计，以此获胜并存活。

城市社会生态系统是一个典型的自组织系统，它通过不同层次的自催化反馈设计单元进行联系，以此促进不同层次结构之间的发展，致使自身实现可持续稳定发展。基于最大㶲值功率原理和㶲值分析，提出以下京津冀城市群发展策略建议：

第一，加强城市之间能量的交流，促进城市的可持续发展。对于河北省各城市，应当加大城市的外部市场资源㶲值的投入，以此增强城市社会经济生态系统的反馈，从而有利于该城市拥有持续的竞争力，促进其可持续发展。北京和天津与外部市场交流程度非常高，过于频繁的反馈过程会增加系统功能控制的不稳定性，过度交流的发展模式也是不可持续的。

第二，控制土地利用规模，适度使用自然资源。从㶲值投资率和㶲值自给率可以看出，在 2000～2016 年城市群城市社会生态经济系统发展的中后期，水资源与能源资源的短缺成为京津冀城市群经济发展的重要制约要素。严控建设用地增加和农业用地减少，对水资源和能源资源进行适度利用，发展绿色循环经济，有利于城市的可持续发展。

第三，提高城市生产效率，缓解城市系统环境压力。加大科技创新力度，提升京津冀城市群城市系统资源循环使用效率，减少污染物排放，缓解城市生态环境所承受的压力。

第五节　基于生态热力学途径的京津冀特大城市群"城市病"综合预估

一、"城市病"综合指数分析

在以综合指标来测度系统可持续发展能力的研究中，美国生态学家 Brown 和意大利生态学家 Ulgiati 在 1997 年提出了能值可持续指数 ESI(emergy sustainability index)，即系统净能值产出率（NEYR）与环境负载率（ELR）的比值。由于该指标难以反映系统能值产出的影响，陆宏芳等（2002）构建了系统能值可持续发展指标 EISD（emergy index of sustainable development），即净能值产出率（NEYR）和能值交换率（EER）的乘积与环境负载率（ELR）的比值。

Costanza（1992）在定义生态系统健康时，认为如果生态系统是稳定和可持续的，那么系统就是健康的。城市生态系统健康和可持续发展关系相近，两者均反映了生态系统为人类提供服务支持的功能。因此，在可持续发展指数的研究基础之上，刘耕源等（2008）构建了城市生态系统健康能值指数 EUEHI（emergy-based urban ecosystem health index），他选取了净能值产出率（NEYR）、能值交换率（EER）和环境负载率（ELR）分别代表系统的活力、组织结构和恢复力，用能值密度（EPD）和能值货币比（EMR）的比值来评定城市的服务功能维持能力。

Jiang 和 Chen（2011）构建了基于㶲值的系统动力模型（exergy-based system

dynamic model, ESD），她选取了总㶲值使用量（U_1）、㶲值密度（ED）、㶲值多样性（H）、㶲值自给率（SSR）、废弃物㶲值比（UW）和㶲值货币比（EER）共七个指标，从资源基础、资源利用结构和效率方面来预测城市系统的可持续发展水平。

能值分析和㶲值分析都隶属于生态热力学研究范围，数据来源相同，计算方法有一定的相似性，但其内涵与表达内容却又有所不同。因此，本研究构建了基于能值和㶲值的生态热力学指标来评价和诊断"城市病"。具体来说，以基于能值的净能值产出率和基于㶲值的经济生产效率指数来反映系统的活力；以能值交换率和㶲值自给率来反映系统的组织结构；以基于能值的环境负载率和废弃物㶲值比来反映系统的恢复力；以能值密度与能值货币比的比值、㶲值密度与㶲值货币比的比值和㶲值多样性来评定系统的服务功能维持。其中，能值密度与能值货币比的比值和㶲值密度与㶲值货币比的比值的单位为美元/km²，指标代表城市的"代谢单位浓度"或"收入密度"，反映了城市代谢提供服务的能力（刘耕源，2018）。然后运用熵值法来确定生态热力学指标的权重。京津冀城市群"城市病"评价生态热力学指标体系及权重如表 7-26 所示。

表 7-26 京津冀城市群"城市病"评价生态热力学指标体系及权重

生态热力学指标		权重
活力	净能值产出率	0.0750
	经济生态效率指数	0.1590
组织结构	能值交换率	0.1345
	㶲值自给率	0.0489
恢复力	环境负载率	0.0812
	废弃物㶲值比	0.2222
服务功能维持	能值密度与能值货币比的比值	0.1352
	㶲值密度与㶲值货币比的比值	0.0869
	㶲值多样性指数	0.0570

将生态热力学分析指标分为正向和负向两大类：正向指标是指该指标数值越大，城市病态程度越重，主要包括环境负载率和废弃物㶲值比两个指标；其他均为负向指标，即指标数值越大，城市越健康，城市病态程度越轻。对正向指标和负向指标分别进行集对分析，结合表 5-1 中的各指标权重，最后得到各城市 2000～

2016 年的"城市病"综合指数（表 7-27）。

表 7-27　2000～2016 年京津冀各城市"城市病"综合指数

年份	北京	天津	石家庄	唐山	秦皇岛	邯郸	邢台	保定	张家口	承德	沧州	廊坊	衡水
2000	0.66	0.68	0.53	0.57	0.30	0.49	0.47	0.49	0.41	0.38	0.45	0.46	0.38
2001	0.65	0.68	0.53	0.54	0.29	0.51	0.49	0.48	0.42	0.37	0.46	0.54	0.37
2002	0.64	0.68	0.52	0.54	0.33	0.51	0.55	0.47	0.40	0.39	0.47	0.59	0.47
2003	0.64	0.67	0.52	0.52	0.36	0.48	0.55	0.49	0.40	0.40	0.43	0.56	0.49
2004	0.63	0.68	0.55	0.53	0.36	0.50	0.49	0.51	0.41	0.44	0.48	0.53	0.57
2005	0.65	0.68	0.56	0.55	0.35	0.48	0.51	0.52	0.44	0.42	0.48	0.53	0.53
2006	0.66	0.69	0.55	0.55	0.37	0.49	0.53	0.56	0.47	0.43	0.50	0.55	0.56
2007	0.65	0.68	0.56	0.55	0.38	0.51	0.52	0.53	0.46	0.45	0.49	0.56	0.55
2008	0.65	0.67	0.55	0.57	0.36	0.49	0.53	0.60	0.45	0.47	0.49	0.59	0.56
2009	0.64	0.64	0.55	0.52	0.34	0.45	0.48	0.58	0.45	0.42	0.46	0.58	0.51
2010	0.64	0.65	0.53	0.54	0.35	0.46	0.50	0.61	0.39	0.43	0.48	0.58	0.56
2011	0.63	0.65	0.53	0.54	0.38	0.48	0.53	0.60	0.38	0.37	0.53	0.59	0.56
2012	0.63	0.65	0.63	0.52	0.35	0.44	0.54	0.59	0.40	0.36	0.52	0.57	0.57
2013	0.64	0.68	0.63	0.53	0.47	0.46	0.52	0.52	0.42	0.38	0.50	0.56	0.57
2014	0.64	0.68	0.66	0.56	0.46	0.46	0.54	0.57	0.41	0.42	0.53	0.54	0.58
2015	0.63	0.64	0.64	0.55	0.47	0.47	0.52	0.49	0.40	0.41	0.49	0.57	0.54
2016	0.62	0.66	0.64	0.54	0.45	0.42	0.48	0.45	0.39	0.39	0.43	0.56	0.49

　　从表 7-27 和图 7-23 中可以明显看出，京津冀城市群生态系统病态程度整体呈现先上升后下降的趋势，并且各城市差异明显。从城市群内部各城市来看，北京和天津从 2000 年的 0.66、0.68 缓慢下降至 2003 年的 0.64、0.67，然后又上升至 2007 年的 0.65、0.68，2007 年之后开始波动性下降，整体上呈现先下降后上升再下降的趋势。在 2000～2003 年，北京和天津随着经济发展的快速提升，城市为居民提供服务的能力越来越强，基于城市代谢流动来说，城市越来越健康。但随着城市的开发和对外依赖程度的提高，北京和天津的组织结构越发不合理，环境所承受的压力明显提升，空气污染和资源短缺等城市问题突显。自 2008 年奥运会之后，北京和天津产业结构的升级、污染企业的外迁等措施的实施使得城市环境问题得到有效的缓解，但"城市病"综合指数仍然较高，城市生态系统安全存在较大隐患。

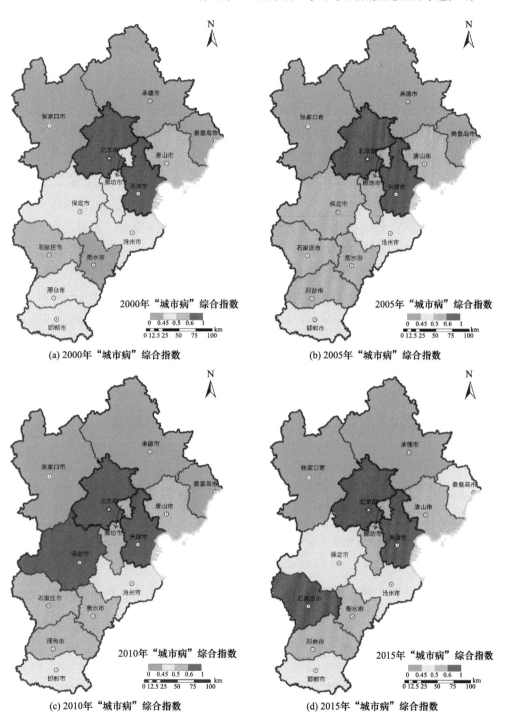

(a) 2000年"城市病"综合指数

(b) 2005年"城市病"综合指数

(c) 2010年"城市病"综合指数

(d) 2015年"城市病"综合指数

图 7-23 2000~2015 年京津冀城市群"城市病"综合指数

　　石家庄和唐山经济相对发达，但与北京和天津有一定差距。自 2000 年以来，这两城市系统的能量流动越来越强。随着资源的开发和工业的发展，对生态环境的影响程度也日益增高，致使其"城市病"综合指数也波动性升高。究其原因，主要是由于环境负荷率和废弃物烟值比等环境要素限制了城市社会生态系统的健康发展。

廊坊、邢台、保定、衡水、沧州和邯郸的城市社会生态系统健康程度处于京津冀城市群中间水平。这些城市的经济发展主要依赖于城市内部投入的不可再生资源，并且经济发展程度相对不高，产业结构中第二产业比重较大，但各城市之间的发展趋势略有差别。其中，保定、邢台和衡水在2000～2014年呈现上升趋势，2014年之后开始缓慢下降，表明城市社会经济在快速发展的同时也带来了相应的城市问题，同时产业结构的优化调整以及资源利用效率的提高，能够改善并促进城市社会经济生态系统健康的可持续发展。廊坊、邯郸和沧州在2000～2016年整体上呈现先上升后稳定的一个趋势。

城市社会生态系统相对健康的城市为张家口、承德和秦皇岛。这三个城市自然资源丰富，社会经济生态系统的恢复力很强，在2000～2016年波动幅度很小，城市状况相对健康。然而三个城市的能量流动非常有限，社会经济活力不足，经济发展相对落后。

根据京津冀城市群"城市病"综合指数和基于能值和烟值的单要素评价分析，以城市社会生态系统病态程度为依据把京津冀城市群划分为四类。具体分类结果如下：

Ⅰ类城市为张家口、承德和秦皇岛，城市能量流动相对小，"城市病"病征较弱，城市社会经济生态系统相对健康，可持续发展能力强；Ⅱ类城市为廊坊、邢台、保定、衡水、沧州和邯郸，这些城市经济发展一般，自给能力较强，有一定的环境负荷压力，"城市病"病征一般，具有一定的可持续发展能力；Ⅲ类城市为石家庄和唐山，这些城市经济活力强，环境负载率也很高，"城市病"程度较高；Ⅳ类城市为北京和天津，这些城市经济高度发达，对城市外部资源依赖性强，城市所承受的环境负荷压力也非常高，"城市病"最严重。

二、"城市病"多维度分析

根据表7-26中的指标和权重，借鉴集对分析方法的思想与算法，分别从城市社会生态系统活力、恢复力、组织结构和服务功能维持等四个维度，对2016年京津冀城市群各城市进行多维度分析，最终得到2016年各城市在四个维度上的具体表征（图7-24）。根据四个维度的相对情况，判断各城市发展中遇到的问题，从而为诊治和预防城市问题提供科学依据。

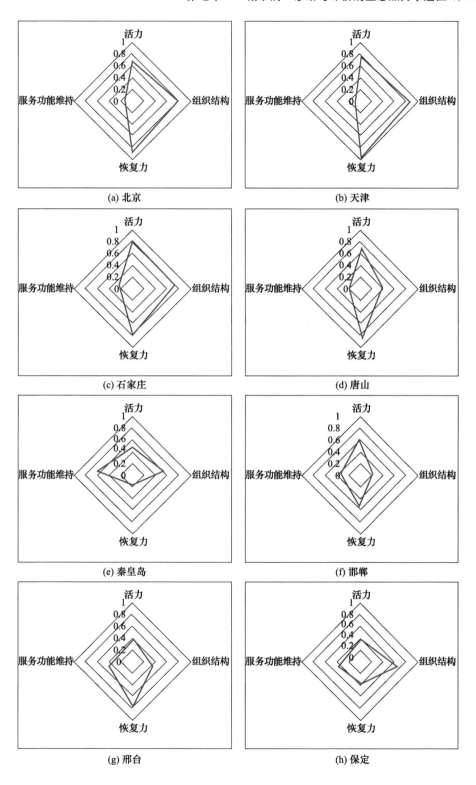

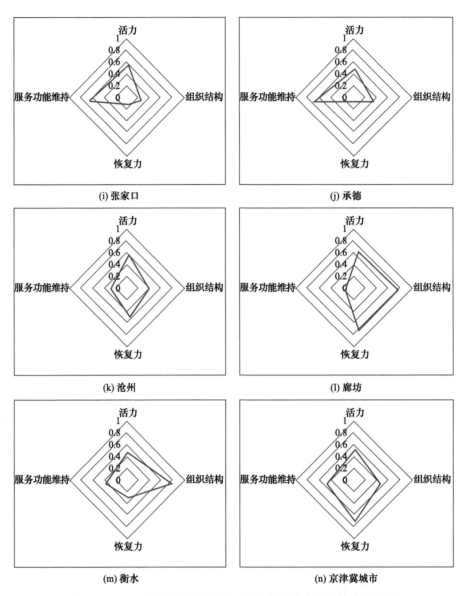

图 7-24　2016 年京津冀城市群"城市病"综合指数构成雷达图

从图 7-24 中可以看出，京津冀城市群各城市在四个维度的表现存有差异。采用 k 均值聚类，发现集群超过 4 个能保持结果的有效性。因此，对于 2016 年京津冀城市群各城市四个维度的指标值采用层次聚类法进行聚类分析，结果如下：

第一类城市包含北京、天津、石家庄和廊坊四个城市。这些城市具有较高的经济活力，社会生态系统中可获得服务较多，人均生活福祉水平高。但依赖于城市外部资源的投入较大，有较差的组织结构和较严重的环境问题。

第二类城市包含唐山、邯郸、邢台和沧州四个城市。这些城市第二产业比重较高，经济活力较高，而且有丰富的矿产资源，自给能力较强，属于典型的资源消耗型城市。但他们的社会生态系统提供的服务维持不高，过度的不可更新资源的开发和利用导致城市的生态环境脆弱。

第三类城市包含保定和衡水两个城市。这两个城市的经济发展水平一般，有较低的环境负载率和较弱的生态系统服务维持水平，但他们与外界交换的能力较强，调入资源量较大。

第四类城市主要是张家口、承德和秦皇岛。这三个城市有丰富的自然资源和良好的生态环境，同时他们的经济发展相对落后，生态系统提供给人们所使用的服务较少，居民生活水平有待提升。

三、生态热力学评估"城市病"主要结论

本章基于生态热力学角度，将能值和㶲值相结合，在活力、组织结构、恢复力和生态系统服务功能维持四个维度构建指标体系，在能值和㶲值分析的基础上，使用集对分析和聚类方法，对 2000～2016 年的京津冀城市群中的 13 个城市进行"城市病"的单要素评价和综合评估。论文主要结论如下。

（1）近 17 年来，京津冀城市群的总能值用量呈现先上升后下降趋势，从 2000 年的 7.04×10^{23} sej 增长至 2013 年 2.02×10^{24} sej，然后下降至 2016 年的 1.89×10^{24} sej，这说明京津冀城市群能值储量随着社会经济的发展速度而产生变化。相应地，2016 年的人均能值用量为 2.02×10^{16} sej/人，大约是 2000 年 0.98×10^{16} sej/人的 2.07 倍，反映出京津冀城市群社会生态系统服务功能维持不断提升，居民的生活水平越来越高。同时，京津冀城市群的环境负荷压力也呈现波动上升的趋势，环境负载率从 2000 年的 1.19 上升至 2015 年的 2.57，2016 年减缓至 2.38，这说明随着本地不可更新资源的开采和与外部市场输入与输出交流程度的升高，城市群所承受的环境压力日益剧增，生态环境恶化显著。

（2）近 17 年来，京津冀城市群的总㶲值用量呈现先上升后下降趋势，从 2000 年的 2.09×10^{20} sej 增长至 2013 年 6.93×10^{20} sej，然后下降至 2016 年的 6.11×10^{20} sej，拐点出现在 2013 年。相应地，京津冀城市群的代谢强度也不断增大，2016 年㶲值密度为 2.47×10^9 sej/m²，大约是 2000 年 0.77×10^9 sej/m² 的 3.17 倍，反映出京津冀城市群经济越发活跃，城市化水平大幅提升。同时，京津冀城市群社会经济生态系统稳定性呈现先上升后平稳的趋势，㶲值多样性指数从 2000 的 0.59 上升至 2005 年的 0.65，然后趋于平稳，这表明随着与外部城市交流程度的加深，㶲流类型的增加提升了社会经济生态系统的稳定性，但整体上指数并不高，社会经济生态系统并不稳定。

（3）依据能值和㶲值指标的时间变化趋势分析可知，在 2000～2016 年，京津冀城市群整体上社会生态系统的物质、能量和信息流动量越来越大，但不同阶段

发展趋势有所不同。"九五"至"十一五"期间,京津冀城市群经济成长速度非常快,工业化程度越来越高,城市社会经济活力不断提升,同时在城市内部产生越来越多的经济活动副产物,导致环境污染加剧,环境负荷压力增大;"十二五"之后,为了加强对自然资源的保护与改善,产业结构调整与升级和环保标准的提高,使京津冀城市群环境承受的压力有所缓解,但也在一定程度了减缓了经济增速。

(4)基于生态热力学能值和㶲值指标的京津冀城市群"城市病"状态可分为四类:Ⅰ类城市为张家口、承德和秦皇岛,这些城市能量流动相对小,"城市病"病征较弱,城市社会经济生态系统相对健康,可持续发展能力强;Ⅱ类城市为廊坊、邢台、保定、衡水、沧州和邯郸,这些城市经济发展一般,自给能力较强,有一定的环境负荷压力,"城市病"病征一般,具有一定的可持续发展能力;Ⅲ类城市为石家庄和唐山,这些城市经济活力强,环境负载率也很高,"城市病"程度较高;Ⅳ类城市为北京和天津,这些城市经济发展高度发达,对城市外部资源依赖性强,城市所承受的环境负荷压力也非常高,"城市病"最严重。

(5)根据京津冀城市群"城市病"的四个维度可划分为四种发展模式:第一类城市为北京、天津、石家庄和廊坊,这些城市属于资源进口型,经济活力强,对外依赖程度最高,环境负荷压力较大,服务维持能力最强;第二类城市为唐山、邯郸、邢台和沧州,这些城市属于资源消耗型,经济活力较强,自给能力较高,环境负荷压力非常大,服务维持能力较高;第三类城市为保定和衡水,经济活力一般,对外交流程度较高,环境负荷压力小,服务维持能力一般;第四类城市为张家口、承德和秦皇岛,经济活力较差,自给能力较高,环境负荷压力最小,服务维持能力最差。

(6)依据能值能量层级理论和最大㶲值功率原理,结合能值分析和㶲值分析,以城市生态系统健康为目标,提出以下京津冀城市群发展策略建议:调整优化产业结构,推动产业转型升级;调整能源利用结构,提升能源利用效率;加强污染防治,改善生态环境质量;加强城市能量之间的交流,促进城市的可持续发展;控制土地利用规模,适度使用自然资源。

值得说明的是,上述基于能值和㶲值表征的京津冀城市群社会生态系统发展动态和特征是一个城市群的平均态,实际上各个城市之间存在着较大的异质性,这可以从不同城市具有不同的能值和㶲值的趋势和均值得以体现。为了实现京津冀城市群的协同发展,区域发展政策的制定和实施必须考虑各个城市之间的异质性。

第八章 "城市病"诊断与评价的系统统计学途径

本章从系统统计学途径出发，基于生态足迹的理论和方法，发展了基于三维生态足迹模型测度京津冀城市群可持续发展状况的技术方法，从对比人类对生态系统的占用与自然承载力之间的差距角度实现对"城市病"的诊断和评价。

第一节 生态足迹模型基本原理

一、传统生态足迹分析

生态足迹概念为1992年加拿大生态经济学者 William Rees 所提出并由他的博士生 Wackernagel 逐渐完善的（Wackernagel et al., 1996）。生态足迹被 William Rees 形象地比喻为"一只负载着人类与所创造的城市、工厂的巨脚踏在地球上留下的脚印"（Rees, 1992）。任何已知人口（一个人、一个城市或一个国家）的生态足迹是指生产这些人口所消费的所有资源和吸纳这些人口所产生的所有废弃物所需要的生物生产总面积（包括陆地和水域）。生态足迹通过核算维持人类活动消费的自然资源和吸纳人类活动产生的废弃物所需的生物生产性土地面积大小，与自然生态系统所提供的生态承载力相比较，定量地判断研究区域的可持续发展状态（Wackernagel et al., 2002）。

生态足迹核算建立在两个前提下（徐中民等，2000；许月卿，2007），一是人类可以确定自身消费的绝大多数资源及其所产生的废弃物数量；二是这些资源和废弃物流能转换成相应的生物生产土地面积，假设所有类型的物质消费、能源消费和废水处理都需要一定的土地面积和水域面积。

个人的生态足迹是生产个人所消费的各种商品所需的生物生产土地面积的总和（式8-1）。总的生态足迹是人均生态足迹乘以人口数（式8-2）。人类利用资源的能力是动态变化的，因此人均生态足迹也是变化的。

$$\text{EF} = N \times \text{ef} \tag{8-1}$$

式中，EF为区域生态足迹（hm²）；N为人口数；ef为人均生态足迹（hm²/人）。

$$\text{ef} = \sum(\text{aa}_i) = \sum(C_i/p_i) \tag{8-2}$$

式中，aa_i 为人均第 i 种交易商品折算的生物生产面积（hm²/人）；C_i 为第 i 种商品的人均消费量（kg/人）；p_i 为第 i 种商品的平均生产能力（kg/hm²）。

与生态足迹相对的是生态承载力模型，如式（8-3）和式（8-4）所示：

$$ec = \sum (a_i \times r_i \times y_i) \tag{8-3}$$

$$EC = (1 - 0.12) \times ec \times N \tag{8-4}$$

式中，ec 为人均生态承载力供给（hm²/人）；a_i 为人均占有的第 i 类生物生产土地面积（hm²/人）；r_i 为均衡因子；y_i 为产量因子。EC 为区域生态承载力（hm²），N 为区域人口数量。根据世界环境发展委员会报告，生态承载力计算时应扣除 12% 作为生态系统中生物多样性保护的面积。

通过生态足迹与生态承载力的比较可以计算生态盈余或生态赤字。当 EF>EC 时为生态赤字，表明区域生态不可持续；当 EF<EC 时为生态盈余，表明区域生态可持续。

Wackernagel 等（2002）应用生态足迹模型对世界上 52 个国家和地区 1993 年的生态足迹进行了计算，结果表明，要维持目前的消费水平，每个普通加拿大人需要近 7 hm² 生物生产土地面积和 1 hm² 生物生产海域面积（折换后共计 7.7 hm²），目前人均生态承载力供给是 9.6 hm²，尚盈余 1.9 hm²。普通美国人的生态足迹为 10.3 hm²，但其人均生态承载力供给为 6.7 hm²，其人均生态赤字为 3.6 hm²；普通中国人的人均生态足迹为 1.2 hm²，其人均生态承载力供给仅为 0.8 hm²，人均生态赤字为 0.4 hm²。

二、改进的生态足迹模型

自生态足迹概念提出以来，生态足迹模型得到不断的修正和发展。在生态足迹核算账户扩展方面，除了传统的生态足迹，碳足迹（Wiedmann and Minx, 2008）、水足迹（Hoekstra, 2003）等足迹指标相继提出，推动足迹研究向多指标的集成整合演进（方恺，2015a）。不同尺度的足迹研究也发展了不同的研究方法。在微观尺度上，与生命周期（life cycle assessment）分析结合，克服了传统生态足迹只研究消费者的缺陷，通过考虑整个产品生命链的生态足迹，分析整个供应链对环境造成的影响（Zhang et al., 2010）。在全球和国家尺度上，与投入产出分析（IOA）方法相结合，分析不同区域间商品贸易中隐含的足迹流向，追踪某种产品或服务在全球或区域供应链上的环境影响（周涛等，2015）。

在生态足迹模型改进方面，Zhao 等（2005）率先把能值分析引入到生态足迹中，采用能值转换率、能值密度等作为参数，将各消费项目的太阳能值换算成相对应的生物生产性土地面积，与生态承载力比较从而确定其可持续发展状况。Xie 等（2014）引入生态足迹距离概念，对北京市食物生态足迹的扩展进行测算，结果显示，北京市 2008～2012 年食物生态足迹距离从 567 km 增长到 677 km，城市对外部生态资源的依赖范围持续增大，依赖程度也持续上升。Burkhard 等（2012）提出生态系统服务足迹模型，之后一些学者遵循该概念框架，构建了不同的服务足迹计算模型，探究区域可持续状态（Gao et al., 2014；焦雯珺等，2014）。为明确区分存量资本和流量资本，Niccolucci 等（2009, 2011）构建了三维生态足迹模型，通过引入足迹深度和足迹广度两项新指标，表征人类对自然资本存量和流量的利用水平。

三、三维生态足迹模型

在三维生态足迹模型中，足迹广度表征人类占用自然资本流量的水平。由于资本流动不会减少财富总量（Hicks, 1946），足迹广度并不损害生态系统的可持续性。足迹深度表征了人类消耗自然资本存量的程度，资本存量是否减少及减少的程度作为判断可持续性强弱的基本依据。三维生态足迹通过模型增维，实现了对自然资本存量和流量的分类测度，关注了资源消费与资源再生之间的不同步性，增强了不同区域、不同时期之间的结果可比性，在可持续评价上具有先进性（方恺和 Reinout，2012a）。与此同时，方恺和 Reinout（2012a, 2013a）针对三维足迹计算中不同类型生态赤字可能因累加而抵消并影响足迹深度真实性的缺陷，提出了改进的三维足迹模型，并应用于省际（方恺和李焕承，2012b）和国家尺度分析中（方恺等，2013b，2014，2015b）。实证研究方面，Peng 等（2015）构建了自然资本可持续利用多维评估框架，定量分析了北京市自然资本可持续利用情况。随后，又有学者基于三维生态足迹模型对京津冀城市群和张家口市开展了可持续性评价（杜悦悦等，2016；刘超等，2016；Fang et al., 2018）。一些学者则重点关注区域自然资本动态变化（秦超等，2016；刘海燕等，2017；马维兢等，2017），并尝试通过偏最小二乘回归等方法识别三维生态足迹变化的驱动因子（胡美娟等，2015；张星星和曾辉，2017）。然而，基于三维生态足迹的可持续发展研究还存在以下不足：生态足迹指标仍具有较强的生态偏向性，对于城市这一复杂的社会-经济-生态系统其他方面的测度存在不足；当前的研究或是关注自然资本动态变化，或是评价区域可持续性，或是识别足迹变化的驱动因子，缺乏对未来的趋势预测和情景模拟，而这恰恰是城市管理者和决策者最关心的问题。

三维生态足迹模型是在经典的二维生态足迹模型（Rees, 1992）基础上发展而来的。经典的二维生态足迹被视为一个平面，通过与生态承载力大小的比较得到区域自然资本利用情况。三维生态足迹被视为一个柱体，由足迹广度和足迹深度相乘得到（Niccolucci et al., 2007）。足迹广度是指在区域生态承载力限度内，实际所占用的生物生产性土地的面积，用来表征人类占用自然资本流量的水平，具有空间概念；足迹深度表征了人类消耗自然资本存量的程度，它可以等价为以下两层含义：一是需要多少倍的区域土地才能支撑当前区域人口的资源消费量；二是需要多少年才能再生该区域人口一年的资源消费量，具有时间概念（方恺，2013a）。三维生态足迹模型通过引入足迹广度和足迹深度两个指标实现了对二维生态足迹模型的拓展。

方恺和 Reinout（2012a）改进的三维生态足迹模型，利用地类水平的三维足迹指标得到区域水平的三维生态足迹。计算公式如式（8-5）至式（8-7）：

$$EF_{size, region} = \sum_i^n EF_{size, i} = \sum_i^n \min\{EF_i, BC_i\} \qquad (8-5)$$

$$EF_{depth, region} = 1 + \frac{\sum_i^n \max(EF_i - BC_i, 0)}{(1-12\%) \times \sum_i^n BC_i} \qquad (8-6)$$

$$EF_{3D, region} = EF_{size, region} \times EF_{depth, region} \qquad (8-7)$$

式中，$EF_{size, region}$ 为区域足迹广度；$EF_{size, i}$ 为 i 地类足迹广度；EF_i 为 i 地类的生态足迹（已均衡）；BC_i 为 i 地类的生态承载力（已均衡）；$EF_{depth, region}$ 为区域足迹深度；（1–12%）指扣除 12% 的生物多样性保护土地面积；$EF_{3D, region}$ 为区域三维生态足迹。

根据生态足迹的理论和方法，同时考虑数据可得性，本研究中生态足迹账户分为生物资源消费、建设用地消费、化石能源消费 3 个部分。

足迹广度基尼系数是借鉴经济学中基尼系数的概念所提出的衡量区域内部人均自然资本流量占用公平程度的指标。采用矩形面积法（徐万坪，2004）计算足迹广度基尼系数的公式如式（8-8）：

$$G_{EF_{size}} = \sum_j^n (\lambda_{EF_{size, i}} \times \sum_i^n \lambda_{pop, i}) - \sum_i^n \lambda_{EF_{size, i}} \times \sum_i^n \lambda_{pop, i}^{-1} \qquad (8-8)$$

式中，$G_{EF_{size}}$ 为足迹广度基尼系数；$\lambda_{EF_{size, i}}$ 为 i 次区域足迹广度占整个区域足迹广度的比例；$\lambda_{pop, i}$ 为 i 次区域人口数占整个区域人口总数的比例；$\sum_i^n \lambda_{pop, i}$ 为 $1 \sim i$ 次区域人口数占整个区域人口总数的累积比例。$G_{EF_{size}} \leq 0.2$ 表示高度均衡；$0.2 < G_{EF_{size}} \leq 0.3$ 表示较为均衡；$0.3 < G_{EF_{size}} \leq 0.4$ 表示相对合理；$0.4 < G_{EF_{size}} \leq 0.5$ 表示较为不均衡；$G_{EF_{size}} > 0.5$ 表示高度不均衡。研究城市群内部人均自然资本流量占用公平程度时，次区域可以市为单位进行划分。

第二节 基于三维生态足迹的可持续发展评价与分析

为了有效诊断特大城市群地区可持续发展状态，探究如何根据区域特点选择差异化的区域管理模式以更好地实现可持续发展，以京津冀城市群为例，将研究时点设定为 2005 年、2015 年和 2025 年展开基于三维生态足迹的可持续发展评价与分析。首先，根据可持续发展的内涵，基于三维生态足迹理论构建"可持续-效率-公平"多维度的可持续发展评价框架和指标体系；其次，核算京津冀城市群各城市 2005 年和 2015 年三维生态足迹，进行城市群可持续发展评价和动态分析。根据评价结果，采用系统聚类方法对京津冀城市群地区可持续发展状态进行分类；再次，设定不同的人口、碳排放、土地利用情景，探究不同情景下 2025 年京津冀各城市及城市群可持续发展情况，并进行权衡分析；最后，为京津冀城市群可持续发展提供合理的政策建议。

一、可持续发展评价体系构建

城市系统是由人、自然、社会经济组成的复杂系统，三者之间的相互关系构成了可持续发展的不同维度（图 8-1）。可持续维度体现的是人与自然的关系，它要求人类活动对大自然的需求在自然承载力范围内。效率体现的是自然与社会经济的关系，它要求单位资源消耗或环境污染产生的社会经济效益尽可能大。公平维度体现的是人与社会经济的关系，它要求资源在社会经济活动中得到合理分配。城市系统的复杂性使得诊断城市可持续发展状态需要一系列指标从不同维度综合反映（Velasco-Fernández et al., 2015）。

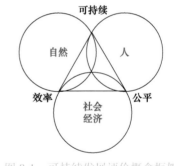

图 8-1 可持续发展评价概念框架

本研究基于三维生态足迹模型，构建了可持续发展评价指标体系（表 8-1）。可持续维度方面，人均足迹广度反映人均自然资本流量占用水平，资源丰富、人口密度小的地区人均足迹广度较大，反之较小；足迹深度反映人类消耗自然资本存量的程度，其值越大表示人类消耗的自然资本存量越大，可持续性越弱；效率方面，生态利用效率反映消耗单位三维生态足迹所产生经济效益的大小，其值越大表示生态利用效率越高。公平方面，足迹广度基尼系数反映区域内人均自然资本流量占用均衡程度，其值越小表示均衡程度越高，$G_{EF_{size}} \leq 0.2$ 表示高度均衡；$0.2 < G_{EF_{size}} \leq 0.3$ 表示较为均衡；$0.3 < G_{EF_{size}} \leq 0.4$ 表示相对合理；$0.4 < G_{EF_{size}} \leq 0.5$ 表示较为不均衡；$G_{EF_{size}} > 0.5$ 表示高度不均衡；足迹深度变异系数反映不同区域自然资本存量消耗的离散程度，其值越大表示不同区域对自然资本存量消耗的差异越大。

表 8-1　基于三维生态足迹的可持续发展评价指标体系

指标	缩写	维度	计算公式	单位
人均足迹广度	$ef_{size,region}$	可持续	$ef_{size,region} = EF_{size,region}/population$	$ghm^2/人$
足迹深度	$EF_{depth,region}$	可持续	式（8-6）	—
生态利用效率	EEF	效率	$EEF=GDP/EF_{3D,region}$	元$/ghm^2$
足迹广度基尼系数	$G_{EF_{size}}$	公平	式（8-8）	—
足迹深度变异系数	$CV_{EF_{depth}}$	公平	$CV_{EF_{depth}} = \sigma_{EF_{depth,region}}/\overline{EF}_{depth,region}$	—

二、京津冀城市群情景设定

伴随着京津冀城市群的快速发展，各城市间发展不均衡、人地关系不协调、环境污染严重等问题日益凸显。北京作为我国的首都，对人口的吸引力强而对周边的带动效应弱，同时面临人口规模超过区域承载能力的问题。冀中南平原是我国主要的粮食和经济作物生产基地，在快速城镇化的过程中肩负着保证粮食安全的任务。冀西北地区作为生态涵养区，一直以来将生态保护作为政策制定的主要着眼点，但环京贫困带的存在是当地发展的难题。冀东沿海和天津滨海是重要的港口和制造业基地，同时也存在着能源利用效率低下、碳排放量大等问题。基于此，探究不同发展情景下京津冀城市群各城市在可持续、效率、公平维度上的表现，并在权衡下做出政策选择，对于建设可持续发展的世界级城市群，具有重要的现实意义。

1. 人口情景的设定和模拟

根据当前的人口政策导向，设定以下两个人口情景：

现状延续情景：京津冀城市群各城市延续当前的人口增长趋势。

人口调控情景：根据《北京城市总体规划（2016 年—2035 年）》，北京实行人口调控政策，常住人口规模 2020 年以后长期稳定在 2300 万，天津和河北作为疏解人口的集中承载地。

通过绘制京津冀城市群各城市 1993～2015 年常住人口的散点图发现，北京和天津人口增长呈现"S"形，而其他城市人口呈线性增长。故采用 logistic 模型预测北京和天津现状延续情景下的常住人口，其他城市运用线性回归模型进行预测。在人口调控情景中，北京现状延续情景下人口超过 2300 万的部分按照北京到其他城市的直线距离加权分配给其他城市。不同情景下京津冀城市群各城市 2025 年常住人口见表 8-2。

表 8-2 不同情景下京津冀城市群各城市 2025 年常住人口（单位：万人）

情景	北京	天津	石家庄	唐山	秦皇岛	邯郸	邢台	保定	张家口	承德	沧州	廊坊	衡水
现状延续	2679	1755	1181	831	337	1020	780	1214	489	400	789	504	463
人口调控	2300	1771	1221	854	377	1082	833	1235	513	426	817	511	502

2. 土地利用情景的设定和模拟

根据当前京津冀城市群土地利用政策导向，设定以下三个土地利用情景：

现状延续情景：京津冀城市群各城市土地利用需求不会受到较大规模的政策调整的影响，以 2005～2015 年土地利用变化率为未来土地利用变化速率，进行未来土地利用情景模拟。

粮食安全情景：重点保护耕地，严格控制耕地向其他用地转变。

生态保护情景：在严格保护林地、草地和水域等生态用地的同时，加强耕地和未利用地向生态用地的转变。

基于马尔可夫理论，构建以上 3 种情景下的土地利用转移概率矩阵，模拟不同情景下京津冀城市群各城市的土地利用情况（表 8-3～表 8-5）。

表 8-3 现状延续情景下京津冀城市群各城市 2025 年土地利用情况（单位：hm²）

城市	耕地	林地	草地	水域	建设用地	未利用地
北京	404790	727097	109496	31449	406186	197
天津	678210	31804	10202	178728	326178	1762
石家庄	677003	157965	281010	19159	289519	3590
唐山	704390	120367	120413	50866	419048	1242
秦皇岛	268209	287363	106440	33015	108965	1324
邯郸	758315	13862	179271	13764	256342	62
邢台	795865	88883	110132	5530	256663	8630
保定	952030	340571	521409	46998	399211	1329
张家口	1781099	725847	900949	43477	219255	66910
承德	768653	1868461	1227898	49372	123717	8982

续表

城市	耕地	林地	草地	水域	建设用地	未利用地
沧州	1108552	1629	69	125631	200474	10525
廊坊	466776	6418	1472	4667	178124	0
衡水	727142	11	716	2876	170908	0

表 8-4　粮食安全情景下京津冀城市群各城市 2025 年土地利用情况（单位：hm²）

城市	耕地	林地	草地	水域	建设用地	未利用地
北京	417390	723947	106346	28299	403037	196
天津	683657	31689	10080	176425	323876	1157
石家庄	683911	156618	278508	18655	287018	3536
唐山	710964	118753	118799	49251	417434	1124
秦皇岛	273312	285999	105077	32064	107604	1260
邯郸	762519	13217	178571	13709	253538	62
邢台	800097	88304	109552	5228	253983	8540
保定	964505	337508	516768	46869	394570	1327
张家口	1800666	720470	895571	42893	213878	64058
承德	801145	1857766	1217203	49001	113022	8947
沧州	1111559	1591	69	124492	199325	9843
廊坊	468319	6365	1443	4644	176688	0
衡水	728695	11	693	2853	169401	0

表 8-5　生态保护情景下京津冀城市群各城市 2025 年土地利用情况（单位：hm²）

城市	耕地	林地	草地	水域	建设用地	未利用地
北京	401494	723802	106200	28153	419369	193
天津	674080	31689	10080	174598	335281	1747
石家庄	673799	154828	277806	16798	301492	3590
唐山	701787	117765	117810	48263	429576	1226

续表

城市	耕地	林地	草地	水域	建设用地	未利用地
秦皇岛	266325	285479	104556	31543	116152	1300
邯郸	753609	13217	174565	13709	266455	62
邢台	793111	86197	107446	5228	267288	8630
保定	946433	334973	515811	44334	418671	1320
张家口	1772494	717243	892344	39666	254958	66142
承德	756174	1855982	1215419	47217	163344	8805
沧州	1096597	1591	69	125148	212976	10498
廊坊	465045	4688	1443	2966	183316	0
衡水	719658	11	693	2853	178438	0

3. 碳排放情景的设定和模拟

根据《巴黎协定》中国政府为应对全球气候变化作出的承诺，设定以下两个碳排放情景：

现状延续情景：京津冀城市群各城市 2025 年碳强度水平与 2015 年保持一致。

节能减排情景：京津冀城市群各城市 2025 年碳强度水平与 2015 年相比减少 45%。

其中，碳强度指单位 GDP 的二氧化碳排放量，2025 年京津冀城市群各城市不同情景下碳强度见表 8-6。碳强度乘以 2025 年 GDP 总量即可得到当年碳排放总量。采用趋势外推法预测 2025 年京津冀城市群各城市 GDP 总量，研究中的 GDP 均采用 2005 年不变价。

表 8-6　不同情景下京津冀城市群各城市 2025 年碳强度　　（单位：t/万元）

情景	北京	天津	石家庄	唐山	秦皇岛	邯郸	邢台	保定	张家口	承德	沧州	廊坊	衡水
现状延续	0.54	1.03	2.63	3.01	1.93	2.42	2.31	2.94	2.42	3.05	2.63	3.12	2.32
节能减排	0.29	0.57	1.45	1.66	1.06	1.33	1.27	1.62	1.33	1.68	1.44	1.72	1.27

4. 生物资源消费量的预测

区域人均生物资源消费量与地区居民消费水平密切相关，因此，本研究通过预测 2025 年居民消费水平来预测人均生物资源消费量。假定人均生物资源消费量与居民消费水平之间的弹性系数为 1，即消费水平增加一倍，人均生物资源消费量也增加一倍。

将 2000～2015 年北京、天津、河北的居民消费水平均调整为 2000 年不变价，绘制散点图发现，三个地区的居民消费水平呈指数增长趋势。运用最小二乘法求解模型系数，得到最终的指数模型如图 8-2 所示。三个方程拟合优度都达到 0.99 以上，并在 $\alpha=0.01$ 置信水平下均通过了 F 检验和 t 检验。通过指数模型模拟得到，2025 年北京、天津、河北消费水平分别是 2015 年的 2.46、2.64 和 2.86 倍，因此，2025 年北京、天津、河北人均生物资源消费量分别为 2015 年的 2.46、2.64 和 2.86 倍。用京津冀各城市 2025 年人均资源消费量乘以相应人口情景下的人口数，即可得到各城市 2025 年生物资源消费总量。

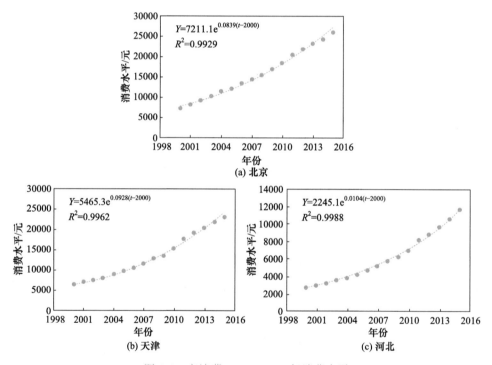

图 8-2　京津冀 2000～2015 年消费水平

第三节　基于三维生态足迹的京津冀城市群可持续发展评价结果

一、可持续性评价结果

足迹广度表征人类占用自然资本流量的水平，反映区域自然资本流动性的强弱。2005 年和 2015 年京津冀 13 个城市足迹广度及构成如图 8-3 所示。从数量上来看，秦皇岛、承德、张家口、沧州、衡水足迹广度有所减少，表明这些城市人类占用自然资本流量的水平在下降，而其他城市足迹广度有所增加，对自然资本流量的占用程度在增加。从构成上来看，各城市耕地足迹广度占足迹广度的比重最大，表明农业依旧是京津冀城市群最主要的自然资本流量利用方式。建设用地足迹广度次之，林地、草地、水域足迹广度占比较小。与 2005 年相比，2015 年耕地足迹广度占比有所减少，建设用地足迹广度占比有所增加，林地、草地、水域足迹广度占比变化较小。

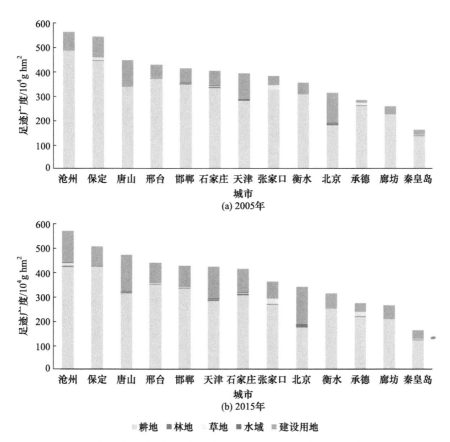

图 8-3 京津冀城市群 13 个城市 2005 年和 2015 年足迹广度及构成

人均足迹广度表征人均占用自然资本流量的水平，与区域人口密度、资源禀赋有关。2005 年和 2015 年京津冀 13 个城市人均足迹广度大小与排序如图 8-4 所示。张家口、衡水、承德、沧州人均足迹广度较高，石家庄、天津、北京人均足迹广度较低。与 2005 年相比，2015 年京津冀 13 个城市人均足迹广度均有所减少，这反映了京津冀城市群当前正在面临资源日益短缺问题，且人均足迹广度高值区和低值区减少更为明显，均在 10% 以上。对比方恺（2014）对 2008 年人均足迹广度的核算（全球 1.7 g hm²、中国 0.87 g hm²、俄罗斯 4.4 g hm²、加拿大 6.24 g hm²、日本 0.58 g hm²、印度 0.37 g hm²），可以看到京津冀 13 个城市 2005 年和 2015 年的人均足迹广度远小于 2008 年俄罗斯和加拿大的人均足迹广度，也小于全球和中国平均水平。2015 年京津冀城市群平均人均足迹广度与 2008 年的日本持平。

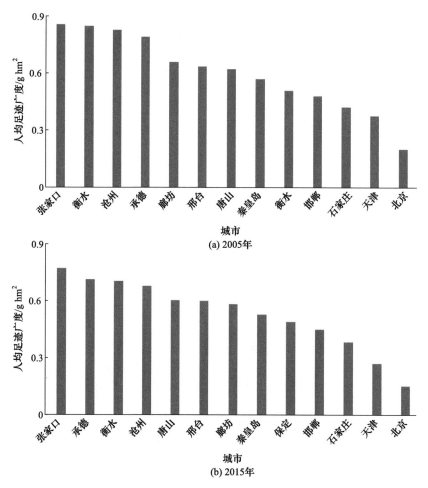

图 8-4　京津冀城市群 13 个城市 2005 年和 2015 年人均足迹广度大小及排序

　　足迹深度表征了人类消耗自然资本存量的程度，自然资本存量是否减少及减少的程度是判断可持续性强弱的基本依据。2005 年和 2015 年京津冀城市群 13 个城市足迹深度（图 8-5）均大于原长 1。2005 年足迹深度排序为：北京>天津>唐山>石家庄>邯郸>廊坊>秦皇岛>沧州>保定>邢台>衡水>承德>张家口，2015 年足迹深度排序为：天津>唐山>北京>石家庄>廊坊>邯郸>沧州>保定>秦皇岛>邢台>衡水>承德>张家口。与 2005 年相比，2015 年京津冀城市群所有城市的足迹深度均有所增加，表明城市群整体的可持续性减弱。其中，廊坊、天津、唐山足迹深度增长超过 50%，北京、邢台增长最少，增长率不足 10%。对比方恺等（2013b，2014）对不同国家足迹深度的核算，2005 年京津冀城市群只有张家口和承德的足迹深度低于 2005 年中国平均水平（2.68），2015 年天津、唐山、北京、石家庄、廊坊的足迹深度均超过了 2008 年日本的足迹深度（8.18）。

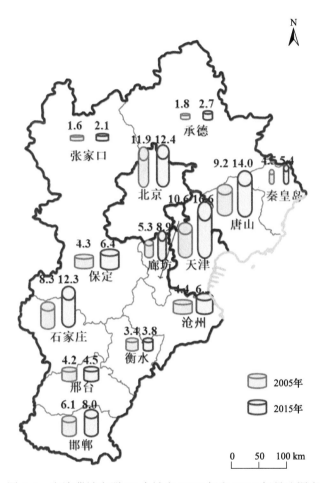

图 8-5　京津冀城市群 13 个城市 2005 年和 2015 年足迹深度

　　剪刀差可以表征某时刻两种变化趋势之间的差异程度，剪刀差越大表明两者变化差异越大（Yue et al.，2006），通过计算剪刀差分析京津冀城市群各城市足迹深度与足迹广度变化趋势的差异性。京津冀城市群足迹广度和足迹深度的剪刀差平均值为 0.354，相对较低，大多数城市表现为足迹广度和足迹深度同时增长。相比而言，廊坊、沧州的剪刀差较高，分别为 0.572 和 0.565，足迹深度和足迹广度变化趋势差异性较大，表明这两个城市在自然资本流量不变或减少的背景下，越来越多的存量资本被动用以维持自身发展。

通过足迹深度与人均足迹广度的四象限分析发现（图8-6），与2005年相比，2015年京津冀城市群平均足迹深度增加，平均人均足迹广度减少。在两个年份中，绝大多数城市所处的象限没有发生改变：唐山所处的象限足迹深度大、人均足迹广度大，北京、天津、石家庄、邯郸所处的象限足迹深度大和人均足迹广度小，秦皇岛、保定所处的象限足迹深度小、人均足迹广度小，邢台、沧州、衡水、承德、张家口所处的象限足迹深度小、人均足迹广度大。廊坊则从足迹深度小和人均足迹广度大的象限移动到足迹深度大和人均足迹广度大的象限。

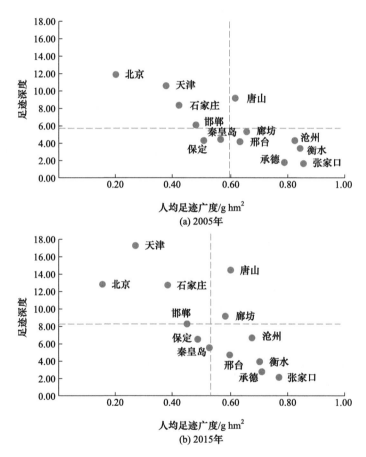

图 8-6　2005年和2015年京津冀城市群足迹深度和人均足迹广度的四象限分析

二、效率评价结果

效率是测度可持续发展的一个重要维度。传统生态足迹研究往往忽视普遍存在的区域功能差异和区域比较优势，进而得出"经济越发达越不可持续"的悖论，事实上贫穷才是最大的不可持续发展（赵志强等，2008）。本研究通过消耗单位三维生态足迹所产生经济效益的大小来衡量京津冀城市群各城市生态利用效率的高低。从表 8-7 中可以看到,与 2005 年相比,2015 年京津冀城市群 13 个城市生态利用效率均有所提高,其中衡水、邢台、天津、张家口、北京增长较快,增长率超过 120%。相对排名方面,生态利用效率较高的北京、天津、张家口、承德、秦皇岛排名没有变化,衡水、沧州、邯郸、邢台排名有所上升,而石家庄、唐山、保定、廊坊的排名有所下降。对比方恺(2014)对 2008 年世界各国生态利用效率的核算(全球 2.37 万元/ghm^2、中国 1.08 万元/ghm^2、美国 5.22 万元/ghm^2、加拿大 4.98 万元/ghm^2、印度 0.87 万元/ghm^2),可以发现京津冀城市群生态利用效率较低,2015 年只有北京的生态利用效率接近 2008 年加拿大的水平,只有排名前五名的城市超过了 2008 年中国的平均水平,唐山、保定、廊坊尚未达到 2008 年印度的生态利用效率水平。

表 8-7 京津冀城市群 13 个城市 2005 年和 2015 年生态利用效率

2005 年			2015 年			排名变化
排名	城市	生态利用效率/(万元/ghm^2)	排名	城市	生态利用效率/(万元/ghm^2)	
1	北京	1.86	1	北京	4.15	—
2	天津	0.93	2	天津	2.14	—
3	张家口	0.68	3	张家口	1.53	—
4	承德	0.67	4	承德	1.43	—
5	秦皇岛	0.62	5	秦皇岛	1.33	—
6	石家庄	0.50	6	衡水	1.03	↑
7	唐山	0.49	7	沧州	0.98	↑
8	保定	0.44	8	石家庄	0.94	↓
9	廊坊	0.44	9	邯郸	0.91	↑
10	邯郸	0.43	10	邢台	0.89	↑
11	沧州	0.43	11	唐山	0.86	↓
12	衡水	0.42	12	保定	0.78	↓
13	邢台	0.37	13	廊坊	0.76	↓

三、公平性评价结果

本研究采用足迹广度基尼系数反映区域内人均自然资本流量占用的不公平

程度。图 8-7 展现的是 2005 年和 2015 年京津冀城市群足迹广度洛伦兹曲线。2005 年和 2015 年京津冀城市群的足迹广度基尼系数分别为 0.220 和 0.252，均在 0.2～0.3 范围内，表明 2005 年和 2015 年京津冀城市群人均自然资本流量占用较为均衡，但随着城市群中心城市人口不断集聚，区域内部人均自然资本流量占用不公平程度有所上升。

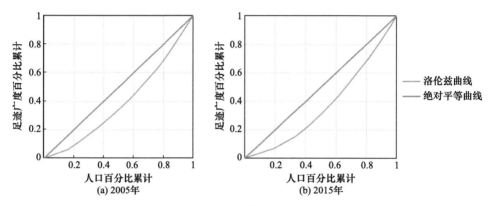

图 8-7　2005 年和 2015 年京津冀城市群足迹广度洛伦兹曲线

2005 年和 2015 年京津冀城市群足迹深度的变异系数分别为 0.555 和 0.576，与 2005 年相比，2015 年京津冀城市群足迹深度离散程度变大，表明京津冀城市群不同城市对自然资本存量消耗的差距在变大。

四、可持续发展状态分类结果

选取人均足迹广度、足迹深度、生态利用效率作为聚类指标，并采用 Z 得分法进行数据标准化，选择平方欧氏距离作为度量标准，选择组间连接作为聚类方法，得到京津冀城市群可持续发展状态谱系聚类图（图 8-8）。图中横轴表示距离，纵轴表示样本。聚类结果显示，当并类的距离为 5 时，京津冀城市群可持续发展状态可分为 4 类：第一类包含张家口、承德、秦皇岛，第二类包含北京和天津，第三类包含保定、廊坊、沧州、衡水、邢台、邯郸，第四类包含石家庄和唐山。4 类状态的分布情况如图 8-9 所示。

Ⅰ类城市张家口、承德、秦皇岛，分别位于城市群西北部、北部、东北部，人均足迹广度较大、足迹深度小、生态利用效率较高，可持续发展状态在城市群中最好。Ⅱ类城市北京、天津，位于城市群中心，人均足迹广度较小、足迹深度大、生态利用效率高，在效率维度表现最好，在可持续维度表现最差。Ⅲ类城市保定、廊坊、沧州、衡水、邢台、邯郸，主要位于冀中南平原，人均足迹广度较大、足迹深度较低、生态利用效率较低，在效率维度表现较差，在可持续维度表现较好。Ⅳ类城市石家庄和唐山，分别位于城市群西南部和东部，人均足迹广度较小、足迹深度高、生态利用效率较低，可持续发展状态在城市群中最差。本研究的分类结果与杜悦悦等（2016）仅从可持续维度对京津冀城市群可持续性分类的结果在格局上大体相似，但在具体分类上略有不同。

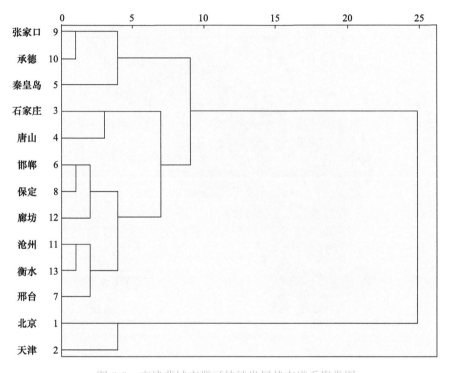

图 8-8　京津冀城市群可持续发展状态谱系聚类图

　　一些学者对京津冀城市群可持续发展的相关研究与本研究所得到的结论均有相似之处。张达等（2015）基于景观可持续科学概念框架，构建了基于强可持续性的区域资源和环境限制性要素评价指标体系，研究表明京津冀城市群北部是生物多样性优先保护区，这与本研究得出的京津冀城市群北部可持续发展状态相对最好的结论相对应。何砚和赵弘（2017）构建了京津冀城市可持续发展效率动态测评的投入-产出指标体系，借助超效率 CCR-DEA 模型和 Malmquist 指数对京津冀城市可持续发展效率进行了动态评价，得到北京、天津效率较高，邢台、石家庄、唐山效率较低的结论，也与本研究结论大体一致。然而，当前研究多侧重于可持续发展某一维度的评价，相比而言，基于三维生态足迹的可持续发展评价能够兼顾可持续、效率、公平多个维度，并明确区分了自然资本流量和存量，可以更全面立体地刻画区域可持续发展状态。

图 8-9 京津冀城市群可持续发展状态类型分布图

第四节　不同情景下京津冀城市群可持续发展预测与权衡

一、现状延续情景下京津冀城市群可持续发展预测

1. 可持续性预测

现状延续情景下，2025 年京津冀各城市人均足迹广度及其减少率如图 8-10 所示。根据现状趋势，随着人口增加和土地利用转换，京津冀各城市人均足迹广度较 2015 年均有所减少，其中，前文得到的城市群中可持续发展状态最好的 I 类城市张家口、承德、秦皇岛人均足迹广度减少率均超过了 25%，说明在现状趋势下，原本具有生态优势的城市在自然资本流动性方面将面临着严峻的挑战。

足迹深度方面，现状延续情景下，京津冀城市群 13 个城市 2025 年足迹深度如图 8-11 所示。其中，有 8 个城市的足迹深度较 2015 年有所增加，北京和天津足迹深度增长率最高,分别达到 55.7%和 42.2%,表明北京和天津按照现状趋势发展,对自然资本存量的消耗仍将急剧增加。相反,秦皇岛、邢台、张家口、廊坊、衡水在现状延续情景下对自然资本存量的依赖有所减少。

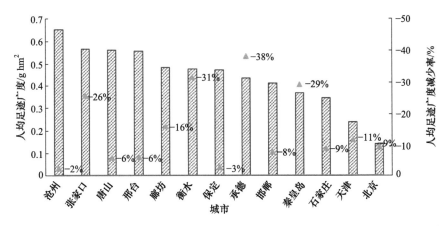

图 8-10 现状延续情景下京津冀城市群 13 个城市 2025 年人均足迹广度及其减少率

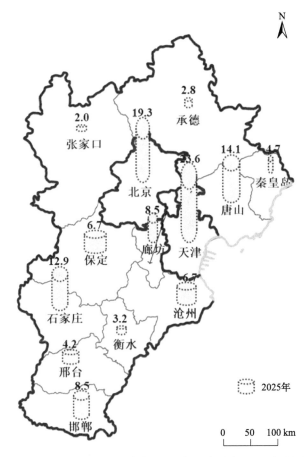

图 8-11 现状延续情景下京津冀城市群 13 个城市 2025 年足迹深度

通过足迹深度与人均足迹广度的四象限分析发现（图 8-12），与 2015 年相比，现状延续情景下京津冀城市群平均足迹深度增加，平均人均足迹广度减少。有一些城市所处的象限发生了改变：邯郸从足迹深度大和人均足迹广度小的象限移动到足迹深度小和人均足迹广度小的象限，廊坊从足迹深度大和人均足迹广度大的象限移动到足迹深度小和人均足迹广度大的象限，即二者足迹深度从高于平均水平变为低于平均水平；保定从足迹深度小和人均足迹广度小的象限移动到足迹深度小和人均足迹广度大的象限，承德从足迹深度小和人均足迹广度大的象限移动到足迹深度小和人均足迹广度小的象限，即保定人均足迹广度从低于平均水平变为高于平均水平，而承德人均足迹广度从高于平均水平变为低于平均水平。

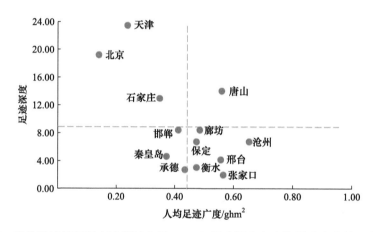

图 8-12　现状延续情景下京津冀城市群 2025 年足迹深度和人均足迹广度的四象限分析

2. 效率预测

现状延续情景下京津冀城市群 13 个城市 2025 年生态利用效率如表 8-8 所示。可以看到，在当前趋势下，京津冀城市群 13 个城市 2025 年生态利用效率均有大幅改善，增长率均在 100%以上。同时可以发现，城市群可持续发展状态最好的 I 类城市张家口、承德、秦皇岛生态利用效率增长更为明显，这可能是由于当前良好的自然资本情况有利于未来更合理地利用自然资本，从而提高自然资本利用效率。

表 8-8　现状延续情景下京津冀城市群 13 个城市 2025 年生态利用效率（单位：万元/ghm²）

排名	城市	生态利用效率
1	承德	6.01
2	北京	5.53
3	张家口	5.19

排名	城市	生态利用效率
4	天津	5.06
5	秦皇岛	4.83
6	衡水	3.60
7	沧州	2.49
8	唐山	2.28
9	廊坊	2.27
10	邯郸	2.27
11	邢台	2.26
12	石家庄	2.26
13	保定	1.78

3. 公平性预测

现状延续情景下京津冀城市群 2025 年足迹广度洛伦兹曲线如图 8-13 所示。现状延续情景下京津冀城市群 2025 年足迹广度基尼系数为 0.251，与 2015 年水平相当，且在 0.2～0.3 范围内，表明人均自然资本流量占用较为均衡。

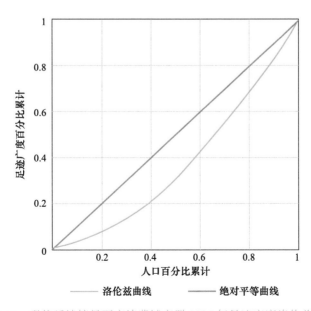

图 8-13 现状延续情景下京津冀城市群 2025 年足迹广度洛伦兹曲线

现状延续情景下京津冀城市群 2025 年足迹深度的变异系数为 0.740，与 2015 年的 0.576 相比，2025 年京津冀城市群足迹深度的离散程度显著变大，这表明按照现有趋势，未来京津冀城市群不同城市对自然资本存量消耗程度的差异将逐渐拉大。

二、不同情景下京津冀城市群可持续发展策略的权衡

将设定的两个人口情景、三个土地利用情景、两个碳排放情景相互组合，得到 12 个不同的人口-土地利用-碳排放情景（表 8-9）。在城市群可持续发展策略的权衡分析时，由于前文假定人口调控政策的实施对城市群所有城市的人口变动都会产生影响，因此我们将人口情景视为区域情景，即京津冀城市群各城市或同时选择现状延续情景或同时选择人口调控情景，而土地利用情景和碳排放情景为独立情景，即各城市间土地利用情景和碳排放情景的选择是相互独立互不影响的。

表 8-9 人口-土地利用-碳排放情景列表

情景序号	人口情景	土地利用情景	碳排放情景
1	现状延续	现状延续	现状延续
2	现状延续	粮食安全	现状延续
3	现状延续	生态保护	现状延续
4	现状延续	现状延续	节能减排
5	现状延续	粮食安全	节能减排
6	现状延续	生态保护	节能减排
7	人口调控	现状延续	现状延续
8	人口调控	粮食安全	现状延续
9	人口调控	生态保护	现状延续
10	人口调控	现状延续	节能减排
11	人口调控	粮食安全	节能减排
12	人口调控	生态保护	节能减排

研究选择可持续性维度的足迹深度、效率维度的生态利用效率、公平性维度的足迹广度基尼系数作为可持续发展策略权衡的依据。权衡分析的原则是使尽可能多的城市在尽可能多的维度上达到最佳，同时兼顾城市群整体在各维度上的表现。

1. 不同情景下各城市可持续发展情况预测

改变土地利用、碳排放、人口情景中的一者（对应表 8-9 中的 2、3、4、7 情景），与现状延续情景（对应表 8-9 中的情景 1）作对比，分别探究土地利用、碳排放、人口情景对京津冀城市群各城市可持续发展状况的影响。由表 8-10 可知，节能减排政策将大幅减少京津冀城市群各城市的足迹深度，各城市减少率为 15.25%~39.98%。节能减排对北京足迹深度减少的影响最小，这是由于北京当前的碳排放强度在各城市中最低，为 0.53 tCO_2/万元，节能减排对其足迹深度的减少有限，而节能减排对唐山足迹深度减少的影响最大是因为唐山当前碳排放强度高且未来对能源使用的需求大。相比而言，土地利用对于足迹深度的减少影响相对较小。粮食安全土地利用情景使得除衡水外的各城市的足迹深度有所减少，减少率为 0.01%~0.77%，粮食安全土地利用情景对北京的足迹深度减少最为明显，可能是北京按照现状趋势耕地赤字较大所致。生态保护土地利用情景则使得各城市的足迹深度有所增加，增长率为 0.11%~1.03%。人口调控情景旨在稳定北京人口，将天津和河北作为人口的集中承载地，这一情景可使北京的足迹深度减少 8.93%，但同时也使天津和河北多数城市的足迹深度有所增加。值得注意的是，张家口和承德的足迹深度并没有因其承载首都疏解的人口而增加，说明张家口和承德有较强的人口承载力。

表 8-10 土地利用、碳排放、人口情景对京津冀足迹深度的影响（足迹深度变化率）（单位：%）

城市	土地利用情景		节能减排情景	人口调控情景
	粮食安全	生态保护		
北京	−0.77	0.62	−15.25	−8.93
天津	−0.30	0.52	−31.15	0.28
石家庄	−0.39	0.89	−34.44	0.72
唐山	−0.38	1.02	−39.98	0.25
秦皇岛	−0.50	0.76	−35.13	0.11
邯郸	−0.15	0.58	−32.92	1.52
邢台	−0.19	0.90	−30.72	1.89
保定	−0.50	1.03	−29.33	0.53
张家口	−0.25	0.62	−22.16	0.00

城市	土地利用情景		节能减排情景	人口调控情景
	粮食安全	生态保护		
承德	−0.69	0.52	−29.04	0.00
沧州	−0.11	0.11	−37.68	0.05
廊坊	−0.01	0.37	−39.31	0.01
衡水	0.00	0.13	−30.12	0.13

表 8-11 显示的是改变土地利用、碳排放、人口情景之一对京津冀各城市生态利用效率的影响。可以发现，节能减排情景可以显著提高京津冀城市群各城市生态利用效率，各城市生态利用效率增加率为 17.99%～66.61%。人口调控情景可以使北京生态利用效率提高 11.54 个百分点，而其他城市生态利用效率均有所降低，减少率为 0.28%～7.07%。土地利用情景对各城市生态利用效率的影响较小，粮食安全情景使得北京、天津、石家庄、唐山、保定的生态利用效率降低，而其他城市生态利用效率提高，生态保护情景则使沧州、廊坊、衡水的生态效率较低，而其他城市生态利用效率提高。

表 8-11　土地利用、碳排放、人口情景对京津冀生态利用效率的影响（生态利用效率变化率）

城市	土地利用情景		节能减排情景	人口调控情景
	粮食安全	生态保护		
北京	−0.21%	0.27%	17.99%	11.54%
天津	0.01%	0.01%	45.24%	−0.28%
石家庄	−0.03%	0.19%	52.54%	−0.78%
唐山	−0.05%	0.29%	66.61%	−0.28%
秦皇岛	0.98%	0.15%	54.16%	−7.07%
邯郸	0.04%	0.04%	49.07%	−1.50%
邢台	0.05%	0.25%	44.35%	−1.91%
保定	−0.03%	0.38%	41.51%	−0.56%
张家口	1.05%	2.17%	28.47%	−3.17%
承德	3.27%	1.42%	40.92%	−4.41%

续表

| 城市 | 土地利用情景 | | 节能减排情景 | 人口调控情景 |
	粮食安全	生态保护		
沧州	0.21%	−0.07%	60.46%	−2.89%
廊坊	0.25%	−0.21%	64.78%	−0.97%
衡水	0.28%	−0.15%	43.10%	−5.62%

表征可持续发展状态公平维度的足迹广度基尼系数与研究区域内各城市足迹广度和人口相关。由于能源用地的足迹广度为0,不同的碳排放情景不影响城市群足迹广度基尼系数。保持人口情景为现状延续情景不变,将京津冀城市群各城市所采用的土地利用情景进行自由组合,得到 1594323(3^{13})个情景组合,其中足迹广度基尼系数最大与最小之差为0.005。保持土地利用情景为现状延续情景不变,对比现状延续和人口调控人口情景下足迹广度洛伦兹曲线(图8-14),发现人口调控情景下城市群自然资本流量占用更加公平,现状延续和人口调控情景下的足迹广度基尼系数分别为 0.251 和 0.228。由此也可以发现,相比于土地利用情景,人口情景对区域可持续发展的公平维度影响更大。

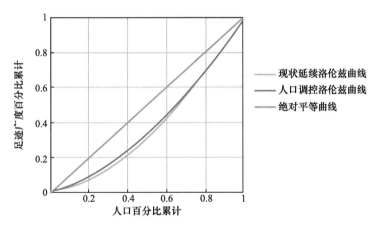

图 8-14 京津冀城市群现状延续和人口调控情景下 2025 年足迹广度洛伦兹曲线

之后,比较在 12 个不同的人口-土地利用-碳排放情景下,2025 年京津冀城市群各城市在足迹深度和生态利用效率上的表现(表 8-12、表 8-13)。标有黄色和绿色的表格内容分别为各城市在 12 个情景中足迹深度的最小值和生态利用效率的最大值。从表 8-12 中可以看到,北京在人口调控-粮食安全-节能减排情景下足迹深度最小，张家口和承德在人口调控-粮食安全-节能减排和现状延续-粮食安全-节能减排情景下足迹深度相等且最小，而其他城市在现状延续-粮食安全-节能减排情景下足迹深度最小。从表 8-13 中可以看到，北京在人口调控-生态保护-节能减排情景下生态利用效率最大，天津、石家庄、唐山、邢台、邯郸、保定、张家口在现状延续-生态保护-节能减排情景下生态利用效率最大，而秦皇岛、承德、沧州、廊坊、衡水在现状延续-粮食安全-节能减排情景下生态利用效率最大。不难发现，北京足迹深度最小值和生态利用效率最大值均在人口调控的人口情景下，而其他城市足迹深度最小值和生态利用效率最大值出现在现状延续的人口情景下。与此同时，除秦皇岛、承德、沧州、廊坊、衡水外，其余城市足迹深度最小值和生态利用效率最大值并没有出现在同一个情景下。这就需要我们在具体实施策略时，进行进一步的权衡分析。

表 8-12　京津冀城市群各城市 2025 年不同情景下的足迹深度

城市	情景 1	情景 2	情景 3	情景 4	情景 5	情景 6	情景 7	情景 8	情景 9	情景 10	情景 11	情景 12
北京	19.26	19.11	19.38	16.32	16.20	16.42	17.54	17.40	17.65	14.60	14.49	14.69
天津	23.60	23.53	23.73	16.25	16.20	16.33	23.67	23.60	23.79	16.32	16.27	16.40
石家庄	12.88	12.83	13.00	8.44	8.41	8.52	12.97	12.92	13.09	8.54	8.50	8.61
唐山	14.08	14.03	14.22	8.45	8.42	8.54	14.12	14.06	14.26	8.49	8.45	8.57
秦皇岛	4.68	4.66	4.72	3.04	3.03	3.06	4.69	4.67	4.73	3.04	3.03	3.06
邯郸	8.46	8.45	8.51	5.68	5.67	5.71	8.59	8.58	8.64	5.80	5.80	5.84
邢台	4.21	4.20	4.25	2.91	2.91	2.94	4.29	4.28	4.33	2.99	2.99	3.02
保定	6.73	6.70	6.80	4.76	4.73	4.81	6.77	6.73	6.84	4.79	4.77	4.84
张家口	1.97	1.97	1.98	1.53	1.53	1.54	1.97	1.97	1.98	1.53	1.53	1.54
承德	2.82	2.80	2.83	2.00	1.99	2.01	2.82	2.80	2.83	2.00	1.99	2.01
沧州	6.70	6.70	6.71	4.18	4.17	4.18	6.71	6.70	6.71	4.18	4.18	4.19
廊坊	8.50	8.50	8.53	5.16	5.16	5.18	8.50	8.50	8.53	5.16	5.16	5.18
衡水	3.17	3.16	3.17	2.21	2.21	2.21	3.17	3.17	3.17	2.22	2.22	2.22

表 8-13　京津冀城市群各城市 2025 年不同情景下的生态利用效率（单位：万元/g hm²）

城市	情景 1	情景 2	情景 3	情景 4	情景 5	情景 6	情景 7	情景 8	情景 9	情景 10	情景 11	情景 12
北京	5.53	5.52	5.54	6.52	6.51	6.54	6.17	6.15	6.19	7.41	7.39	7.43
天津	5.06	5.06	5.06	7.35	7.35	7.35	5.05	5.05	5.05	7.32	7.32	7.32
石家庄	2.26	2.26	2.26	3.45	3.45	3.45	2.24	2.24	2.25	3.41	3.41	3.41
唐山	2.28	2.28	2.28	3.79	3.79	3.80	2.27	2.27	2.28	3.78	3.77	3.79
秦皇岛	4.83	4.88	4.84	7.44	7.51	7.46	4.49	4.53	4.49	6.91	6.97	6.93
邯郸	2.27	2.27	2.27	3.38	3.38	3.38	2.23	2.24	2.24	3.31	3.31	3.31
邢台	2.27	2.27	2.27	3.27	3.27	3.28	2.22	2.22	2.23	3.18	3.18	3.19
保定	1.78	1.78	1.79	2.52	2.52	2.53	1.77	1.77	1.78	2.50	2.50	2.51
张家口	5.19	5.25	5.30	6.67	6.73	6.83	5.03	5.08	5.13	6.46	6.52	6.60
承德	6.01	6.21	6.10	8.48	8.74	8.61	5.75	5.93	5.83	8.10	8.34	8.22
沧州	2.49	2.50	2.49	4.00	4.01	4.00	2.42	2.43	2.42	3.88	3.89	3.88
廊坊	2.27	2.28	2.27	3.75	3.76	3.74	2.25	2.26	2.25	3.71	3.72	3.71
衡水	3.60	3.61	3.60	5.16	5.17	5.15	3.40	3.41	3.40	4.86	4.88	4.86

2. 京津冀城市群可持续发展策略的权衡

在对区域可持续发展策略进行权衡分析时，本研究的原则是使尽可能多的城市在尽可能多的维度上达到最佳，同时兼顾城市群整体在各维度上的表现。由于人口情景为区域情景，且北京与其他城市足迹深度最小值和生态利用效率最大值出现在不同的人口情景下，因而将本研究的权衡分析分为两步：首先，分别在现状延续和人口调控情景下对各城市土地利用和碳排放情景进行权衡选择；之后，对人口情景进行权衡选择。

京津冀城市群可持续发展策略的权衡过程如图 8-15 所示。首先，分别在现状延续和人口调控的人口情景下，找到各城市足迹深度最小和生态利用效率最高的情景。不难看出，秦皇岛、承德、沧州、廊坊、衡水在现状延续的人口情景下，满足足迹深度最小和生态利用效率最高均为情景 5，在人口调控的人口情景下，满足足迹深度最小和生态利用效率最高均为情景 11，即情景 5 和情景 11 已经分别在各自人口情景下满足这 5 个城市在可持续和效率两个维度上的最佳状态，因此秦皇岛、承德、沧州、廊坊、衡水在现状延续的人口情景下可以确定选择情景 5，在人口调控的人口情景下可以确定选择情景 11。

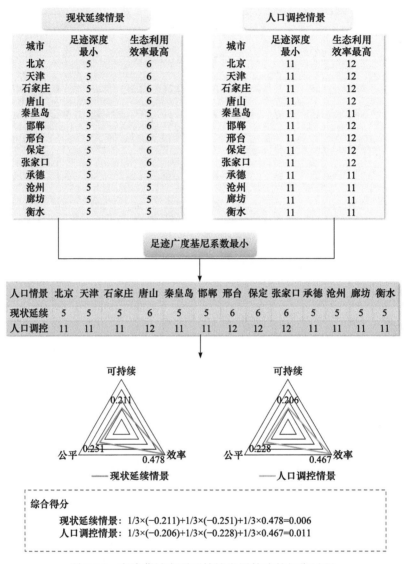

图 8-15　京津冀城市群可持续发展策略的权衡过程

　　而剩余的 8 个城市，在现状延续的人口情景下，情景 5 满足足迹深度最小，情景 6 满足生态利用效率最高，在人口调控的人口情景下，情景 11 满足足迹深度最小，情景 12 满足生态利用效率最高。因此，除了已经确定最优情景的 5 个城市外，剩下 8 个城市在特定人口情景下均需要在 2 个情景中做出选择，即共计 256（28）个组合方式。在 Matlab 2015a 中分别计算现状延续和人口调控的人口情景下 256 个组合方式的足迹广度基尼系数，选择足迹广度基尼系数最小的组合即可确定剩余 8 个城市的情景选择（图 8-15 橙色表格所示）。这时，这 8 个城市在各自人口情景下满足公平以及可持续或效率维度的最佳状态。

在分别确定了现状延续和人口调控情景下各城市所选择的情景后，对人口情景进行权衡。将各城市在 12 情景下的足迹深度和生态利用效率进行离差标准化，使其统一映射到[0，1]的区间上。分别计算现状延续和人口调控情景下各城市最优组合的足迹深度平均值、生态利用效率平均值、足迹广度基尼系数（图 8-15 雷达图）。足迹深度平均值表征区域的可持续性，其值越小可持续性越好；生态利用效率平均值表征区域的效率维度，其值越大效率越高；足迹广度基尼系数表征区域的公平维度，其值越小分配越公平。可以看到，人口调控的最优组合与现状延续的最优组合相比，区域可持续维度和公平维度有所改善，但与此同时效率有所下降。假定可持续、效率、公平三个维度的权重相等，计算两个人口情景下的综合得分，可以看到人口调控情景得分较高。

因此，得到京津冀城市群可持续发展策略的权衡结果：人口情景方面，区域选择人口调控策略；碳排放情景方面，各城市均选择节能减排策略；土地利用情景方面，北京、天津、石家庄、秦皇岛、邯郸、承德、沧州、廊坊、衡水选择粮食安全策略，唐山、邢台、保定、张家口选择生态安全策略。

研究得到的结论印证了当前以疏解北京非首都功能为"牛鼻子"推动京津冀协同发展这一规划的科学性。从研究的结果来看，伴随疏解非首都功能的人口调控虽然牺牲了一部分效率，但却换来了区域可持续性和公平性的改善，且从可持续、效率、公平三个维度综合来看，人口调控政策促进了整个区域可持续发展状态的提升。研究显示，节能减排将显著降低京津冀城市群各城市足迹深度、提高其生态利用效率，这一结论也充分说明了我国当前推动节能减排、履行国际承诺对于自身可持续发展的重要意义。土地利用方面，北京、天津、石家庄作为城市群中的中心城市，对外界自然资源依赖较高，粮食安全的土地利用策略有利于缓解生态压力，邯郸、沧州、廊坊、衡水地处冀中南平原，粮食安全的土地利用策略与其粮食和经济作物生产基地的角色相符合。张家口、保定作为京津冀城市群西北部生态涵养区的重要组成部分，生态保护的土地利用策略将有利于保证并发挥该地区的生态优势，而唐山、邢台生态环境基础较为薄弱，生态保护是提升当地可持续发展状态的关键。

第九章 "城市病"诊断与评价的空间计量统计方法

第一节 空间计量统计学的基本方法

在本章节中使用到的空间计量统计学方法有空间面板模型、空间自相关预计耦合度和协调度等。

一、空间面板数据回归模型

面板数据分析包括混合模型、随机效应和固定效应回归模型。基于经验模型进行模型构建，对模型变量进行平稳性分析后，采用 F 检验和 hausman 检验确定了使用固定效应模型，根据固定效应模型回归结果具体分析社会经济数据与城市化水平和 $PM_{2.5}$ 浓度的耦合协调度的非线性关系，为京津冀城市群协同发展提供理论支持。

（一）面板数据回归模型的一般形式

面板数据模型的一般形式如下：

$$y_{it} = \sum_{k=1}^{K} \beta_{ki} x_{kit} + u_{it} \tag{9-1}$$

式中，$i=1,2,3,\cdots,N$，代表个体数；$t=1,2,3,\cdots,T$，代表已知的时点数；y_{it} 表示的是因变量对个体 i 在 t 时间点的监测数值；x_{kit} 代表的是个体 i 在 t 时刻的监测数值对于第 k 个的非随机解释变量；β_{ki} 是待估计的参数；u_{it} 是随机误差项。将他们用矩阵表达出来就是：

$$\boldsymbol{Y}_i = \boldsymbol{X}_i \boldsymbol{\beta}_i + \boldsymbol{U}_i \quad (i=1,2,3,\cdots,N) \tag{9-2}$$

其中，$\boldsymbol{Y}_i = \begin{bmatrix} y_{i1} \\ y_{i2} \\ \vdots \\ y_{iT} \end{bmatrix}_{T\times 1}$, $\boldsymbol{X}_i = \begin{bmatrix} x_{1i1} & x_{2i1} & \cdots & x_{ki1} \\ x_{1i2} & x_{2i2} & \cdots & x_{ki2} \\ \vdots & \vdots & & \vdots \\ x_{1iT} & x_{2iT} & \cdots & x_{kiT} \end{bmatrix}_{T\times K}$, $\boldsymbol{\beta}_i = \begin{bmatrix} \beta_{1i} \\ \beta_{2i} \\ \vdots \\ \beta_{ki} \end{bmatrix}_{X\times 1}$, $\boldsymbol{U}_i = \begin{bmatrix} u_{i1} \\ u_{i2} \\ \vdots \\ u_{iT} \end{bmatrix}_{T\times 1}$

（二）面板数据回归模型的分类

一般情况下，我们经常使用的九种面板数据回归模型都是通过公式 9-1，对其分别作限制性假设，从而使其成为一种新的数据回归模型。本研究主要涉及以下三种回归模型，分别为：

1. 混合回归模型

不同的个体不论在时间上还是截面上的数据都不存在明显差异，可以将他们混合成一个面板数据，然后再用普通最小二乘法来预估出数据参数。

$$y_{it} = \beta_1 + \sum_{k=2}^{K} \beta_k x_{kit} + u_{it} \qquad (9\text{-}3)$$

$$Y = X\beta + U \qquad (9\text{-}4)$$

其中，$\boldsymbol{Y}_i = \begin{bmatrix} y_{i1} \\ y_{i2} \\ \vdots \\ y_{iT} \end{bmatrix}_{T\times 1}$，$\boldsymbol{X}_i = \begin{bmatrix} x_{1i1} & x_{2i1} & \cdots & x_{ki1} \\ x_{1i2} & x_{2i2} & \cdots & x_{ki2} \\ \vdots & \vdots & & \vdots \\ x_{1iT} & x_{2iT} & \cdots & x_{kiT} \end{bmatrix}_{T\times K}$，$\boldsymbol{\beta}_i = \begin{bmatrix} \beta_{1i} \\ \beta_{2i} \\ \vdots \\ \beta_{ki} \end{bmatrix}_{X\times 1}$，$\boldsymbol{U}_i = \begin{bmatrix} u_{i1} \\ u_{i2} \\ \vdots \\ u_{iT} \end{bmatrix}_{T\times 1}$

事实上，这种估计模型就是理想化的认为解释参数对被解释参数没有任何个体差异上的影响，虽然这种方法曾被广泛的应用，但是事实并非如此，所以很多情况下这种方法并不适用。

2. 固定效应模型

固定效应模型是指，在面板数据回归模型中，如果两个截面不同，或时间序列不同的模型之间除了截距项不同以外，回归数据模型的系数是相同的。而固定效应模型通过特征的不同又能分为个体固定、时点固定以及时点个体固定的效应模型三种类型。

（1）个体固定效应模型。这种固定效应模型就是在个体纵剖面时间序列不同的情况下除了截距项其余的各项都相同的效应模型。

$$y_{it} = \lambda_i + \sum_{k=2}^{K} \beta_k x_{kit} + u_{it} \qquad (9\text{-}5)$$

或者表示为矩阵形式

$$Y = (I_N \otimes l_T)\lambda + X\beta + U \qquad (9\text{-}6)$$

其中，$I_N \otimes l_T$ 是 N 阶列向量 $I_N = (1, \cdots, 1)'$ 和 T 阶单位矩阵 l_T 的克罗内克积，

$$\gamma = \begin{bmatrix} \gamma_1 \\ \gamma_2 \\ \vdots \\ \gamma_\tau \end{bmatrix}_{T\times 1}, \boldsymbol{X}_i = \begin{bmatrix} x_{211} & x_{311} & \cdots & x_{xn} \\ x_{2i2} & x_{3i2} & \cdots & x_{xi2} \\ \vdots & \vdots & & \vdots \\ x_{2iT} & x_{3iT} & \cdots & x_{kiT} \end{bmatrix}_{T\times(K-1)}, \boldsymbol{X} = \begin{bmatrix} \boldsymbol{X}_1 \\ \boldsymbol{X}_2 \\ \vdots \\ \boldsymbol{X}_N \end{bmatrix}_{NT\times(K-1)}, \boldsymbol{\beta} = \begin{bmatrix} \beta_2 \\ \beta_3 \\ \vdots \\ \beta_x \end{bmatrix}_{(K-1)\times 1}$$

（2）时点固定效应模型。这种固定效应模型就是这个模型在不同的截面拥有不同的截距。如果我们已经知道了在不同截面，模型的截距不同，但是个体在不同时间序列却拥有相同的截距，就要建立时点个体固定效应模型。

$$y_{it} = \gamma_t + \sum_{k=2}^{K} \beta_k x_{kit} + u_{it} \qquad (9\text{-}7)$$

其矩阵表示为

$$Y = (\iota_N \otimes I_T)\gamma + X\beta + U \qquad (9\text{-}8)$$

其中，$\iota_N \otimes I_T$ 是 N 阶列向量 $\iota_N = (1, \cdots, 1)'$ 和 T 阶单位矩阵 I_T 的克罗内克积，

$$\gamma = \begin{bmatrix} \gamma_1 \\ \gamma_2 \\ \vdots \\ \gamma_\tau \end{bmatrix}_{T \times 1}, \quad X_i = \begin{bmatrix} x_{211} & x_{311} & \cdots & x_{xn} \\ x_{2i2} & x_{3i2} & \cdots & x_{xi2} \\ \vdots & \vdots & & \vdots \\ x_{2iT} & x_{3iT} & \cdots & x_{kiT} \end{bmatrix}_{T \times (K-1)}, \quad X = \begin{bmatrix} X_1 \\ X_2 \\ \vdots \\ X_N \end{bmatrix}_{NT \times (K-1)}, \quad \beta = \begin{bmatrix} \beta_2 \\ \beta_3 \\ \vdots \\ \beta_x \end{bmatrix}_{(K-1) \times 1}$$

（3）时点个体固定效应模型。对于在不同截面、不同时序都拥有不一样截距的数据，就需要建立时点个体固定效应模型。这种情况是在已经确定对于不同的截面，不同的个体模型的截距都有很多明显不同特点。表示如下，

$$y_{it} = \lambda_i + \gamma_t + \sum_{k=2}^{K} \beta_k x_{kit} + u_{it} \qquad (9\text{-}9)$$

其矩阵表示为

$$Y = (I_N \otimes \iota_T)\lambda + (\iota_N \otimes I_T)\gamma + X\beta + U \qquad (9\text{-}10)$$

其中，$i = 1,2,3,\cdots,N$，表示 N 个个体；$t = 1,2,3,\cdots,T$，表示已经知道的 T 个时点。

事实上如果随着时点或者个体变化时，有些重要的自变量数据出现丢失的情况，就需要在式子中设定虚拟变量，同时将该模型设定为固定效应模型。

这种在模型中引入虚拟变量的方法计算回归参数的固定效应模型，我们称为 LSDV 回归，也就是最小二乘法的虚拟变量回归。

3. 随机效应回归

$$y_{it} = \beta_1 + \sum_{k=2}^{K} \beta_k x_{kit} + u_{it} \qquad (9\text{-}11)$$

当模型缺少了随着个体时间改变的无法观测到的随机性因素的时候，可以分解误差项来对缺失信息进行解释，也就是把回归模型的误差项分成三个不同的分量

$$u_{it} = u_i + v_t + w_{it} \qquad (9\text{-}12)$$

式中，u_i 为个体随机误差分量；v_t 为时间随机误差分量；w_{it} 为混合随机误差分量。前提是这三个随机误差分量是各不相关的，它们不论在时间、混合还是截面自相关中都不存在联系。这时就可以将式（9-11）称为误差分解模型，并且可以使用广义上的最小二乘法来计算模型参数。

二、空间自相关模型

通常采用探索性空间数据分析方法对区域 $PM_{2.5}$ 浓度的空间分布格局采取更加深层的分析，这种方法又叫作空间自相关分析。该方法就是将空间离群值以及空间聚集模式用可视化的方法来表达，其主要内容就是判断要研究区域内的空间聚集程度以及全局、局部自相关的分布特征。

$$\text{Moran's } I = \frac{\sum\limits_{i=1}^{n}\sum\limits_{j\neq1}^{n} w_{ij}(Y_i - \bar{Y})(Y_j - \bar{Y})}{S^2 \sum\limits_{i=1}^{n}\sum\limits_{j=1}^{n} w_{ij}} \quad (9\text{-}13)$$

其中，n 为空间单元数量，本研究中 Y_i 指区域 i 的平均 $PM_{2.5}$ 浓度，$\bar{Y}$ 指各区域的 $PM_{2.5}$ 浓度均值，S^2 为 $PM_{2.5}$ 浓度的方差，w_{ij} 矩阵是代表着空间权重。利用最后的统计总量 Z 来检查莫兰指数 I 的显著性水平：

$$Z = \frac{I - E(I)}{\sqrt{\text{VAR}(I)}} \quad (9\text{-}14)$$

全局莫兰指数 I 的取值为 $-1 \leqslant I \leqslant 1$。当计算出的莫兰指数 $I=0$ 的时候代表着研究区域里空间分布格局没有发生聚集现象；当计算的莫兰指数 $I<0$ 的时候就代表研究区域内相异属性的区域产生了聚集现象；当莫兰指数 $I > 0$ 的时候就代表着研究区域内具有相似属性的空间单元发生了聚集现象。与此同时，我们需要深入研究局部区域的空间特征以及相关性的时候就需要利用空间自相关指数。局部莫兰指数计算公式为

$$I_i' = Z_i' \sum_{j\neq i}^{n} W_{ij} Z_j' \quad (9\text{-}15)$$

其中，Z_i'、Z_j' 是指观测值已经过标准化处理。

三、耦合协调度

1. 耦合度函数

变异系数 C_v 是数据标准差 S 与平均数的比值，能够在消除测量尺度和量纲影响的同时反映数据离散程度，公式如下（马小雯，2017）：

$$C_v = S/\bar{x} \quad (9\text{-}16)$$

其中，

$$S = \sqrt{\frac{1}{n-1}\sum_{i=1}^{n}(x_i - \mu)^2}, \quad \bar{x} = \frac{1}{n}\sum_{i=1}^{n} x_i \quad (9\text{-}17)$$

对于 $U(x)$ 和 $E(y)$，其变异系数越小，子系统间耦合程度越高。

$$C_v = \sqrt{2 \times \left[1 - \frac{4U(x) \cdot E(y)}{(U(x) + E(y))^2} \right]}$$ （9-18）

由此定义耦合度函数：

$$C = \left[\frac{4U(x) \cdot E(y)}{[U(x) + E(y)]^2} \right]^k$$ （9-19）

调节系数 k=[1，5]，耦合度 C=[0，1]，式（9-19）反映当两个子系统的综合效益或发展水平一定，即 $U(x)$ 与 $E(y)$ 之和一定时，为了使两者复合效益或发展水平，即 $U(x)$ 与 $E(y)$ 之积最大，二子系统组合协调的数量程度（廖重斌，1999）。

2. 耦合协调度函数

然而，根据式（9-19），两个低水平的子系统可能和两个高水平的子系统计算所得的耦合度值差不多。仅凭借耦合度值 C 并不足以全面表达两个子系统间的动态协调发展水平，在多区域对比研究时不够准确，因此引入耦合协调度函数（马小雯，2017）；

$$D = \sqrt{C \times T}$$ （9-20）

其中，C 为耦合度，$T = \alpha U(x) + \beta E(y)$ 是城市化以及空气污染的综合调和指数，它们能够反映出整个系统的协同效应，其中，式中的 α 和 β 是城市化水平子系统和空气质量水平子系统的权重值（刘耀彬和宋学峰，2005）。在本研究中，城市化水平子系统和空气质量水平子系统对于整个系统的重要性一致，所以取 $\alpha = \beta = 0.5$。

第二节　基于夜间灯光数据的城市化综合水平分析

本节以京津冀城市群作为研究区域，采用经过数据预处理的 2000～2013 年共 14 年的 DMSP/OLS 夜间灯光数据，构建夜间灯光强度指数，表征城市化综合水平并分析其时空演变特征。采用相应年份的 MODIS/Terra AOT 遥感影像反演的 $PM_{2.5}$ 数据，分析京津冀城市群 2000～2013 年 $PM_{2.5}$ 浓度的时空分布特征和空间集聚性特征。最后，通过空间分析模型、构建耦合度、协调度模型以及面板回归模型等研究方法，研究分析夜间灯光指数与 $PM_{2.5}$ 浓度之间的耦合协调关系，并进一步探讨影响因子对城市化水平和 $PM_{2.5}$ 浓度的耦合协调关系的影响程度。

改革开放以来，中国城市发生翻天覆地的变化，城市化进程快速推进。目前我们评估地区城市化的标准在于城市不断扩大的土地面积和经济的快速发展。如何衡量城市发展的综合水平以及探究区域城市化和该地区的生态环境之间的关系，已有了一些研究成果。

当前在这些学者中较多使用的统计数据是以行政区域划分为基础的，构建指标体系对城市综合水平进行评估。但是在衡量某个区域城市化发展水平时利用统计数据计算指标的方法存在着较大的弊端，比如数据过程比较复杂，尤其是长时间序列研究还面临着行政区划变更的问题，不确定性较大，而且数据的收集需要耗费大量人力；数据的统计周期过长，更新麻烦，所得到的信息在空间上没有延展性。遥感影像数据日益增多，具有实时性，快捷性且含有丰富的空间信息，为我们评估城市化综合水平收集数据提供了一个可靠的方案。DMSP/OLS 夜间灯光数据对城市人类居住场所灯光、工厂工业灯光以及道路交通灯光的信息探测精度高，能够更好地反映出该地区人们的活动强度。经过文献综述，使用该数据来建立相关指数，评估地区城市化水平的研究都取得了较好的成果。例如陈晋等（2003）基于夜间灯光数据构建表征城市化水平的灯光指数，并得出该指数在省级尺度上与城市化复合指标具有强相关性。有学者以 1992~1998 年三期 DMSP/OLS 夜间灯光数据为基础，提取城市群的空间信息，得到渤海湾城市群地区在 1992~1998 年的城市化过程，进而得到城市用地扩张的规律为"以大城市为中心的面状扩散、沿着交通干线扩张的线状扩散和以新型城镇出现为特征的点状扩散"（何春阳等，2005）。所以本研究将采用夜间灯光遥感影像的数据来构建表征城市化水平的灯光指数，从而探究京津冀城市群城市化水平的时空分布特征。

一、城市化发展的时空分布特征

经过校正夜间灯光影像数据的像元亮度值，其统计分布并不符合正态分布的特点，而且利用简单的总亮度或者平均亮度的计算方法得到的统计结果并不能够准确地将其变化特征表达出来。所以为了将该地区的亮度变化更加准确合理地表达出来，我们采取了分层统计的方法，从而消除非正态分布对数据的影响。以 0，20，40，60 作为分层阈值，将 DN 分为 3 层，然后统计不同的分层中像元个数及其平均亮度。结果如图 9-1 所示：

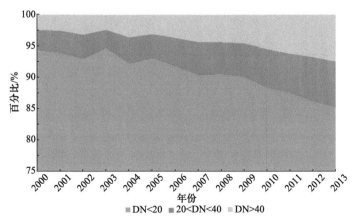

图 9-1 京津冀城市群 2000~2013 年长时间序列的夜间灯光亮度变化
横坐标为研究年份 2000~2013 年，纵坐标为不同分层中统计到的像元个数占像元总数的比重

从图 9-1 可以看出，2000～2013 年，研究区的夜间灯光像元的亮度 DN 值>20 的像元比重显著增加，特别是 DN 值>40 的比例上升最多，2013 年的亮度值大于 40 的像元数量约是 2000 年的 3.2 倍，而 DN 值<20 的像元占比大幅度地降低，这说明了在研究的 14 年期限内，亮度低的地区占比逐渐减小而亮度高的地区占比逐渐增大，区域总体亮度得到了大幅度提升，研究区的城市化发展十分明显。表 9-1 为各年份不同 DN 值的占比，统计结果更加直观地表明京津冀城市群 DMSP/OLS 夜间灯光增加较为显著。亮度分层统计表明京津冀城市群 2000～2013 年 DMSP/OLS 夜间灯光亮度区域以及强度都显著增强；在研究期限内，京津冀城市群城市化发展水平上升趋势明显，而且具有较高的城镇化水平的区域数量也增长明显。

表 9-1　京津冀城市群 2000～2013 年 DN 值占比

年份	DN<20	20<DN<40	DN>40
2000	94.324	3.360	2.316
2001	93.903	3.609	2.488
2002	93.003	3.926	3.071
2003	94.768	2.945	2.288
2004	92.220	4.228	3.552
2005	93.119	3.822	3.059
2006	91.852	4.564	3.584
2007	90.411	5.246	4.342
2008	90.646	5.032	4.322
2009	90.083	5.417	4.500
2010	88.405	6.148	5.448
2011	87.558	6.267	6.175
2012	86.241	7.028	6.731
2013	85.318	7.305	7.377

为了从像元的角度上更细致地表现出研究区域 2000～2013 年共计 14 年的夜间灯光长时序的亮度变化和空间分布情况，本文使用变异系数方法。与此同时，将研究中计算出来的像元长时间序列亮度变异系数值分成了小于 0.5、大于 0.5 小于 2.5 和大于 2.5 三类，分别代表着低变化、适度变化和强变化，其分类标准如表 9-2 所示，以便更加直观地看出不同地区亮度的变化以及区域分布。亮度变异系数的值越小说明在十四年中该区域内的像元整体亮度没有很大的波动。由图 9-2 可以看出，存在亮度变化的区域中，东部平原地区及其城市中心的像元其变异系数值相对较小，例如北京、廊坊、天津、沧州等。通过对数据分析不难发现，2000～2013 年

的 14 年中，处于平原地区的城市在城市发展中起步明显比其他的城市早，城市化的起点相对较高，因此这些城市的亮度变异系数较小，波动平稳；而像河北的承德、衡水等在地理上距离中心城市较远的小城市的城市内部，亮度变异系数较大，说明在研究期限内，这些城市的经济发展较为迅速。

表 9-2 变异系数分类

分类名称	英文分类	CV 值域
强变化	high fluctuation	CV>2.5
适度变化	moderate fluctuation	0.5<CV<2.5
低变化	low fluctuation	CV<0.5

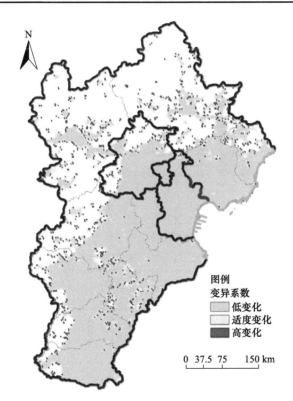

图 9-2 京津冀城市群 2000～2013 年亮度变化图

二、城市化进程分析

利用校正后的夜间灯光影像数据与京津冀城市群各市行政区划进行叠加分析，依据陈晋等（2003）构建的夜间灯光指数 CNLI 计算公式进行计算，以期表征城市化发展综合水平。具体计算结果如表 9-3。2000～2013 年，研究区各地市夜间灯光综合指数（CNLI）呈现逐年上升的趋势。

表 9-3 京津冀城市群夜间灯光指数(CNLI)

城市	CNLI2000	CNLI2001	CNLI2002	CNLI2003	CNLI2004	CNLI2005	CNLI2006	CNLI2007	CNLI2008	CNLI2009	CNLI2010	CNLI2011	CNLI2012	CNLI2013
北京	0.39914	0.413357	0.426626	0.442071	0.476451	0.4737	0.48853	0.4742	0.4725	0.4912	0.4627	0.4836	0.4935	0.5665
天津	0.399856	0.410527	0.424032	0.434825	0.470845	0.479888	0.490728	0.4894	0.4952	0.5072	0.4738	0.5098	0.4860	0.5730
邯郸	0.302434	0.304549	0.309547	0.292843	0.342985	0.329351	0.342481	0.3358	0.3404	0.3477	0.3222	0.3496	0.3316	0.3830
邢台	0.263354	0.27336	0.275065	0.255389	0.30819	0.302558	0.302972	0.3006	0.2989	0.3051	0.2938	0.3099	0.3022	0.3340
衡水	0.274783	0.283027	0.285639	0.240965	0.305143	0.306209	0.275487	0.3027	0.2992	0.3075	0.2985	0.2890	0.2802	0.3210
石家庄	0.271922	0.281816	0.284858	0.276843	0.322778	0.324877	0.323476	0.3236	0.3256	0.3293	0.3107	0.3348	0.3160	0.3650
沧州	0.296441	0.301256	0.303671	0.292337	0.329038	0.332857	0.325639	0.3288	0.3246	0.3339	0.3140	0.3331	0.3170	0.3744
保定	0.231852	0.237976	0.246585	0.230097	0.274802	0.27703	0.279106	0.2804	0.2785	0.2784	0.2622	0.2841	0.2651	0.3092
廊坊	0.352736	0.356254	0.365813	0.366051	0.409857	0.416777	0.422818	0.4188	0.4167	0.4363	0.3920	0.4358	0.4134	0.4972
唐山	0.294523	0.299701	0.306012	0.326947	0.364308	0.373995	0.376757	0.3860	0.3765	0.4055	0.3666	0.3947	0.3617	0.4235
张家口	0.138772	0.141257	0.14036	0.148838	0.171139	0.171827	0.173144	0.1779	0.1783	0.2130	0.1794	0.1868	0.1916	0.2364
秦皇岛	0.211941	0.215082	0.219296	0.236012	0.260728	0.268961	0.275833	0.2797	0.2727	0.2877	0.2727	0.2913	0.2832	0.3158
承德	0.106878	0.103695	0.105477	0.117703	0.133026	0.132397	0.140441	0.1413	0.1399	0.1544	0.1453	0.1530	0.1640	0.1820

通过计算夜间灯光综合指数并与城区匹配可以得到 2000～2013 年的研究区各城市的灯光指数，表征城市化综合水平，从中选取 2000 年、2005 年、2010 年和 2013 年四个不同的时间点分析其城市化水平在时间和空间上的演变，同时使用 ArcGIS10.3 软件的自然断点法对上面所提到的四个年份的城市夜间灯光指数进行分类，得到图 9-3 所示的对比图，图中所显示城市化水平的高低比较的是京津冀地区内各地级市之间的相对水平，不是区域的绝对城市化水平级别。

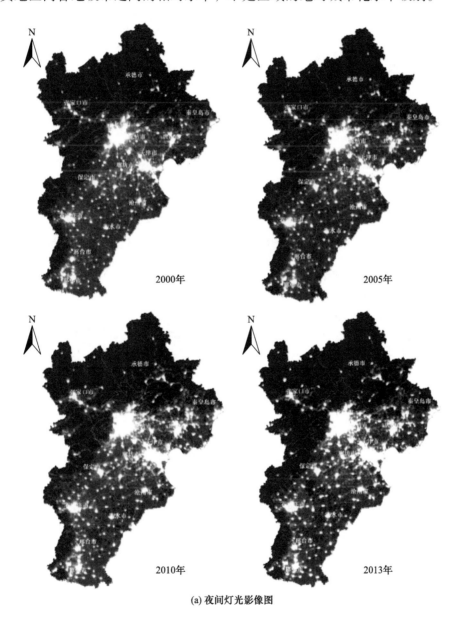

(a) 夜间灯光影像图

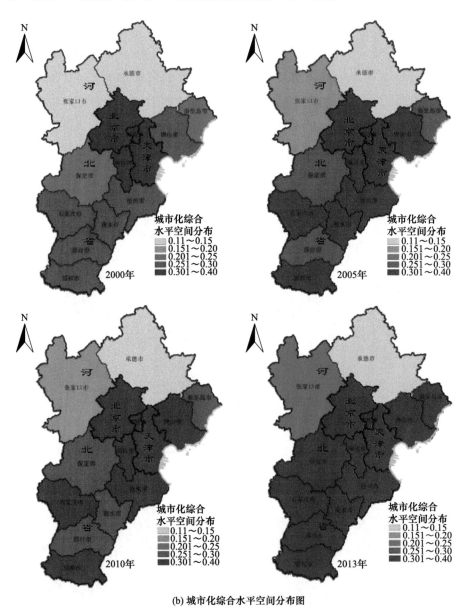

(b) 城市化综合水平空间分布图

图 9-3　京津冀城市群 2000～2013 年夜间灯光影像图（a）；城市化综合水平空间分布图（b）

　　如图 9-3 所示，京津冀城市群不同城市的城市化水平存在较大的差异，具有一定空间异质性。14 年来，研究区域内城市化水平比较高的城市分布在京津冀地区的中部和东部，也就是天津、北京以及地理位置与他们较近的区域。城市化发展水平比较低的区域位于研究区西部的山区。每一年各城市的城市化水平高低也不尽相同。如在 2000 年，北京、天津、廊坊 3 市的城市化水平相对高；2005 年城市化水平相对较高的城市则在 2000 年的基础上加入唐山、石家庄、衡水、沧州、邯郸；而 2013 年城市化发展水平较弱的城市仅剩下承德。2000 年以来，随着京津冀协同发展政策的实施、交通运输等基础设施的不断改进以及经济的迅速发展，以北京、天津为中心的腹地范围逐渐扩大，京津冀各市的城市化水平在不断提高。本研究对13个地级市的城市化水平变化速率进行讨论，根据13个地市城市化水平变化速率柱状图分析（图9-4），2000年至2013年京津冀地区各阶段每个地级市的城市化水平变化速率也大不相同。唐山、张家口、秦皇岛、承德四市领先于京津冀城市群内的其他地市，其中张家口在2010~2013年城市化率最高，唐山在2000~2005年的城市化率最高，承德在2005~2010年的城市化速率最高。京津冀城市群在进入新世纪以来，得到国家政策的倾斜和支持，城市化水平提升显著，在2005~2010年受制于金融危机，其增长速率相较于初期呈现明显的下降趋势。后随着交通条件的改善和京津冀协同发展战略的实施逐渐成型，京津冀各地市的城市化水平增速稳步提升。

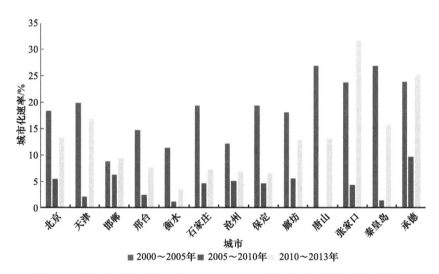

图9-4 京津冀城市群各地市2000~2013年城市化水平变化速率柱状图

第三节 京津冀城市群 PM$_{2.5}$ 的时空演变特征

一、PM$_{2.5}$浓度时空变化规律分析

1. 时序变化分析

根据图9-5京津冀城市群2000~2015年PM$_{2.5}$年平均浓度变化折线图，从时间上来看，2000~2015年16年间，京津冀城市群PM$_{2.5}$浓度整体上呈现波动增长趋势，平均浓度从37.251 μg/m³增长至56.247/m³，增长率44.08%，空气质量状况不容乐观。根据图9-5各地市各年份的平均浓度高低曲线，从分类上来看，可以将13个地级市分为4簇，其中沧州、衡水、廊坊、天津的平均浓度最高，为一簇；

其次石家庄、唐山、邯郸、保定、邢台平均浓度较前一簇低，被归为一簇；秦皇岛和北京为第三簇；承德和张家口的空气质量最好，为第四簇。从空气质量时间变化上来看，2000～2007年，城市群PM₂.₅浓度均值呈上升趋势，2007～2015年波动变化，其中2013年有所抬升，次年转为下降。2007年也是京津冀城市群PM₂.₅浓度的拐点，这与徐超等（2018）的研究结果一致，与北京2008年奥运会前公布的《国务院关于大气污染防治行动计划》等政策的实施有关。

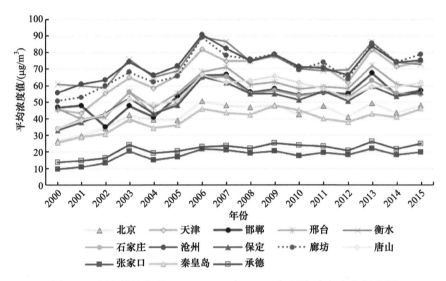

图9-5　京津冀城市群2000～2015年PM₂.₅年平均浓度变化折线图

2. 空间格局分析

我国《环境空气质量标准》（GB3095—2012）中 PM₂.₅年均浓度的二级标准为 $35\ \mu g/m^3$，以此作为分界点，将城市群分为PM₂.₅浓度高值区和低值区（王振波等，2015）。

从图9-6可以看出京津冀地区每一年的PM₂.₅浓度分布都有相似的空间格局，即从西北到东南 PM₂.₅浓度呈现明显且清晰的递增趋势。河北的张家口、承德是PM₂.₅浓度较低的区域，为低值区，廊坊、沧州、衡水和邢台是 PM₂.₅浓度较高的区域，为高值区。此外，PM₂.₅浓度值跨度较大，西北地区小于 $25\ \mu g/m^3$，东南地区大于 $75\ \mu g/m^3$。随着时间推移，PM₂.₅高值区在不断扩张，2000年PM₂.₅浓度最高的区域（$>50\ \mu g/m^3$）集中在衡水及其周边区域，2015年衡水、沧州、廊坊以及天津的PM₂.₅浓度均大于 $75\ \mu g/m^3$，在一定程度上反映了河北的工业发展历程，且分布在西北的PM₂.₅低值区域在不断缩小，北京的PM₂.₅浓度随时间推移也呈现出明显的增加趋势。总体来看，随着时间推移京津冀地区的PM₂.₅浓度在不断增加，每一年均呈现出西北到东南PM₂.₅浓度逐渐增加的总体空间格局。

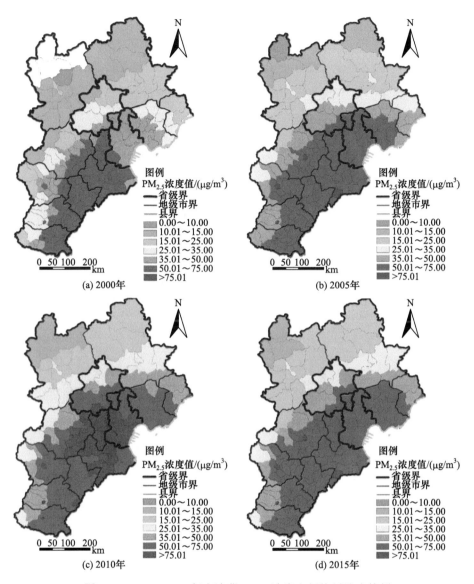

图 9-6 2000~2015 年京津冀 PM₂.₅ 浓度空间格局演变特征

二、PM₂.₅ 浓度空间集聚性特征分析

使用 ArcGIS 软件对京津冀地区的 PM₂.₅ 浓度进行空间自相关检验。由输出结果可知所有年份的 Moran′s I 均大于 0，且均高于 0.43，表明 2000~2015 年京津冀地区 PM₂.₅ 浓度具有强烈的空间相关性、聚集性，即研究区内的 PM₂.₅ 浓度与地理区位有关。p 值为 0，表明该结果百分百不为随机数据生成，具有可信度。因此，可以对京津冀地区 PM₂.₅ 浓度进行冷热点分析。

从图 9-7 可以看出，PM₂.₅ 热点和冷点分布格局与 PM₂.₅ 浓度分布格局相似，西北地区为冷点区域，东南地区为热点区域。具体来说，热点区域集中分布在河北东南地区,具体分布在廊坊、沧州、衡水全部区域以及保定、石家庄、邢台和邯郸的部分区域;冷点区域集中在河北北部地区,具体为张家口、承德和秦皇岛。北京北部为冷点区域,其余均无明显特征,天津也多为无特征区域。随着时间推移,热点区域数量占比不断上升,冷点区域占比持续下降。

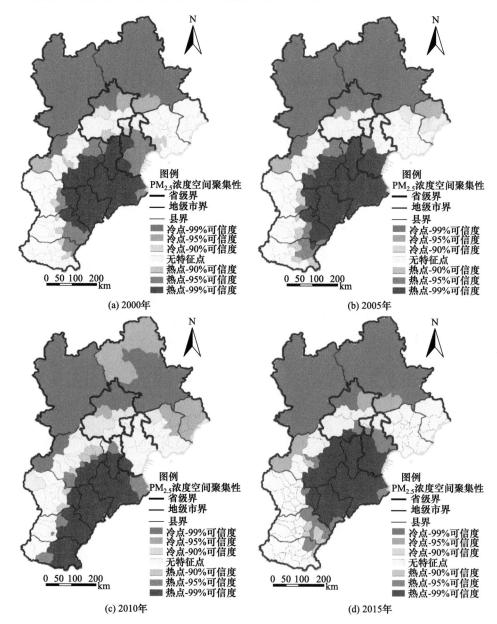

图 9-7　2000～2015 年京津冀地区 PM$_{2.5}$ 浓度空间集聚特征

三、城市化水平与 PM$_{2.5}$ 的空间关系

依据图 9-8 对 PM$_{2.5}$ 平均浓度值影像和夜间灯光亮度平均值影像进行对比分析

可知,总体上,夜间灯光亮度高值的区域对应了 $PM_{2.5}$ 浓度值超过 35 $\mu g/m^3$ 的地区,这说明人类活动强度比较大的地区和 $PM_{2.5}$ 浓度高值区吻合,也印证了人类活动对 $PM_{2.5}$ 浓度的贡献较大。在人口密集、经济发展较快的地区常常对应着夜间灯光亮度和 $PM_{2.5}$ 浓度的高值区,说明城市化水平对 $PM_{2.5}$ 浓度的空间分布具有一定的影响。

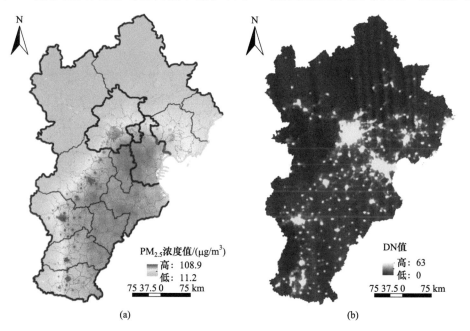

图 9-8 京津冀城市群 2000~2013 年的 $PM_{2.5}$ 的 14 年平均浓度值影像(a)
与夜间灯光亮度的 14 年平均值影像(b)

基于京津冀城市群 209 个县市的区域数据,把县市区域 2000~2013 年平均夜间灯光亮度变化值和 $PM_{2.5}$ 浓度变化进行回归分析,结果表明二者关系较为显著。

图 9-9 表明城市化水平和 $PM_{2.5}$ 具有相关关系,相关系数为 0.2091,回归函数为 $y=0.5418x+56.608$,说明城市化对于 $PM_{2.5}$ 浓度变化具有显著影响。

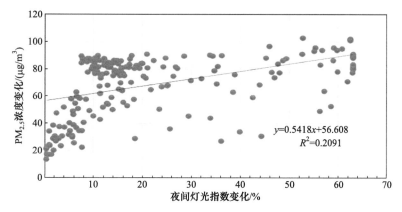

图 9-9 京津冀城市群夜间灯光亮度变化与 $PM_{2.5}$ 浓度变化的相关关系

第四节　京津冀城市群城市化水平
与 PM$_{2.5}$的耦合协调关系分析

一、城市化水平与 PM$_{2.5}$的耦合协调发展的作用机理

作为一个国家或者地区发展社会生产力、调整产业结构和提高科学技术水平的动态过程，城市化（也称城镇化）不仅仅表现在城市数量增多、人口增多和地域的扩张，还包括了非城市地区受到城市渗透、影响以及被城市传播其特有的生活方式，价值理念等等（李书娟和曾辉，2004）。20世纪中期美国著名的经济学家库兹涅茨提出描述城市经济发展和城市生态环境之间关系的"倒 U"形曲线，可以发现，很多地区的城市化发展过程中，环境都是呈现由好变差再由差变好的一个过程，很多城市都是在先污染再治理的经济发展道路上前进。

研究发现城市中 PM$_{2.5}$的浓度和地区城市化发展的过程存在着相互制约，交互耦合的情况（图 9-10）。这是因为在区域城市化的过程中，随着经济不断地发展变好，人口增多、城市面积加大、工业、交通等废气的排放都会对地区的空气质量产生很大的影响，进而形成雾霾问题。在此之后被严重污染的空气同样会对人类产生较大的影响，促使人口被迫迁出，资金争夺，政府发布干预政策等，开始制约着该地区城市化发展的进程。地区在城市化发展的过程中有很多方面都会对空气产生恶劣的影响。初期的城市化发展，会对大气带来负向效应，大气污染也会阻碍城市化的进程，随着城市的发展，人口素质的提升，科学技术的进步，城市会采取更多措施治理污染问题，从而使空气质量向良好方向发展。

丁镭等（2015）主张在城市开发建设的背景下，不仅需要从传统意义上研究污染物的空间流动特征，更需要深入研究城市化建设进程与空气质量的关系及其作用机理，为城市能够可持续健康发展提供决策依据，这具有重要的现实意义。

区域城市化进程与空气环境之间的耦合交互关系，不仅在整体上解释了他们之间的内在关系，也从理论上告诉了我们城市化发展与空气污染的空间分布差异间有着密切的联系。

图 9-10　PM$_{2.5}$浓度与城市化水平的关系示意图

二、城市化水平与 PM$_{2.5}$ 的耦合度评价

1. 耦合度的测度结果

在本节中，根据研究方法中的耦合度模型，把 2000～2013 年共计 14 年的城市化水平和 PM$_{2.5}$ 浓度代入模型计算，得到各年度各市的耦合度值，如表 9-4 所示。

表 9-4　2000～2013 年京津冀城市群城市化水平与 PM$_{2.5}$ 浓度的年度耦合度值表

年份	保定	北京	沧州	承德	邯郸	衡水	廊坊	秦皇岛	石家庄	唐山	天津	邢台	张家口
2000	0.993	0.98	0.678	0.206	0.91	0.26	0.785	0.949	0.999	0.995	0.848	0.953	0.598
2001	1	0.973	0.247	0.206	0.905	0.359	0.741	0.96	0.988	0.983	0.878	0.991	0.624
2002	0.999	0.966	0.251	0.204	0.998	0.712	0.548	0.955	0.991	0.981	0.697	0.997	0.597
2003	0.995	0.971	0.422	0.205	1	0.316	0.719	0.959	0.988	0.98	0.747	0.995	0.568
2004	0.998	0.953	0.26	0.206	0.995	0.452	0.587	0.967	0.996	0.95	0.688	0.991	0.602
2005	1	0.97	0.259	0.204	0.966	0.587	0.647	0.969	0.987	0.956	0.58	0.97	0.607
2006	0.999	0.966	0.27	0.2	0.973	0.418	0.343	0.967	0.987	0.948	0.636	0.985	0.561
2007	1	0.971	0.619	0.202	0.956	0.288	0.693	0.969	0.972	0.953	0.721	0.948	0.589
2008	1	0.957	0.347	0.203	0.973	0.448	0.224	0.974	0.986	0.872	0.301	0.971	0.596
2009	0.997	0.958	0.203	0.207	0.979	0.409	0.221	0.985	0.991	0.859	0.261	0.982	0.702
2010	1	0.958	0.274	0.211	0.966	0.401	0.395	0.993	0.978	0.814	0.237	0.957	0.586
2011	0.997	0.95	0.636	0.205	0.97	0.803	0.222	0.972	0.977	0.92	0.404	0.971	0.565
2012	0.996	0.96	0.658	0.203	0.959	0.327	0.665	0.965	0.984	0.958	0.681	0.952	0.536
2013	0.992	0.965	0.498	0.205	0.962	0.326	0.239	0.944	0.992	0.982	0.502	0.963	0.657

2. 耦合度的时序变化

从表 9-4 和图 9-11 可以清晰地看到 2000～2013 年京津冀城市群各市的城市化水平与空气质量耦合度波动明显。城市间的总体水平差异显著，保定、北京、邯郸、秦皇岛、石家庄、邢台 6 个城市的耦合度值都在[0.9, 1]，处在高水平耦合阶段，说明这些城市的城市化发展水平和空气质量具有较高的关联，相互影响较大。2000～2013 年北京的城市化处于较高的水平，同时随着北京防治空气污染等政策的实施和高耗能企业的外迁等举措，其年均 PM$_{2.5}$ 浓度相较于京津冀城市群其他城市来说较低，空气质量水平较高，因此北京处于高水平耦合阶段。而邢台相对于京津冀城市群其他城市城市化发展薄弱，空气污染程度却较为严重，城市化水平和空气质量水平都处在较低状态，因此也处在高水平耦合阶段。其次，从图 9-11 可知，从波动情况来看，各城市的稳定程度差异显著，沧州、衡水、廊坊、天津城市化水

平和空气质量水平的耦合度年际变化剧烈；从变化趋势上来看，廊坊、天津两市的耦合度下降趋势明显，沧州上升趋势明显。天津和廊坊发展迅速，随之带来空气污染程度加大，使二者间的耦合关系减弱。

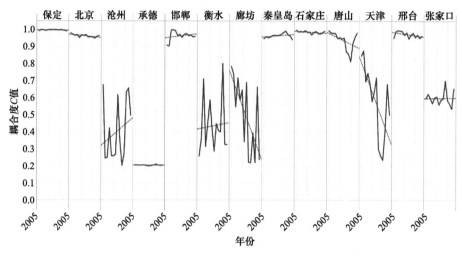

图 9-11　京津冀城市群 PM$_{2.5}$ 浓度和城市化水平耦合度时序变化曲线图

根据耦合度 C 值级别及变化情况，按照表 9-5 将耦合度划分为 4 个等级，进而可以将京津冀地区分为：

（1）剧烈拮抗型城市：衡水、廊坊、沧州、天津；

（2）稳定高耦合型城市：保定、邢台、北京、邯郸、石家庄、秦皇岛；

（3）稳定低耦合型城市：承德；

（4）剧烈磨合型：张家口。

表 9-5　耦合阶段类型划分标准

耦合度 C	耦合阶段类型
$C = 0$	无关状态且向无序发展
$0 < C \leqslant 0.3$	低水平耦合阶段
$0.3 < C \leqslant 0.5$	拮抗阶段
$0.5 < C \leqslant 0.8$	磨合阶段
$0.8 < C < 1$	高水平耦合阶段
$C = 1$	良性共振耦合且趋向新的有序结构

从时间变化角度来分析，2000~2013 年京津冀城市群 7 个城市的耦合度数值均在 0.95 以上，占到总数的 54%，分别是保定、北京、邯郸、秦皇岛、石家庄、

唐山、邢台，耦合度均值分别为 0.9975、0.9641、0.9651、0.9663、0.9868、0.9393、0.9732，说明这些城市的城市化水平和空气质量之间耦合度较高。

3. 耦合度的空间变化

根据表 9-5 耦合度的划分标准，从 14 年间选取 2000 年、2005 年、2010 年、2013 年四个时间节点来展示耦合度的空间变化情况（图 9-12）。

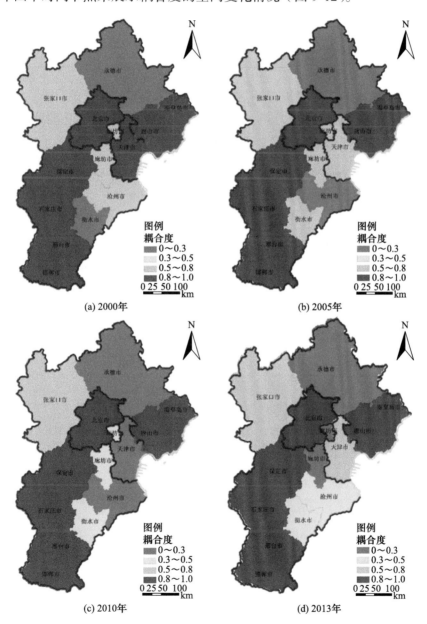

图 9-12 2000 年、2005 年、2010 年、2013 年京津冀城市群
PM₂.₅质量浓度与城市化水平的耦合度空间分异图

2000 年，衡水空气质量水平落后于城市化水平，承德空气质量水平高于城市发展水平，这两个城市的城市化水平与空气质量耦合度分别为 0.26、0.206，耦合水平低。沧州、廊坊等市处于城市化水平与空气质量水平的耦合度磨合阶段，其余各市已达高水平耦合阶段。到 2010 年，衡水空气质量显著改善，虽然仍处于低水平耦合阶段，耦合水平有小幅提升，承德仍处在低城市化水平高空气质量的拮抗状态。需要说明的是，仔细观察并分析计算结果，发现耦合度 C 值并不能全面表征两个子系统之间的关系，例如 2010 年天津的耦合度（0.237）和承德的耦合度（0.211）相近，均处于低耦合水平阶段，但天津空气质量水平滞后于城市化水平，承德则相反。耦合度 C 说明了城市化水平和空气质量水平两个子系统之间的相互作用强弱，而耦合协调度 D 则能表达相互作用中良性耦合程度的大小，说明两个子系统协调状况的高低。因此，需要引入耦合协调度 D 来研究京津冀城市群各地区城市化水平与空气质量水平耦合协调关系。

三、城市化水平与 PM$_{2.5}$ 的协调度评价

1. 协调度的测度结果

根据研究方法中的协调度模型，把 2000～2013 年共计 14 年的城市化水平和 PM$_{2.5}$ 浓度代入模型计算，得到各年度各市的协调度值，如表 9-6 所示。

表 9-6　2000～2013 年京津冀城市群城市化水平与 PM$_{2.5}$ 浓度的年度协调度值

年份	保定	北京	邯郸	秦皇岛	石家庄	邢台	张家口	廊坊	天津	衡水	沧州	唐山	承德
2000	0.694	0.904	0.655	0.705	0.737	0.625	0.573	0.638	0.74	0.484	0.503	0.761	0.31
2001	0.668	0.885	0.642	0.693	0.701	0.693	0.589	0.601	0.767	0.328	0.283	0.726	0.31
2002	0.649	0.872	0.775	0.694	0.698	0.698	0.573	0.492	0.635	0.275	0.28	0.716	0.311
2003	0.618	0.881	0.724	0.699	0.647	0.62	0.555	0.57	0.662	0.248	0.345	0.726	0.311
2004	0.661	0.851	0.744	0.694	0.713	0.668	0.576	0.511	0.626	0.346	0.275	0.698	0.31
2005	0.651	0.875	0.659	0.711	0.687	0.618	0.579	0.445	0.562	0.403	0.276	0.718	0.311
2006	0.618	0.873	0.675	0.708	0.667	0.624	0.551	0.548	0.596	0.291	0.27	0.697	0.315
2007	0.624	0.866	0.643	0.715	0.642	0.574	0.568	0.567	0.65	0.261	0.432	0.717	0.313
2008	0.616	0.834	0.668	0.687	0.664	0.593	0.572	0.297	0.39	0.326	0.305	0.625	0.312
2009	0.617	0.843	0.667	0.67	0.658	0.593	0.637	0.299	0.363	0.305	0.228	0.636	0.309
2010	0.604	0.848	0.643	0.66	0.638	0.579	0.566	0.293	0.345	0.313	0.268	0.589	0.306
2011	0.584	0.819	0.656	0.702	0.641	0.587	0.553	0.298	0.457	0.308	0.426	0.669	0.31

续表

年份	保定	北京	邯郸	秦皇岛	石家庄	邢台	张家口	廊坊	天津	衡水	沧州	唐山	承德
2012	0.581	0.861	0.616	0.688	0.621	0.553	0.537	0.33	0.516	0.244	0.417	0.669	0.312
2013	0.607	0.867	0.623	0.694	0.643	0.543	0.609	0.312	0.62	0.244	0.362	0.714	0.311

2. 协调度的时序变化

从时间变化角度分析（见表 9-6，图 9-13），2000～2013 年京津冀地区城市化水平和空气质量水平的协调度波动明显但总体上呈现下降趋势，说明城市化水平和 $PM_{2.5}$ 浓度之间的协调关系逐渐减弱。协调度的数值越大，京津冀城市群城市化水平和空气质量水平的耦合协调程度越好；相反，如果协调度数值越小，二者的耦合协调程度越差。根据协调度的变化情况，综合考虑京津冀地区各城市的发展特点，同时根据已有的研究结果（程艳，2014），按城市按照协调度的大小分为三种类型（表 9-7），分别是协调发展型、准协调发展型和欠协调发展型。

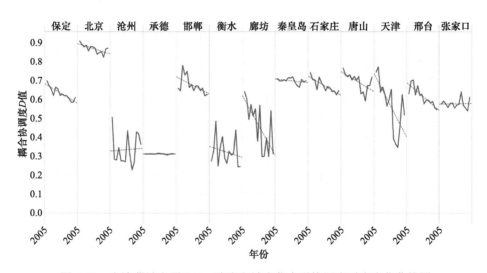

图 9-13　京津冀城市群 $PM_{2.5}$ 浓度和城市化水平协调度时序变化曲线图

表 9-7　协调阶段划分类型

类型		亚类型
协调发展	$0.7 < D \leqslant 1$	高级协调
准协调发展	$0.5 < D \leqslant 0.7$	基本协调
欠协调发展	$0.3 < D \leqslant 0.5$	基本欠协调
	$0 < D \leqslant 0.3$	严重欠协调

3. 协调度的空间变化

根据表 9-7 协调度的划分标准,从 14 年间选取 2000 年、2005 年、2010 年、2013 年四个时间节点来展示协调度的空间变化情况。

图 9-14 可以清晰地展示出京津冀城市群 14 年间的协调关系变化,有些城市较为稳定,有些城市波动较大。例如,2005 年,沧州的协调度降低至严重不协调阶段,2010 年廊坊降低至严重不协调阶段,唐山和秦皇岛从协调发展的良好阶段降

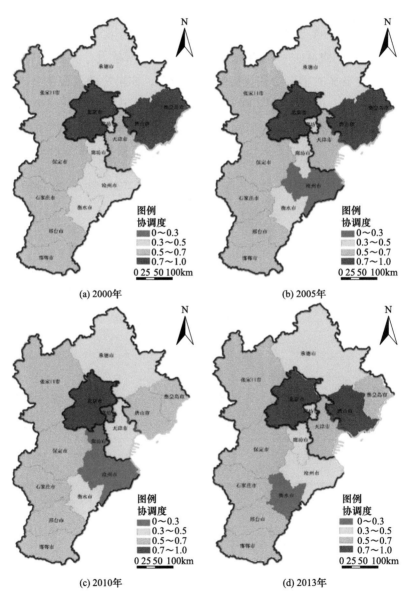

(a) 2000年　　　　　　　　(b) 2005年

(c) 2010年　　　　　　　　(d) 2013年

图 9-14　2000 年、2005 年、2010 年、2013 年京津冀城市群
PM$_{2.5}$ 质量浓度与城市化水平的协调度空间分异

至准协调阶段,二者的协调度降低,说明城市化水平和PM$_{2.5}$浓度相互促进的程度减弱。2013年唐山重新回到协调发展阶段,沧州从严重不协调阶段升至欠协调阶段,说明沧州城市化水平和PM$_{2.5}$浓度的关系转为相互促进并进一步加大,而衡水则降至严重不协调阶段。

根据表9-7的划分标准,结合图9-14协调度在2000~2013年的时空变化差异,将京津冀城市群划分为以下三种类型:

（1）欠协调发展阶段的城市:承德、廊坊、沧州、衡水;

（2）准协调发展阶段的城市:张家口、保定、石家庄、邢台、邯郸、天津;

（3）协调发展阶段的城市:北京、唐山、秦皇岛。

各城市的城市化水平和空气质量水平的耦合协调度之间存在着较大差异。总体上,京津冀城市群城市化水平和空气质量水平的耦合协调度呈下降趋势,早期的城市化发展常常以污染空气、牺牲生态环境为代价,但随着人们生态环保意识的觉醒,科技力量的迅速发展和基础设施建设的逐步完善,城市化水平和空气质量之间的协调促进作用也将不断增强。

第五节　京津冀城市群城市化水平与PM$_{2.5}$耦合关系的影响因素分析

一、影响体系的构建

京津冀城市群的PM$_{2.5}$浓度与城市化水平有着密切关系,为进一步了解哪些社会经济因子会对二者的关系产生影响,本研究结合了京津冀城市群各市的城市年鉴数据,共选取了11个因子,使用面板回归模型,计算因子对PM$_{2.5}$浓度和城市化水平二者的耦合协调关系的影响（表9-8）。

（一）变量选择与数据说明

1. 经济发展水平

使用地区生产总值（万元,用G1表示）和人均地区生产总值（元,用G2表示）来表征。其中人均地区生产总值均用国内生产总值缩减指数调整为2000年基准价格（吕政宝和杨艳琼,2018）。环境库兹涅茨曲线（Kuznets curve）假说提出,随着经济增长,环境污染物排放量是先增长后降低的,曲线呈现倒"U"形。

2. 人口集聚水平

使用非农人口占总人口比重来衡量城市人口集聚的水平,用G3表示。一个地区的城市化水平代表着人口集聚的水平，城市发展会带来人口集聚现象，人口集聚从一方面来说会大量消耗城市的资源，进而加大污染物的排放量；但从另一方面来说，人口集聚又有利于城市资源集约利用，促进技术革新，进而减少污染物的排放。因而本文预期在城市发展前期，处于欠协调阶段时，人口集聚水平系数符号为负。

3. 外商投资

使用外商直接投资占地区生产总值的比重（用 G4 表示）来表征。本研究外商直接投资的单位为"万元"，将地区生产总值缩减指数调整为以 2000 年基准价格来衡量。外商直接投资既有优势也会带来弊端，外商的大量投资会促进城市的经济发展，提高生产技术，但是也有可能将国外耗能较高、污染较多的工厂转移至该地从而增加该地区 $PM_{2.5}$ 的排放。所以也无法预估外商直接投资对耦合协调度的正负效应。

4. 科技水平

使用每万人大学生数（用 G5 表示）和科学费用支出（用 G6 表示）作为科技水平指标。科技水平可以通过提高创新效率来促进产业结构升级，因而本文预期科技水平系数符号为正。

5. 基础设施

使用人均道路面积（用 G7 表示）、每万人床位数（用 G8 表示）、人均公共汽电车（用 G9 表示）、人均绿地面积（用 G10 表示）作为衡量基础设施的度量指标。城市中，良好的基础设施建设能促进产业结构的不断升级，因此本文预期基础设施的系数符号为正。

6. 产业结构

使用第二、第三产业所占比重（用 G11 表示）来衡量，理论预期其估计系数为正。

（二）变量描述性统计

各变量描述统计结果见表 9-8。

表 9-8　解释变量的基础值描述表

名称	样本量	最小值	最大值	平均值	标准差	中位数
非农业人口占总人口的比重	181	0	0.766	0.208	0.203	0.204
人均地区生产总值/元	181	4606.94	148181	26106.716	22342.776	20027
人均地区生产总值平方	181	2439319	21957608761	487484810.3	1916448249	28383712

续表

名称	样本量	最小值	最大值	平均值	标准差	中位数
第二、第三产业所占比重	181	78.8	100	87.365	5.352	86.1
外商直接投资占地区生产总值的比重	181	0.009	0.019	0.003	0.003	0.002
科学费用支出/万元	168	307	2346742	120780.375	359516.678	9849
每万人大学生数	181	9.984	575.74	162.316	138.835	109.823
每万人床位数	181	15.95	88.207	31.762	13.077	27.824
人均道路面积	142	2.84	31.59	11.579	5.492	10.3
人均公共汽电车/辆	142	1.34	22.79	11.925	5.016	11.465
人均绿地面积	180	11.07	79.898	34.462	13.899	30.965

（三）模型的设定

本研究所使用的面板回归模型主要包括三个模型，分别是混合回归（POOL）模型、固定效应回归（FE）模型和随机效应回归（RE）模型。因此，首先要对面板数据进行单位根检验、协整检验和豪斯曼检验，通过对上述三种模型的回归拟合，得到结果。使用以下规则来对结果进行分析，得出选用合适的模型。

（1）F 检验用于 FE 模型和 POOL 模型选择对比，p 值小于 0.05 意味着 FE 模型更优，反之则使用 POOL 模型；

（2）BP 检验用于 RE 模型和 POOL 模型选择对比，p 值小于 0.05 意味着 RE 模型更优，反之则使用 POOL 模型；

（3）Hausman 检验用于 FE 模型和 RE 模型选择对比，p 值小于 0.05 意味着 FE 模型更优，反之则使用 RE 模型。

本研究以 G1、G2、G3、G4、G5、G6、G7、G8、G9、G10、G11 作为解释变量，以 Z_D（耦合协调度的标准化结果）作为被解释变量进行面板模型构建。首先，需要进行模型检验，找出最优模型，从表 9-9 可知：在 F 检验中，$F_{(11, 52)}=6.628$，$p=0.000<0.05$，这就说明，在 5%显著性水平下，相对于 POOL 模型而言，FE 模型更优。BP 检验 $\chi^2(1)=58.369$，$p=0.000<0.05$，这就说明，在 5%的显著性水平下，相对于 POOL 模型而言，RE 模型更优。Hausman 检验 $\chi^2(11)=65.596$，$p=0.000<0.05$，这就说明，在 5%的显著性水平下，相对于 RE 模型而言，FE 模型更优。综合上述分析，最终以 FE 模型作为最终模型。

表 9-9　检验结果汇总表

检验类型	检验目的	检验值	检验结论
F 检验	FE 模型和 POOL 模型比较选择	$F(11,52)=6.628, p=0.000$	FE 模型
BP 检验	RE 模型和 POOL 模型比较选择	$\chi^2(1)=58.369, p=0.000$	RE 模型
Hausman 检验	FE 模型和 RE 模型比较选择	$\chi^2(11)=65.596, p=0.000$	FE 模型

二、京津冀城市群耦合协调发展的影响因子分析

通过 Matlab 软件使用 FE 模型（固定效应回归模型）计算各因子对城市化水平与空气质量的耦合协调关系的影响，得到结果见表 9-10。

表 9-10　面板模型结果汇总

	POOL 模型	FE 模型	RE 模型
截距	0.521（2.651*）	0.083（0.810）	0.133（0.467）
人均地区生产总值/元	−1.538（−0.670）	0.907（3.852**）	0.495（1.159）
非农业人口占总人口的比重	−0.208（−0.466）	−1.954（−3.440**）	−0.362（−1.237）
人均地区生产总值平方	0.284（0.214）	0.319（2.468*）	0.197（0.526）
第二、第三产业所占比重	0.375（0.367）	0.359（0.662）	0.287（0.606）
外商直接投资占国内生产总值的比重	−0.975（−1.364）	0.046（0.134）	−0.195（−0.603）
科学费用支出/万元	0.240（1.169）	0.040（0.414）	0.015（0.154）
每万人大学生数	−0.494（−1.319）	0.813（3.722**）	−0.019（−0.104）
每万人床位数	−0.024（−0.045）	1.641（5.138**）	−0.027（−0.128）
人均道路面积	−0.153（−0.942）	−0.101（−0.525）	−0.126（−0.813）
人均公共汽电车/辆	−0.033（−0.118）	0.036（0.164）	0.249（1.061）
人均绿地面积	−0.169（−1.488）	0.128（2.698*）	−0.124（−1.145）
R^2	0.185	0.661	0.141
调整 R^2	−0.284	0.59	−0.041
样本量	64	64	64
检验	$F(11,40)=0.826, p=0.616$	$F(11,52)=9.225, p=0.000$	$\chi^2(11)=8.500, p=0.668$

*表示 $p<0.05$，**表示 $p<0.01$，括号里面为 t 值。

由表 9-10 可知,因子中第二、第三产业所占比重、外商直接投资占国内生产总值的比重、科学费用支出、人均道路面积、人均公共汽电车均没有通过显著性检验。剩余 6 个因子具有显著性,绝对值从大到小排列为非农业人口占总人口的比重、每万人床位数、人均地区生产总值、每万人大学生数、人均地区生产总值平方、人均绿地面积,其中负向影响的是非农业人口占总人口的比重。非农业人口占总人口的比重表征该地区的人口集聚效应,京津冀城市群城镇化水平较高,以经济带动人口流入,人口涌入又提高了地区的城镇化水平,但城镇人口的增多必然会消耗城市资源,加剧污染物的排放,从而使城市化快速发展与空气质量出现不协调。影响程度排在其次的是每万人床位数,与同为正向影响的人均绿地面积因子都表征基础设施建设,城市基础设施的完善将满足人口的需求,维护外来人口的基本权利,从而使城市化发展与空气质量发展更加协调。表征科技水平的每万人大学生数也起到重要的正向作用,在于技术创新能提高生产效率,提高节能减排的能力。综上所述,为了减少人口集聚带来的部分负面影响,京津冀城市群应加大基础设施建设,缓解人地关系矛盾,增加外来人口的归属感,其次要大力发展科技教育事业,引进高新技术人才,提高居民的素质,优化产业结构,从而促进经济发展,优化城市化水平与空气质量的良性耦合协调关系。

三、分区域耦合协调发展的影响因子分析

第四节依据京津冀城市群不同城市的城市化与空气质量耦合协调度,将京津冀城市群划分为 3 个类型区域,本研究将进一步探索处在不同协调关系下的区域其影响协调关系的社会经济因子是否有所不同,进而能更加精准地为京津冀城市化和空气质量协调发展提供理论基础。第四节将京津冀城市群划分为

(1)欠协调发展阶段的城市:承德、廊坊、沧州、衡水;

(2)准协调发展阶段的城市:张家口、保定、石家庄、邢台、邯郸、天津;

(3)协调发展阶段的城市:北京、唐山、秦皇岛。

由于某些区域的样本量较小,所以对不同区域使用 OLS(最小二乘法)回归方法,均通过怀特(White)检验和 BP 检验,没有异方差问题。整理分区域的耦合协调度的主要影响因子(表 9-11)发现,不同耦合协调地区的影响因子具有一定的差异,各因子在不同耦合协调的城市状态下对城市化水平和空气质量的耦合协调关系的影响力不同。例如非农业人口占总人口的比重在准协调区的回归系数为 0.265,而在欠协调区为 0.091,在协调区为 0.56。这说明在处于协调阶段的城市区域,人口集聚效应起到很大的促进作用,因为处在协调阶段的城市社会更加协调,能吸引更多人迁入,同时迁入的人口教育水平高,对本地区的城市发展和空气质量之间的协调关系起到很强的正效应。再例如,处在欠协调发展阶段的城

市区域，人均地区生产总值起到负影响，其回归系数为−0.95，说明处在欠协调发展阶段的城市区域之所以出现城市发展与空气质量良好相悖的现象，在于该地区正处在城市发展的前期，处于积累原始资源的阶段，更注重社会经济的发展，忽视了环境保护。

表 9-11　京津冀城市群全局及各分区协调关系的主要影响因子

因子	欠协调	准协调	协调
人均地区生产总值/元	−0.95		
非农业人口占总人口的比重	0.091	0.265	0.56
人均地区生产总值平方			
第二、三产业所占比重			0.035
外商直接投资占国内生产总值的比重		−0.610	
科学费用支出/万元		1.402	
每万人大学生数			
每万人床位数			0.261
人均道路面积	−0.013	0.123	
人均公共汽电车/辆		0.241	
人均绿地面积			
R^2	0.409	0.533	0.937
调整 R^2	0.199	0.436	0.904
样本量	43	65	33
检验	$F_{(11,31)}=1.95$, $p=0.071$	$F_{(11,53)}=5.50$, $p=0.000$	$F_{(11,21)}=28.31$, $p=0.000$

　　通过表 9-11 可知，不同协调关系下，区域的影响因子的大小和正负不同，其作用方式和影响程度具有依赖城市发展阶段的异质性特征。在城市化与生态环境质量"欠协调"发展的地区，经济发展水平是最重要的协调发展的制约因素，对于"准协调"发展地区，科学技术水平、人口集聚水平以及基础设施水平均为协调发展的重要正向影响因素，而外商投资表现为显著的负向影响。对于"协调"发展地区，人口集聚、基础设施建设水平和产业结构指标为排名前 3 位的协调发展关键的正影响因素。

这也形象地佐证了城市发展的不同阶段。城市发展的初期处在严重欠协调阶段，最首要的特征是经济的发展和人口的集聚，经济的迅速发展为公共基础设施建设提供了资金支持，同时也为城市人口提供了可观的劳务福利，这些都会吸引人口继续向城市集聚；同样，城市汇聚的人口也为该城市提供了丰富的劳动力，促进城市生产技术的不断进步，同时为城市的经济发展提供了源源不断的动力支持，这是城市发展的第一阶段，其城市人口和城市经济发展不断进行相互影响和促进（姜磊等，2019）。随着城市人口增加和经济发展，城市用地需求增大，促进技术进步，进入城市发展的第二阶段，工业化是其主要特征。大规模投入生产的工业、工厂使用大量的化石能源，燃烧产生的 CO_2、SO_2 等污染物和人类生产生活产生的大量空气污染物都造成大气污染物含量不断增加（莫莉等，2014）。另外，城市汽车等交通设备不断增加，也排放了大量的空气污染物。城市中排放的污染物总量超过了环境承载力，雾霾等空气污染现象开始加剧，城市发展进入城市空气污染阶段，也就是第三阶段。随着城市化水平的进一步提高，全体城市居民素质提升，对高水平空气质量的需求日益增多，政府也加大对空气污染的治理力度，城市发展开始进入空气污染治理阶段，即第四个阶段，也就是准协调（磨合）阶段，城市化对空气质量具有改善的作用。城市发展的最终目标是进入城市化水平与空气质量相互协调阶段，即城市良性发展，空气质量水平处在较高的状态，二者之间不断良性促进。

本文通过时空分析探究了 2000～2013 年（共 14 年）城市发展水平与大气环境质量的平均水平、二者之间耦合与协调水平的时空变化特征，明晰了京津冀城市群城市发展与大气环境之间关系变化的时空分异模式。研究使用计量经济学模型，分别在全局尺度和子区域尺度下，识别对"城市发展水平-大气环境质量"协调发展起到关键作用的社会经济因素，探索了其背后的影响机制，结论主要包括以下四方面：

（1）京津冀城市群城市发展和空气污染水平的变化具有明显的时空分异特点。时序分析结果显示，城市化水平稳步提升，而 $PM_{2.5}$ 浓度呈现波动增长趋势（平均浓度从 37.251 $\mu g/m^3$ 增长至 56.247 $\mu g/m^3$，增长率 44.08%）。区域发展空间呈现由低水平城市化向高水平城市化区域转变的特征，其中高度城市化地区（夜间灯光指数大于 40）面积增长接近 3.2 倍。城市发展以及 $PM_{2.5}$ 浓度的空间分布格局具有高度的相似性，总体上均呈现"东高西低"的梯度性变化规律。

（2）城市发展水平与空气质量水平的耦合度、耦合协调度空间差异显著，时间变化趋势的稳定性差异显著。耦合度分析结果表明，京津冀城市群中既包括保定、北京、邯郸、秦皇岛、石家庄、邢台 6 个"城市发展-空气质量水平"高度耦合地区（0.9≤C≤1），也包括承德等低度耦合地区（C<0.3），既包括沧州、衡水、

廊坊、天津等耦合度年际变化剧烈的不稳定发展地区，也包括廊坊、天津以及沧州这类耦合度稳定下降或上升的稳定变化地区。协调关系分析结果显示，城市群总体协调水平处于初级协调阶段，而首都北京为该地区耦合协调度发展的范例（0.8≤耦合协调度≤0.9，排名第1）。

（3）识别了京津冀城市群多种"城市发展-空气质量"耦合和协调特征的城市发展模式。其中四类耦合特征城市分别为：①剧烈拮抗型，包括衡水、廊坊、沧州、天津；②稳定高耦合型，包括保定、邢台、北京、邯郸、石家庄、秦皇岛；③稳定低耦合型，承德；④剧烈磨合型，张家口。三类协调特征城市分别为：①协调发展阶段的城市，包括北京、唐山、秦皇岛；②准协调发展阶段的城市，包括张家口、保定、石家庄、邢台、邯郸、天津；③欠协调发展阶段的城市，包括承德、廊坊、沧州、衡水。

（4）京津冀城市群"城市发展水平-空气质量水平"的耦合协调关系受到多种社会经济因素的影响，且其作用方式和影响程度具有依赖城市发展阶段的异质性特征。人口集聚水平对全局"城市发展水平-空气质量水平"的协调关系具有最重要的负向影响，表明人口空间分布的不均衡是制约区域城市社会经济与生态环境协调发展的最重要因子。基础设施建设指标对耦合协调关系表现出最显著的正向影响，表明基础设施可以为区域协调发展提供有力的支持。分区计量的分析结果显示，在城市化与生态环境质量"欠协调"发展的地区，经济发展水平是最重要的协调发展的制约因素，对于"准协调"发展地区，科学技术水平、人口集聚水平以及基础设施水平均为协调发展的重要正向影响因素，而外商投资表现为显著的负向影响。对于"协调"发展地区，人口集聚、基础设施建设水平和产业结构指标为排名前3位的协调发展关键的正影响因素。

基于以上研究结果，为区域社会经济与生态环境协调发展提供以下建议：①充分将城市社会经济与空气质量水平之间协调关系的本底特征纳入到城市社会经济发展规划的考虑之中；②对于廊坊、沧州、衡水等处于欠协调阶段的城市，不宜片面追求经济规模，而应注重经济的高质量、低负担增长；③对于天津、保定、石家庄、张家口等处在准协调水平城市，增加科技创新投入、优化劳动力分工结构、加强基础设施建设是促进区域社会经济与生态环境协调发展的重要途径；④对于北京、秦皇岛等高协调水平城市，疏解人口以减轻其环境负担为该类区域的协调提供最有效的支持，而增强基础设施建设以及优化产业结构也可以作为重要的补充措施。

第十章 基于景观生态学途径的京津冀 "城市病" 综合风险评估

第一节 景观格局与生态过程耦合原理与模型

一、景观格局量化方法

景观格局量化方法主要包括格局指数、空间统计以及景观模型等。格局指数是针对空间上非连续变量数据的描述，是格局分析中应用最广泛的方法。空间统计方法主要是基于土地利用/覆被分类，统计各个类型土地的面积、比例以及不同时期各类型土地的增减状况等。景观模型则是在静态格局分析的基础上，针对具体的生态过程构建的数学模型，是明确考虑研究对象的空间位置和它们在空间上的过程及相互作用关系的数学模型，以空间马尔可夫模型、元胞自动机模型和基于智能体模型为代表。

然而现有研究对于景观格局指数的生态学意义缺乏深入的探讨，很多研究只关注景观格局几何特征的分析和描述，缺乏与相关生态过程的联系。景观格局模型则仅通过景观转移概率或考虑邻近单元影响及智能体决策行为确定转换规则，模拟预测景观空间格局动态，而常常忽略生态过程，很难从机制上解释格局变化的原因与细节。

二、景观最小阻力模型

最小累计阻力模型（minimal cumulative resistance，MCR）刻画的是物质或者能量从 "源" 经过不同景观类型所需要耗费的费用或者克服的最小阻力，是耗费距离模型的衍生应用（Knaapen et al.，1992），在最初的研究中，最小累计阻力模型更多反映物种从 "源" 到目的地的运动过程中，所需要花费的最小代价或者克服阻力需要做的最小的功，后来被相关研究者拓展，广泛应用于其他领域，如物种保护、土地利用规划等（程迎轩等，2016；魏玉强等，2016）。该模型主要考虑 "源"、空间距离因子以及阻力因子三个方面的要素。最小累计阻力模型数学表达式如下：

$$MCR = f\min\sum_{j=n}^{i=m}(D_{ij} \times R_i) \qquad (10\text{-}1)$$

式中，MCR 是最小累计阻力值；f 是一个未知的单调递增函数，反映的是根据空间特征，空间内所有源到位空间某一位置的距离关系，D_{ij} 是污染物从 "源" 出发

到达目标位置 j 所穿越的景观 i 的空间距离，反映污染物迁移扩散过程中水平方向上距离衰减的阻力；R_i 是融合影响生态过程的外部因子的景观类型单元 i 对污染物扩散在垂直方向上的阻力。

三、"源""汇"景观格局模型

景观生态学中，"源"是指在景观格局与生态过程研究中，能促进生态过程发展的景观类型；"汇"是指能阻止或延缓生态过程发展的景观类型（陈利顶，2018）。然而，由于"源""汇"景观是针对特定生态过程而言，在识别"源""汇"景观时，必须和待研究的生态过程相结合。只有明确了生态过程的类型，才能确定景观类型的性质。例如，对于非点源污染来说，一些景观类型起到了"源"的作用，如山区的坡耕地、化肥施用量较高的农田、城镇居民点等；一些景观类型起到了汇的作用，如位于"源"景观类型下游方向的草地、林地、湿地景观等，但同时一些景观类型起到了传输的作用，可以称为"流"景观类型。对于水土流失/养分流失来说，"源"景观类型是指径流、土壤和养分流失的地方，如果在"源"景观类型下游缺少"汇"景观类型，那么由"源"景观地区流失的水土和养分将会直接进入地表或地下水体，形成非点源污染。对于城镇地区具有吸收热量的草地、城市森林等绿地景观，应该是城市地区热量的"汇"景观（Sun et al.，2018a）。对于生物多样性保护来说，能为目标物种提供栖息环境、满足种群生存基本条件，以及有利于物种向外扩散的资源斑块，可以称为"源"景观；不利于物种生存与栖息以及生存有目标物种天敌的斑块可以称为"汇"景观。

为了刻画"源""汇"景观的空间分布格局，借用了洛伦兹曲线的理论（图 10-1）。任何一个流域，"源""汇"景观的空间分布总是可以和流域出口（监测点）相比较，计算不同景观单元随着距离、相对高度和坡度的面积累积百分比（Sun et al.，2018b）。

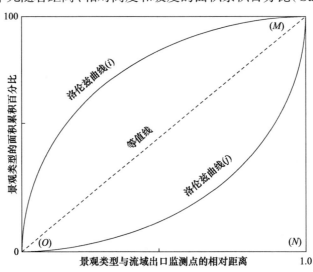

图 10-1　"源""汇"景观空间分布示意图

图 10-1 中 O（0.00）表示流域出口监测点，纵坐标表示景观类型的面积累积百分比（取值范围 0～100）；横坐标（ON）表示景观类型与流域出口监测点的相对距离（取值范围 0 至离监测点的最大距离）、相对高度（取值范围 0 至流域内相对于监测点的最大高差）或坡度（取值范围 0 至流域内的最大坡度）；OiM、OjM 分别表示不同景观类型的面积累积曲线。可以看出，OM 表示的是绝对平均分布曲线，如果"源""汇"景观均匀地分布在流域中，那么将会出现曲线所描述的分布特征。

第二节　景观动态变化的基本原理与检测方法

一、综合趋势分析法

基于像元的一元线性回归分析可以模拟区域时空格局变化趋势。以年植被覆盖度和时间序列建立一元线性方程，模拟 2005～2015 各年份植被生长季覆盖度变化趋势。计算公式如下：

$$\theta_s = \frac{n \times \sum_{i=1}^{n} i \times C_i - \sum_{i=1}^{n} i \sum_{i=1}^{n} C_i}{n \times \sum_{i=1}^{n} i^2 - \left(\sum_{i=1}^{n} i\right)^2} \qquad （10\text{-}2）$$

式中，θ_s 是回归方程的斜率，若值为正，表示植被覆盖度有增加趋势；反之，植被指数有下降趋势。n 为监测年数；C_i 表示第 i 年的植被覆盖度。趋势的显著性采用 F 检验，显著性代表变化趋势的可信程度。统计量计算公式为

$$F = U \times \frac{n-2}{Q} \qquad （10\text{-}3）$$

式中，$U = \sum_{i=1}^{n}(\hat{y}_i - \overline{y})^2$ 称为误差平方和，$Q = \sum_{i=1}^{n}(y_i - \hat{y}_i)^2$ 称为回归平方和，y_i 为第 i 年覆盖度的像元值，$\hat{y}_i$ 为其回归值，$\overline{y}$ 为监测时段覆盖度的平均值，n 为监测年数。根据检验结果将变化趋势分为 6 个等级：极显著减少（$\theta_s < 0$，$p < 0.01$）；显著减少（$\theta_s < 0$，$0.01 < p < 0.05$）；不显著改善（$\theta_s > 0$，$p > 0.05$）；不显著退化（$\theta_s < 0$，$p > 0.05$）；显著增加（$\theta_s > 0$，$0.01 < p < 0.05$）；极显著增加（$\theta_s > 0$，$p < 0.01$）。

二、重新标度极差分析法

R/S 分析法（重新标度极差分析法）由 Hurst 在研究水文观测资料时提出，是定量描述时间序列信息依赖性的一种分型理论，目前在经济学、水文学、地质学、

气候学等领域有着广泛应用。基本原理如下：

对于一个时间序列 $\{\xi(t)\}$，$t=1,2\cdots$，等于任意正整数 $\tau \geqslant 1$，定义均值序列：

$$\langle\varepsilon\rangle_q = \frac{1}{q}\sum_{i=1}^{q}\varepsilon(t)，\quad q=1,2,\cdots,N \tag{10-4}$$

累计离差：

$$X(t,q) = \sum_{i=1}^{n}[\varepsilon(\mu)-\langle\varepsilon\rangle_q]，\quad 1\leqslant t\leqslant q \tag{10-5}$$

极差：

$$R(q) = \max_{1\leqslant t\leqslant q} X(t,q) - \min_{1\leqslant t\leqslant q} X(t,q)，\quad q=1,2,\cdots,N \tag{10-6}$$

标准差：

$$S(q) = \left[\frac{1}{q}\sum_{t=1}^{q}(\varepsilon(\mu)-\langle\varepsilon\rangle_q)^2\right]^{\frac{1}{2}}，\quad q=1,2,\cdots,N \tag{10-7}$$

引入无量纲的比值 R/S，即

$$\frac{R(q)}{S(q)} = \frac{\displaystyle\max_{1\leqslant t\leqslant q} X(t,q) - \min_{1\leqslant t\leqslant q} X(t,q)}{\left[\dfrac{1}{q}\displaystyle\sum_{t=1}^{q}(\varepsilon(\mu)-\langle\varepsilon\rangle_q)^2\right]^{\frac{1}{2}}} \tag{10-8}$$

若存在 H 使得 $R/S = (c\tau)^H$ 成立，则说明 $\{\xi(t)\}$ 存在 Hurst 现象，H 为 Hurst 指数。在双对数坐标系中 $(\ln\tau, \ln R/S)$ 使用最小二乘法拟合，求得像元 Hurst 指数。Hurst 指数取值范围：

（1）若 $0<H<0.5$，表明植被覆盖度时间序列具有反持续性，过去变量与未来趋势呈负相关，序列有突变跳跃特性，H 值越接近于 0，反持续性越强；

（2）若 $H=0.5$，表明植被覆盖度时间序列为互相独立的随机序列；

（3）若 $0.5<H<1$，表明植被覆盖度时间序列具有长期相关特性，过程具有持续性，H 值越接近于 1，持续性越强。

第三节　京津冀城镇化与景观格局的协调性评估

一、协调度模型构建

1. 数据标准化处理

由于各指标的量纲、单位不同，需要对初始数据分别进行正向指标和逆向指标的标准化处理,本文选用极值法。由于单一的景观指数本身不具有绝对的正逆向性,因此从人为干扰强度的角度来定义各指标的正逆向。

正向指标的计算:

$$X'_{ij} = \frac{X_{ij} - \min\{X_j\}}{\max\{X_j\} - \min\{X_j\}} \tag{10-9}$$

逆向指标的计算:

$$X'_{ij} = \frac{\max\{X_j\} - X_{ij}}{\max\{X_j\} - \min\{X_j\}} \tag{10-10}$$

式中,X_{ij} 和 X'_{ij} 分别为 i 县市第 j 项指标的初始值和标准化后的值;$\max\{X_j\}$ 和 $\min\{X_j\}$ 分别为 X_j 的最大值、最小值。

2. 指标比重的计算

$$P_{ij} = \frac{X'_{ij}}{\sum\limits_{i=1}^{m} X'_{ij}} \tag{10-11}$$

3. 指标信息熵的计算

$$e_j = -k \sum_{i=1}^{m} (P_{ij} \cdot \ln P_{ij}),\ \diamondsuit k = \frac{1}{\ln m} \tag{10-12}$$

4. 指标权重的计算

$$W_j = \frac{1 - e_j}{\sum\limits_{j=1}^{n} (1 - e_j)} \tag{10-13}$$

综合得分的计算:

$$f(x_i) = \sum_{i=1}^{s} w_j x'_{ij} \tag{10-14}$$

$$g(y_i) = \sum_{i=1}^{t} w_j x'_{ij} \tag{10-15}$$

式中,$f(x_i)$($i=1,2,\cdots,s$)为第 i 县市的城镇化综合指数,$g(y_i)$($i=1,2,\cdots,t$)为景观格局综合指数;w_j 为第 j 项指标权重;m 为全部县市数;n 为指标个数。各指标权重的计算结果见表 10-1。

表 10-1 城镇化与景观格局评价指标体系及权重

目标层	指标层	权重（2014年）	权重（2010年）	权重（2005年）
	非农业人口比重/%	0.0488	0.0714	0.0717
	人口密度/（人/km²）	0.0010	0.0010	0.0008
	人均 GDP/元	0.0646	0.0548	0.0424
	第三产业比重/%	0.0281	0.0263	0.0194
城镇化系统	规模以上工业总产值/万元	0.1561	0.1589	0.1614
（X）	地方财政预算收入/万元	0.2783	0.2573	0.2341
	人均社会消费品零售额/（元/人）	0.0328	0.0495	0.0510
	在岗职工平均工资/元	0.0466	0.0300	0.0229
	地均社会固定资产投资/（万元/km）	0.1207	0.1345	0.1669
	每平方米医院床位数/（床/km²）	0.2229	0.2165	0.2293
	斑块个数（NP）	0.0298	0.0241	0.0231
	斑块密度（PD）	0.0674	0.0581	0.0447
景观格局	边界密度（ED）	0.1039	0.1213	0.1442
（Y）	蔓延度指数（CONTAG）	0.2628	0.2027	0.1789
	香浓多样性指数（SHDI）	0.2117	0.2198	0.2675
	香浓均匀度指数（SHEI）	0.3244	0.3746	0.3416

由于城镇化的发展与景观格局的演变相互支撑、优化又相互限制、胁迫，耦合度模型能够反映二者间的双向作用关系，借助协调度模型来说明它们的整体水平及其协调程度：

$$C = \left\{ \frac{f(x) \times g(y)}{\left[\dfrac{f(x) + g(y)}{2} \right]^2} \right\}^k \qquad (10\text{-}16)$$

$$T = \alpha f(x) + \beta g(y) \qquad (10\text{-}17)$$

$$D = \sqrt{C \times T} \qquad (10\text{-}18)$$

其中，C 为耦合度，T 为发展度，D 为协调度。此处设 $k=2$，α、β 为待定系数，本研究认为两系统重要性相当，因此取 $\alpha=\beta=1/2$。

根据协调度的计算结果，参照相关文献的划分标准，将城镇化与景观格局的协调度划分成以下 7 个类型，还可以根据二者的相对大小将协调模式分为以下 3 类（表 10-2）。

表 10-2 协调度类型划分

协调度	协调等级	$f(x)$ 和 $g(y)$ 的关系	协调模式
0.00～0.19	严重失调		
		$f(x) < g(y)$	城镇化滞后型
0.20～0.29	中度失调		
0.30～0.39	轻度失调		
		$f(x) = g(y)$	同步协调型
0.40～0.49	勉强协调		
0.50～0.69	中度协调		
0.70～0.79	良好协调	$f(x) > g(y)$	景观格局滞后型
0.80～1.00	优质协调		

二、协调度结果与空间格局

基于以上模型，分析了京津冀 2005 年、2010 年、2014 年的城镇化与景观格局协调度空间分布，如图 10-2 所示。

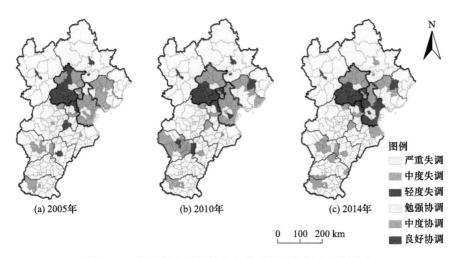

(a) 2005年 (b) 2010年 (c) 2014年

图例
严重失调
中度失调
轻度失调
勉强协调
中度协调
良好协调

0 100 200 km

图 10-2 京津冀地区城镇化与景观格局协调度空间分布

（1）良好协调景观格局滞后型。2005年和2010年该类型仅包括北京城区；2014年该类型包括北京、天津城区。2005～2014年，该类型主要聚集在京津城区，这些地区无论是在城镇化率、人均GDP还是工业总产值方面，都远远高于京津冀其他各区，因此城镇化水平高，但由此带来的一系列城镇过度建设、耕地退化、林草面积衰减等问题导致景观格局受到一定的干扰和破坏，因此景观格局的合理程度滞后于城镇化程度。

（2）良好协调城镇化滞后型。仅有2014年的滨海新区属于此类型，借助优越的地理位置，其经济发达，城镇化水平较高，但比起该区良好的生态基础，滨海新区的城镇化水平依然滞后于其景观格局水平。

（3）中度协调景观格局滞后型。仅有2005年和2010年的天津城区属于此类型，该区非农人口比重高，经济总量靠前，但是随着经济的增长，劳动力大量涌入城内，占有耕地资源，城镇居民住房用地增加，城市扩张导致景观格局的演变。

（4）中度协调城镇化滞后型。2005年该类型包括滨海新区、唐保市辖区；2010年该类型包括滨海新区、沧石市辖区；2014年该类型仅包括石家庄市辖区。滨海新区近年努力打造生态宜居新区，区域建设严格遵循土地规划政策，增加了生态景观结构的完整性，其他市辖区城镇化有一定程度的发展，但滞后于景观格局综合水平。

（5）勉强协调城镇化滞后型。2005年该类型包括石沧邢邯市辖区；2010年该类型包括顺义区、天津城区外围呈团状区域等；2014年该类型较2010年增加了沧州市辖区。

（6）轻度失调城镇化滞后型。2005年该类型包括门头沟区、北辰区、秦皇岛市辖区等；2010年该类型包括北京城区外围团状区域、廊坊与京津交界部分、张承市辖区、辛集市等；2014年该类型包括北京城区外围团状区域、廊坊与京津交界部分、天津部分县区。

（7）中度失调城镇化滞后型。2005年该类型包括北京城区周边县区、张承衡市辖区；2010年该类型包括北京北部、天津大部、唐山北部、石家庄市辖区周边的大片区域以及冀南的武安、邯郸市辖区；2014年该类型较2010年增加了黄骅、任丘市辖区、冀西南地区以及石衡交接地带县区。

（8）严重失调城镇化滞后型。2005～2014年京津无此类型，该类型在3个时期都成片分布在河北各县区。这些地区经济落后，城镇发展动力不足，同时产业结构粗放、缺乏科学的土地利用规划，因此城镇化与景观格局水平都不高，协调度低，且城镇化滞后现象尤其突出（严珅和孙然好，2018）。

第四节　京津冀城市群可持续发展评价结果

一、城镇化对植被格局的胁迫评价结果

随着京津冀城镇化加快，植被空间格局演变特征发生了巨大变化（图 10-3，表 10-3）。主要表现为：①极显著改善区域比重最大（47.45%），以"滦河流域—大马群山—太行山脉"东西连横，南北相接，环绕于京津冀北部和西部；东南部以衡水、邢台东部为轴形成一条明显绿带；其余分布于北京、石家庄、天津城市中心区。②不显著变化区域占全区面积的三分之一（33.9%），主要以华北平原为中心展布，该区域是历史悠久的农耕区，不显著性符合农作物耕种特征。③退化区域比重为 6.8%，零星散布于各大城市中心区周边，佐证了城市规模扩大对植被覆盖的显著影响（李卓等，2017）。

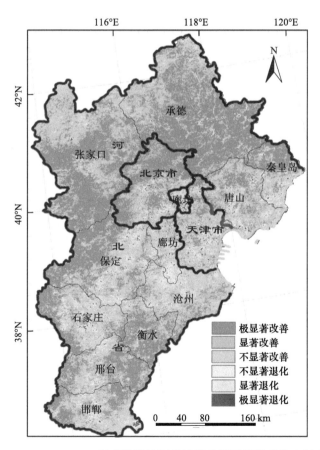

图 10-3　2005～2015 年京津冀地区植被覆盖度显著性变化空间分布

表 10-3　植被覆盖度变化的显著性统计

变化程度	像元数	面积/（×10⁴ km²）	比重/%
极显著退化**	2448	0.08	0.38
显著退化*	3416	0.12	0.53
不显著退化	38150	1.28	5.88
极显著改善**	307973	10.34	47.45
显著改善*	115256	3.87	17.76
不显著改善	181830	6.11	28.01

**表示 p 通过 0.01 置信度检验，*表示 p 通过 0.05 置信度检验。

京津冀地区 2005～2015 年稳定性整体表现为：高低波动并存，低波动居多，地域性明显。空间格局（图 10-4）表现为：①低波动区（深绿色）和较低波动区

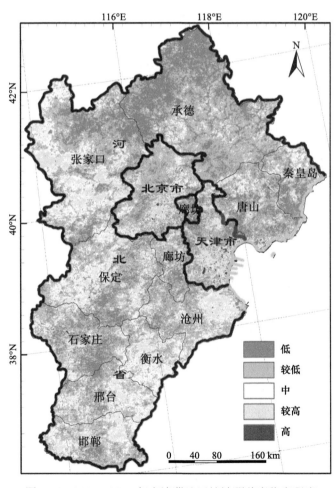

图 10-4　2005～2015 年京津冀地区植被覆盖度稳定程度

（绿色）占全区面积的 66.3%，植被相对稳定，与不显著改善区基本吻合。②中度波动区（白色）和较高波动区（黄色）呈斑块状分布：较高波动区所占比重较小（7.4%），主要分布在北京中心区、张家口南部、沧州东北一带，植被表现为极显著改善；中度波动区比重为 26.0%，环簇于较高波动区边缘向外延伸。③高波动区（红色）比重仅占 0.3%，环渤海滩涂零星散布。

北部滦河流域以及西北部大马群山，在全球变暖的大背景下，加之 20 世纪 80 年代"三北防护林"工程建设的持续推进，使得植被覆盖度显著增加，人为护林养林使得大幅度波动变化可能性较小，稳定性较高；衡水和邢台东部属于河北平原海河水系冲积平原中部，在构造上属于冀中凹陷中部（范淑贤等，2009），年均气温明显高于周边（王璐珏，2012），植被改善显著性优于周边区域，形成一条明显的绿带；东南部华北平原是我国主要的农业耕种区，农作物是该区域的主要绿色来源，所以覆盖度变化不显著；北京、石家庄等城市建成区植被覆盖度有较显著的改善，波动幅度较高，说明近年来城市绿化对自然环境的改造取得了一定成效。

二、城镇化对水资源/水环境的胁迫评价结果

考虑到海河流域面积较大，区域性差异较为明显，在阻力格局构建过程中，均是在二级流域尺度进行，得到不同二级流域的面源污染阻力格局后，合成整个海河流域面源污染阻力格局（表 10-4）。

表 10-4 海河流域面源污染阻力因子表

阻力基面评价指标（权重）	指标意义
坡度（0.1）	地表土壤侵蚀以及径流动力的加速因子，坡度越小，阻力越大；坡度越大，阻力越小
土地利用类型（0.5）	土地利用类型能够区分面源污染产生的，例如：耕地居民点有利于污染物输出，林地、草地等对污染物拦截作用较为明显
降雨侵蚀力（0.1）	反映由降雨所引起土壤分离和搬运的动力指标，计算公式 $R=0.0668P^{1.6266}$（寻瑞等，2012）
植被覆盖度（0.2）	植被覆盖度越高，对污染物拦截作用越为明显
土壤可蚀性（0.1）	反映不同类型土壤的侵蚀力速度。参考吴迎霞等的海河流域生态服务功能土壤可蚀性研究（吴迎霞，2013），结合全国土壤调查数据库，提取出海河流域土壤类型，在 GIS 平台对相应类型的土壤可蚀性 K 值赋值

参考流域面源污染风险格局阻力值，依据自然断点法，对海河流域面源污染等级进行划分，整体上海河流域可以分为极高风险区、高风险区、中等风险区、低风险区以及极低风险区，海河流域面源污染风险分级结果如图 10-5 所示。

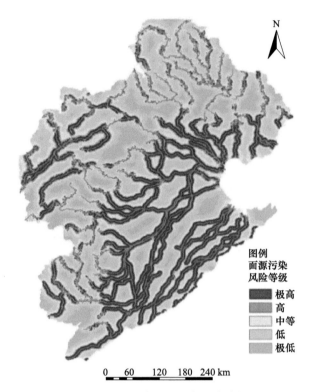

图 10-5　海河流域面源污染风险分级图

在海河流域尺度上，为更好地识别划分流域的面源污染风险，参考相关文献，采用宏观尺度上常用的自然断点法对流域内面源污染风险等级进行划分（王金亮等，2016），将流域面源污染风险划分为极高风险区、高风险区、中等风险区、低风险区、极低风险区五个等级，风险分区结果如图 10-5 所示，不同风险等级面积比例结果如图 10-6。

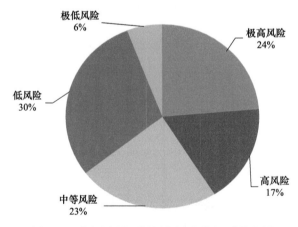

图 10-6　海河流域面源污染风险等级面积比例

　　山区地带虽然坡度较大，有助于污染物的迁移扩散，但是山区植被覆盖度较高，土地利用方式以对污染物迁移具有很强拦截作用的林地为主，耕地及居民点等潜在污染源景观相对较少，从较少的源景观输出的污染物经过大量的林地景观的拦截，到达河流干道所需克服的阻力极大，因此面源污染潜在风险较低。而在平原地区，大中型城市聚集，耕地密布，大量的居民生活污水以及农药化肥等污染物迁移扩散所需克服的阻力较小，水体对河流水质更容易产生影响，发生面源污染风险也高。

　　具体地，在海河不同二级流域，面源污染风险等级呈现显著差异，不同地区面源污染风险等级分布结果如图 10-7 所示，像北四河下游平原地区、子牙河平原地区、漳卫河平原、大清河平原等地区，位于高风险和极高风险的面积超过区域总面积的 50%，而像北三河山区、漳卫河山区、滦河山区、子牙河山区以及大清河山区等区域，面源污染风险极高的区域低于区域总面积的 20%。海河流域不同地区土地利用结构方式的差异，以及地质地貌，气象水文等因子的异质性，造成了流域面源污染风险等级空间分布的差异性（孙然好等，2020）。

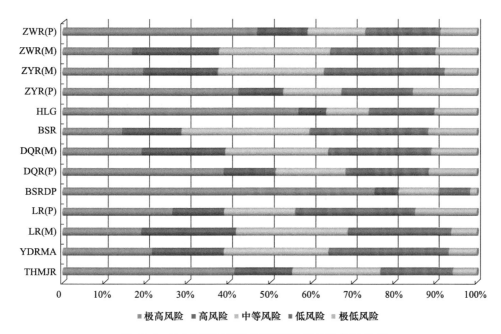

图 10-7　海河流域不同区域面源污染风险等级分布

子牙河山区[ZYR（M）]，子牙河平原[ZYR（P）]，漳卫河平原[ZWR（P）]，漳卫河山区[ZWR（M）]，大清河山区[DQR（M）]，大清河平原[DQR（P）]，北三河山区（BSR），北四河下游平原（BSRDP），滦河山区[LR（M）]，滦河平原[LR（P）]，徒骇马颊河流域（THMJR），黑龙港及运东平原（HLG），永定河山区（YDRMA）

第五节　不同情境下京津冀城市群生态风险预评估

一、城镇化对植被格局的胁迫风险预估

Hurst 指数（图 10-8）均值为 0.55，持续性序列比重占 63.4%，反持续性序列比重占 36.6%。将京津冀地区 Hurst 指数进行等级划分，弱持续性序列（0.35～0.65）占研究区总面积的 72.4%，植被的恢复若依靠单一因素（自然或人为干涉修复，如自然维持的原始森林、人类维持的农田），其恢复序列表现出较强的持续性，而京津冀地区的这种弱持续性证明了植被覆盖变化是在自然、人为等多种因素共同驱动下形成的。

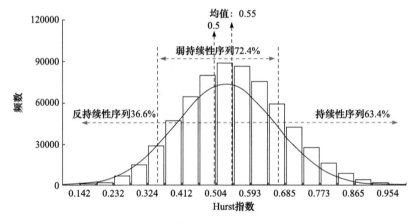

图 10-8　京津冀地区 Hurst 指数正态分布图

从图 10-9 空间分布来看，持续性序列（绿色）占主体，反持续性序列（紫色）呈斑块状分布，加之 2005～2015 年植被改善区面积高达 93.2%，说明该地区植被恢复、生态环境持续改善已成为主旋律，进而预测京津冀大部分地区植被覆盖在未来将持续改善。强反持续性序列主要分布在张家口，该区域属于坝上高原，水热条件较差，虽通过长年的环境建设使植被覆盖度有了较大的提高，但相较于其他地区仍属于低覆盖区，未来变化趋势还需要密切关注（李卓等，2017；Zhao et al., 2019）。

为了进一步了解京津冀地区植被覆盖变化趋势的可持续性，将趋势分析和 R/S 分析结果重分类后，进行叠加耦合分析，得到如下结果（图 10-10 和表 10-5）：未来植被覆盖持续改善区域比重超过一半（58.8%），反持续性改善比重为 34.4%，持续退化比重为 4.8%，整体情况较为乐观。从空间分布来看，反持续改善（蓝

色）主要分布在张家口、沧州以及保定东南地区；由于城市化、人口发展、经济结构调整等因素，持续退化（红色）主要分布在天津、廊坊、沧州。以此为基础，推断在 2016～2020 年，如果没有较大的气候波动，伴随着生态体系的建设，京津冀地区将迎来第三次植被恢复飞跃期，但增长幅度相较于前两次略低且逐步趋于平稳。

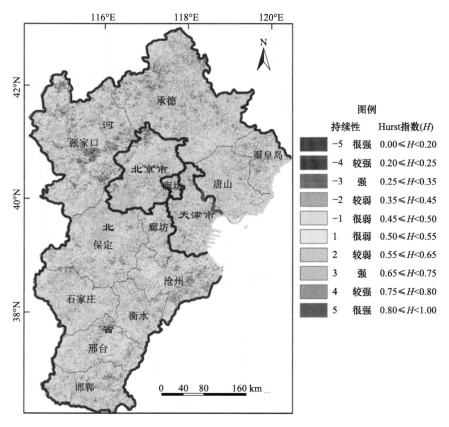

图 10-9 京津冀地区 Hurst 指数空间分布图

表 10-5 京津冀地区变化趋势持续性统计

slope	Hurst 指数	覆盖度变化类型	像元数	面积/×10⁴ km²	比重/%
<0	<0	反持续性退化	12992	0.4	2.0
>0	<0	反持续性改善	223111	7.5	34.4
<0	>0	持续退化	31218	1.0	4.8
>0	>0	持续改善	381826	12.8	58.8

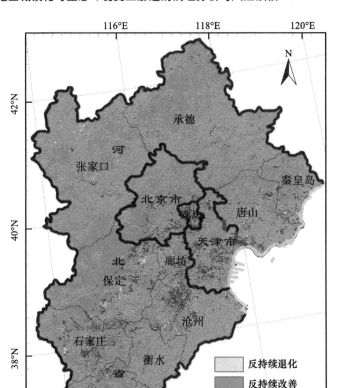

图 10-10 京津冀地区植被覆盖度变化趋势持续性分布图

二、城镇化对水资源/水环境的胁迫风险预估

植被有蓄水及水质净化作用，能够有效拦截污染物随地表径流进入河流，为有效降低流域的面源污染风险，本小节在确定的关键河岸带控制距离内，尝试采用沿河流两侧设置植被缓冲带的方法，沿河流两侧模拟设置不同距离梯度的植被缓冲带，对流域面源污染风险格局进行控制与优化。通过测算设置植被缓冲带后区域面源污染风险格局阻力值，观察阻力值大小变化模拟面源污染风险控制效果，从而选择最佳缓冲带设置距离。本小节以子牙河流域为例进行植被缓冲带模拟设置与优化，具体操作方法如下。

（1）在子牙河流域关键河岸带距离内，沿河流干道提取不同距离缓冲带，将缓冲带范围内土地利用类型统一设置为对面源污染物扩散拦截效果最佳的林地类型，缓冲带梯度距离依次设置为 100 m、200 m、300 m、400 m、500 m、600 m、700 m、800 m、900 m、1000 m。

（2）将重新赋值的植被缓冲带代入原有土地利用数据图层，按照本章第一节阻力基面生成办法，将植被缓冲带设置后的土地利用格局与影响流域面源污染物扩散的阻力因子相叠加，生成新的阻力基面。

（3）基于本章第一节方法，通过 GIS 中最小距离成本模块，借助最小累计阻力模型构建设置不同距离植被缓冲带后子牙河面源污染的风险格局，输出子牙河流域不同距离植被缓冲带设置后区域面源污染风险格局结果图。

类似地，以此方法构建海河流域各子流域其他区域植被缓冲带设置后的面源污染风险格局，测算风险格局阻力值大小，通过不同距离梯度缓冲带设置后，区域面源污染风险格局阻力值大小的变化，识别出不同地区植被缓冲带设置的最佳距离以及面源污染风险优化效果，格局优化效果计算过程为

$$M' = (MCR1 - MCR2)/MCR1 \qquad (10-19)$$

式中，M' 为格局优化效果（%）；MCR1 为现有格局面源污染阻力值；MCR2 为不同情景设置后面源污染阻力值。格局优化后不同子流域面源污染风险格局阻力值随植被缓冲带距离梯度增加的阻力值变化曲线如图 10-11。

格局优化模拟效果表明，平原地区设置林地缓冲带优化效果显著好于山区，平原地区河岸带几乎没有林地分布，设置林地缓冲带后，既减少了原有地区污染物的输出，又能对远距离污染物迁移至河道进行拦截，能够极大地降低面源污染发生风险，甚至达到 150% 以上；而山区地区，本身污染风险相对较低，设置林地缓冲带后，可以进一步降低污染风险，拦截河谷坡耕地等污染物迁移输出至河道对水环境产生影响，用一个相对距离较短的缓冲带即可达到最优拦截效果。

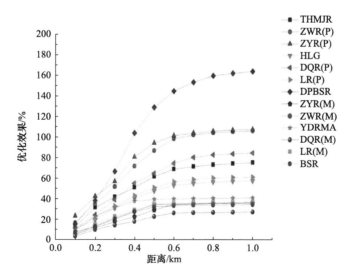

图 10-11　不同区域植被缓冲带设置后面源污染风险降低效果图

子牙河山区[ZYR（M）]、子牙河平原[ZYR（P）]、漳卫河平原[ZWR（P）]、漳卫河山区[ZWR（M）]、大清河山区[DQR（M）]、大清河平原[DQR（P）]、北三河山区（BSR）、北四河下游平原（DPBSR）、滦河山区[LR（M）]、滦河平原[LR（P）]、徒骇马颊河流域（THMJR）、黑龙港及运东平原（HLG）、永定河山区（YDRMA）

第十一章　京津冀城市群国土空间综合风险预估

第一节　国土空间综合风险预估指标体系与方法构建

一、国土空间风险评估模型框架构建

IPCC（The Intergovernmental Panel on Climate Change）第五次评估报告（IPCC AR5）提出了有关气候变化综合风险的核心概念，指出自然和社会系统（亦称为承灾体）的脆弱性（vulnerability）是指其易受气候变化致灾因子不利影响的倾向或习性，可看作是承灾体暴露在气候变化致灾因子和人类活动的扰动下，而容易受到损害的一种状态，可看成是由暴露度（exposure）、敏感性（sensitivity）和适应性（adaptability）等关键要素共同作用的结果。其中，暴露度是指气候变化致灾因子出现时，人员、生计、环境服务和各种资源、基础设施，以及经济、社会和文化资产处在有可能受到不利影响的位置与承灾体分布在空间上的交集。灾害经济损失增长的主要原因之一是人和经济资产暴露度的增加。在暴露的条件下，不利影响的程度和类型取决于脆弱性。敏感性是指承灾体在面对气候变化致灾因子和人类活动扰动时，易于感受的内在属性（性质），反映了承灾体能承受扰动的程度。适应性是指承灾体面对多种气候变化和人类活动扰动时以迅速有效的方式，预测、承受、适应或恢复的能力。"暴露-敏感-适应"的脆弱性研究框架，不仅包含了自然生态—社会经济耦合系统，同时包含了社会、经济和生态环境多个维度。在本章节中，主要基于 "暴露-敏感-适应"框架，对京津冀城市群国土空间生态环境脆弱性进行综合评估，为城市的空间规划提供了政策建议。

本章节分别选取了暴露、敏感性、适应性三个维度的评估指标，并将指标分类细化为 17 项具体指标，对京津冀城市群国土空间的综合风险进行评估（表 11-1）。

表 11-1　京津冀地区国土空间脆弱性测度的暴露-敏感性 适应性指标体系

评估内容	评估指标	权重	指标方向
暴露（正向） 0.3739	气候暴露度	0.319	正向
	土地利用程度	0.296	正向
	人口密度	0.385	正向

续表

评估内容	评估指标	权重	指标方向
敏感性（正向） 0.2743	生态空间占比	0.095	负向
	生态空间破碎度	0.215	正向
	生物丰度指标	0.094	负向
	土地利用多样化指数	0.142	负向
	生态系统服务价值	0.119	负向
	生态系统服务多样性	0.133	负向
	气候敏感性	0.202	正向
适应性（负向） 0.3518	景观连通性	0.113	正向
	气候-景观综合阻力	0.115	负向
	青年占总人口比例	0.156	正向
	地区生产总值	0.148	正向
	科研教育机构密度	0.148	正向
	医疗服务机构密度	0.149	正向
	前往主要城市的时间	0.171	负向

（1）暴露。评估国土空间格局变化和气候变化压力对生态系统及其生境的可能影响。国土空间的脆弱性，除了受到自身自然与社会经济系统的组成、结构和功能影响外，外部压力因素对国土空间造成的冲击和损害不容小觑，长期的塑造作用应当充分考虑。外部驱动力是指在国土空间之外的较大时空尺度上发生的冲击过程，影响到未来的国土空间生态系统服务供给、生物多样性维持和社会经济需求的满足。对国土空间脆弱性产生影响的压力源分为内外两类，内部驱动因素用土地利用程度和人口密度作为指标，主要表征人类活动对国土功能需求和权衡决策引起的国土韧性变化；外部驱动力以气候暴露来表征，衡量气候变化对于国土空间韧性的长期宏观影响。

（2）敏感性。敏感性主要通过空间结构完整性、多样性、冗余度、生态系统服务多功能性、慢变量和反馈的管理等维度测度。其中，空间结构完整性具体指标为生态空间占比和生态空间破碎度，多样性指标为基于土地利用的生物丰度指数和土地利用多样化指数，多功能性指标为生态系统服务多样性、生态系统服务总价值；慢变量采用国土空间响应气候的敏感性来表征。

（3）适应性。适应性表示国土空间受到冲击后的复原能力，包括生态恢复力和社会系统恢复力两个维度。其中，国土空间生态恢复力主要由连通性表示，具体指标有景观连通性和气候连通性。社会系统的恢复力更多地用社会综合适应能力表示，指标选取考虑了多个综合因素，包括政治、社会、经济、文化、生态、技术等。具体指标有青年人口比例（根据中国国家统计局标准，设定为 15～34 岁）、科教文卫水平（科研教育机构密度、医疗服务机构密度）以及生活便利度（前往主要城市的时间）。这些指标值越高，适应性就越强。

二、指标权重的确定

主观赋权法（如层次分析法和专家调查法等）的指标权重主要由专家根据经验主观判断得到。客观赋权法（如变异系数法、因子分析权数法、标准离差法、熵权法和 CRITIC 法等）直接根据指标值经过一定算法处理后较为客观性地获取权重。主观赋权法简便易行，但客观性较差，客观赋权评估结果往往没有明确的实践意义。在权衡主观和客观赋权优劣势后，本文用 CRITIC 赋权法确定各个指标的权重。CRITIC 法由 Diakoulaki 等（1995）提出，通过计算评价因子的对比强度（标准差）及评价因子间的冲突性（相关性）综合衡量指标的特征。赋权规则是：标准差越大，蕴含的信息量越大，各级别之间的差距越大，所赋权重应越大，反之则越小；在标准差一定时，因子间正相关性越强（相关系数越接近 1），则冲突性越低，表明两个指标所反映的信息有较大相似性，所赋权重越小。当两个指标间的负相关程度越大（相关系数越接近−1），冲突性越大，表明两个指标所反映的信息有较大不同。因此可以说，CRITIC 法是一种比熵权法和标准离差法更好的客观赋权法，且当选取指标较多时，可以将正相关程度较高的指标去除以减少计算量。本章节使用 CRITIC 法确定的指标权重如表 11-1 所示。

三、京津冀城市群地区国土空间脆弱性综合风险评估

首先，将所有指标通过最大最小极值法归一化，负向指标用 1 减去负向指标转化为正向指标。然后，根据 CRITIC 赋权法得到权重极端三个目标层以及综合脆弱性得分。最后，根据自然断点法将脆弱性风险水平分为五级。

$$V = \sqrt[3]{(E) \times (S) \times (1 - A)} \tag{11-1}$$

式中，V 为脆弱性指数；E 为暴露指数；S 为敏感性指数；A 为适应性指数。这个方程式假设脆弱性以线性方式随着暴露度、敏感性和适应的变化而变化。

四、脆弱性相关指标计算方法及结果

（一）土地利用指标层

使用 2015 年的土地利用数据计算土地利用类型多样化指数、土地利用程度指数以及生物丰度指数。

1. 土地利用类型多样化指数

土地利用类型多样化指数是反映区域土地利用类型总体结构和齐备程度的重要指标，这里引用吉布斯-马丁多样化指数（Patel and Rawat, 2015）来度量京津冀地区土地利用类型的多样化程度，其模型为：

$$GM = 1 - \frac{\sum_{i=1}^{n} f_i^2}{\left(\sum_{i=1}^{n} f_i\right)^2} \tag{11-2}$$

式中，GM 为多样化指数；f 为第 i 种土地利用类型的面积。GM 值在 0~1，越趋近于 1 表示该区土地利用类型多样化程度越高。如果某地只有一种土地利用类型，则多样化指数为 0；如果各种土地利用类型均匀地分布在某个区域，则该区多样化指数为 1。但 GM 值受土地利用类型数目影响，当有 N 种土地利用类型时，其最大值为（$N-1$）/N。

土地利用类型多样化指数空间格局如图 11-1 所示。京津冀地区土地利用类型多样化指数高值地区主要集中在东北和西南的林地和草地类型区；而城镇地区和广大中南部平原地区土地利用类型的多样化程度普遍偏低。

土地利用多样化指数
高: 0.83
低: 0

0　50　100 km

图 11-1　京津冀地区 2015 年土地利用多样化指数

2. 土地利用程度指数

土地利用程度指数反映了土地系统中人类因素的影响程度。庄大方和刘纪远（1997）根据利用类型进行赋值估算土地利用程度（表 11-2）。

表 11-2　土地利用程度分级赋值表

类型	未利用土地级	林、草、水用地级	农业用地级	城镇聚落用地级
土地利用类型	未利用地	林地、草地、水域	耕地	建设用地
分级指数	1	2	3	4

从 5 km×5 km 窗口的土地利用程度指数空间分布格局（图 11-2）来看，整个地区土地利用程度空间分异明显。在低海拔的平原地区土地利用程度普遍较高；燕山、太行山区域的高海拔地区土地利用程度较低，这些区域主要是林地和草地；西北部的坝上草原和冀西北间山盆地处于中等水平的土地利用程度。

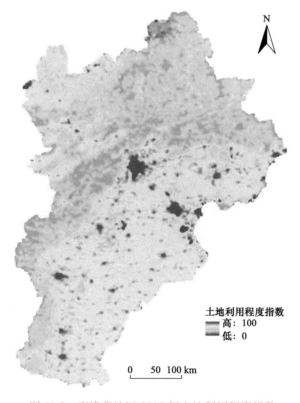

图 11-2　京津冀地区 2015 年土地利用程度指数

3. 生物丰度指数

生物丰度指数计算采用生态环保部发布的《生态环境状况评价技术规范》中的标准,即生物丰度指数=(0.35×林地+0.21×草地+0.28×水域湿地+0.11×耕地+0.04×建设用地+0.01×未利用地)/区域面积,为了详细刻画京津冀地区土地利用类型空间组合特征及其格局,用5 km×5 km的窗口计算结果填入窗口中心生成1 km×1 km空间分辨率的生物丰度指数。

生物丰度指数的空间格局与土地利用程度指数类似(图11-3),但是呈现大致相反的格局,主要反映的是生物多样性的空间分布特征。

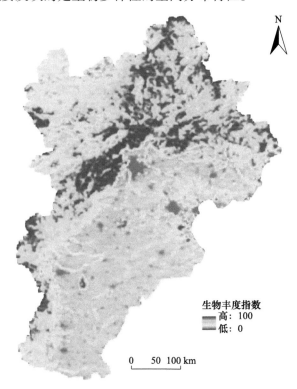

图 11-3 京津冀地区 2015 年生物丰度指数

(二)完整性和连通性

森林连接度指数(P_{ff})表示在给定一个森林像元的条件下,其邻近像元也为森林的可能性,因此用森林连接度指数表征生态空间在景观上的连通性。国土空间的完整性用破碎度间接表示,破碎度越大,完整性越低。森林面积密度指数(P_f)用来表征生态空间占比(孙飞等,2011)。

根据土地利用/土地覆被变化图,将林地、草地和水域视作自然生态空间。将自然生态空间作为森林斑块,农业空间作为自然干扰土地类型,城镇空间作为人为土地类型,以5 km×5 km尺度窗口运行破碎化分析模型,生成约1 km的京津冀地区自然生态空间破碎化模式及空间分布图。模型中干扰模式的识别和破碎化指数的计算是采用 Matlab 语言编程实现，后续制图分析在 ArcGIS10.2 中完成。破碎化模型输出结果包括生态空间比例、生态空间破碎度以及生态空间连接度等三个图层。计算细节如图 11-4 所示（孙飞等，2011）。

F	F	F	N	F
F	F	A	F	N
F	F	F	F	N
A	A	F	F	F
M	F	A	F	F

Total F-F边界数量=18;
Total F-A边界数量=10;
Total F-N边界数量=7;
则：
P_f=18/24=0.75;
P_{ff}=18/(18+10+7)=0.51;
P_{fa}=10/(18+10+7)=0.29;
P_{fn}=7/(18+10+7)=0.2。

图 11-4　森林破碎化计算示意图

在假定的 5 km×5 km 景观窗口中；A 为人为干扰土地覆盖类型；N 为自然干扰土地覆盖类型；F 为森林土地覆盖类型；P_{fa} 为人为干扰的土地覆盖类型占比；P_{fn} 为自然干扰的土地类型占比；M 为缺失像元，忽略不计

对生态空间破碎度的分析表明，2015 年京津冀国土生态空间的破碎度为 0.119，城镇空间造成的破碎度为 0.018，农业空间造成的破碎度为 0.101。从国土生态空间破碎格局上看（图 11-5），破碎度高值区主要在林地与耕地以及林地与草

图 11-5　京津冀地区生态空间总体破碎度空间格局

地过渡带，主要分布在西北地区、山前平原带以及环渤海地区，平原区的破碎度有所增加。林地与耕地交接带以及环渤海地区受城镇化影响较大，燕山太行山林区则受农业影响较大。

从生态空间的连通度来看（图 11-6），京津冀国土生态空间连通度呈现三个大的区域，河北平原和坝上草原低值区、燕山太行山高值区。平原地区主要是农田，生态空间一般面积较小，且往往被分割破碎。西北地区的低值区主要是因为生态空间自身较为破碎造成的。连通性格局和破碎度格局具有负相关关系。

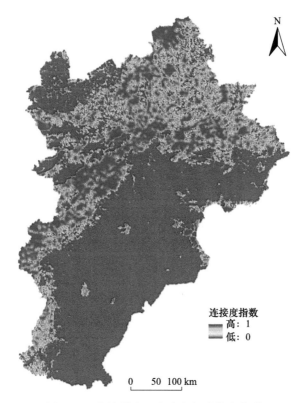

图 11-6 京津冀地区生态空间连接度指数

（三）气候连通性

通过模拟未来气候变暖情景下能成功实现气候连通的区域，可以有效测度国土空间对气候变化的适应性（McGuire et al., 2016; Senior et al., 2019）。据此，我们构建气候-景观阻力面模型，测度国土生态组分响应气候变化的连通性。阻力值高则气候连通性低，相反，阻力值低则气候连通性高（图 11-7）。气候-生态阻力面模型是在最小累积阻力模型（MCR）基础上改进的，通过加入气候阻力，计算物种从源地到目的地运动过程中所需要耗费的代价（Nunez et al., 2013）。模型既考虑了现实中的人为景观阻力，也考虑沿着气候梯度迁移需要的代价，其计算公式为

$$CWD = [(C_0 + C_n)/2]D + |T_0 - T_n|W \qquad (11\text{-}3)$$

式中，CWD 为中心栅格沿着最低成本路径的加权成本；C_0 是源栅格的阻力，数据为人类影响指数；C_n 是相邻栅格的阻力；D 为物种在相邻栅格单元间距离；T_0 为源栅格的当前温度（为多年平均值）；T_n 为相邻栅格的温度；W 为温度-距离权重系数，我们设定为 50 km/℃。

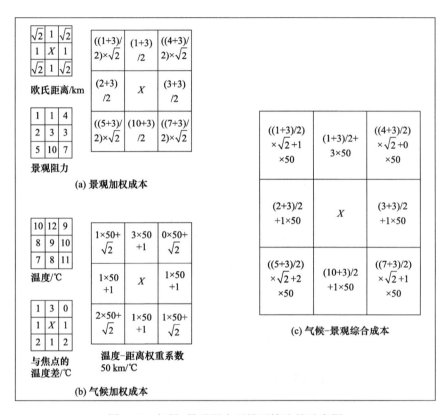

图 11-7　气候-景观阻力面模型算法的示意图

气候连通性计算结果如图 11-8 所示。从图中可以看出，东南部平原地区阻力大，气候连通性低，西部和北部山区连通性高，是未来气候变化情景下物种的最佳迁移地，也是国土空间生态系统服务的重要源地。

（四）生态系统服务价值量和多样性指数

本章节采用归一化指数来表征生态系统服务的多寡和多样性。首先，将六种生态系统服务每一种价值量按照 50% 中位数分类，大于 50% 的值为 1，否则为 0；然后，将六类生态系统服务在空间上叠加，得到分值在 0～6 的生态系统服务多样性指数空间分布；最后，除以最大值 6 归一化到 0～1[图 11-9（a）]。作为生态系统服务指标层的服务总值，也归一化到 0～1，表征区域内生态系统服务价值的相对高低[图 11-9（b）]。

图 11-8 京津冀地区气候连通性空间格局

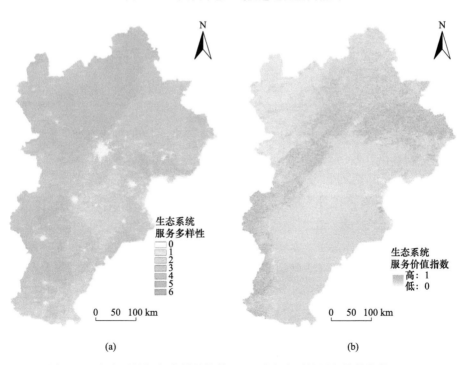

(a)

(b)

图 11-9 生态系统服务多样性指数（a）及生态系统服务价值指数（b）

（五）气候暴露和敏感性

根据气候变化速率计算气候暴露（Loarie, 2009），使用多元线性回归方法来确定月时间尺度上增强植被指数（EVI）对气候因素（空气温度和降水）的敏感性（De Keersmaecker, 2015; Seddon et al., 2016）。

暴露被定义为气候变化的程度。论文参考 IPCC5 的方法计算气候变化速率（km/a），定义为时间气候梯度（Temporal anomalies，气候参数单位/a）与空间气候梯度（Spatial gradient，气候参数单位/km）的比值。使用平均年温度和降水量来计算当前（1960～1990 年）与未来（2041～2060 年）的气候变化速率。我们从十个全球气候模式中选择了 RCP2.6 的情景。使用双线性插值将所有数据重新采样为 1 km×1 km。

$$\frac{\text{Temporal anomalies}}{\text{Spatial gradient}} = \frac{\text{Km}}{\text{decade}} = \frac{\text{℃} \times \text{decade}^{-1}}{\text{℃} \times \text{Km}^{-1}} \text{or} \frac{\text{mm} \times \text{decade}}{\text{mm} \times \text{Km}^{-1}} \quad (11\text{-}4)$$

在分别计算出温度和降水的气候变化速率后，我们将这两个气候参数标准化为 0～1，以获得气候变化的累积影响。用敏感指数加权两个气候变化速率，得到综合暴露：

$$\text{EI} = \beta_{\text{pre}} \times E_{\text{pre}} + \beta_{\text{tem}} \times E_{\text{tem}} \quad (11\text{-}5)$$

式中，EI 为暴露指数，E_{pre} 和 E_{tem} 分别为降水和气温的气候变化速率，β_{pre} 和 β_{tem} 为等式（11-5）中的系数。

敏感性的衡量：通过引入最新的方法（De Keersmaecker, 2015; Seddon et al., 2016）来量化京津冀地区生态系统对温度和降水敏感性。将 EVI 异常作为因变量，以温度异常、降水异常和 EVI 前一个月异常作为自变量，间接表征生态系统对短期气候异常的响应：

$$\text{EVI}_t = \beta_{\text{tem}} T_t + \beta_{\text{pre}} P_t + \gamma \text{EVI}_{t-1} + \varepsilon \quad (11\text{-}6)$$

式中，EVI_t 为时刻 t 的标准化 EVI 异常系列；T_t 为时刻 t 的标准化温度异常系列；P_t 为时刻 t 的标准化降水异常系列；EVI_{t-1} 为时刻 t 的标准化 EVI 异常系列；ε 为残差。β_{tem}、β_{pre} 和 γ 为回归系数。由于所有的时间序列数据都被去趋势和标准化，所有的回归系数具有可比性，能够反映各个自变量的相对重要性。理论上，回归系数应该在–1 和 1 之间。在剔除区间外像元后，用 β_{tem} 和 β_{pre} 绝对值表示 EVI 对温度/降水异常的敏感性高低。β_{tem} 和 β_{pre} 绝对值越大，敏感性越高。

气候暴露和敏感性评价结果如图 11-10 所示。京津冀地区在西北部地区面临较大的气候压力，主要在张家口的中南部区域，其他地区的气候压力相对较低。高气候敏感性区域在整个京津冀范围内分布面积较大，尤其在燕山以北和太行山山地的广大地区对气候变化较为敏感。西北部的坝上高原区气候变化非常敏感，但存在部分区域气候压力小。敏感的区域不一定完全同气候压力相关，如京津冀南部气候压力相对较低，但是敏感性较高，东北部地区也是如此。

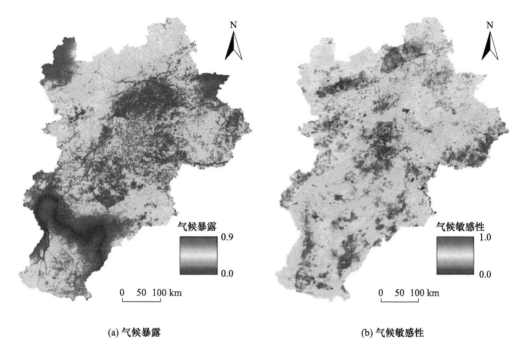

(a) 气候暴露　　　　　　　　　　　　　　　　(b) 气候敏感性

图 11-10　气候变化的暴露和敏感性

（六）社会经济系统适应性

医疗服务机构密度和科研教育机构密度：首先在 ArcGIS 10.2 中创建 1 km×1 km 的渔网，统计每个 1 km×1 km 网格中相应 POI 的数目，然后转为栅格数据（图 11-11、图 11-12）。前往主要城市的时间：2015 年全球前往城市旅行时间数据来自于 Weiss

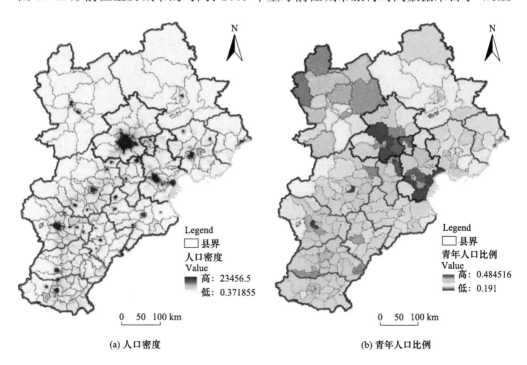

(a) 人口密度　　　　　　　　　　　　　　　　(b) 青年人口比例

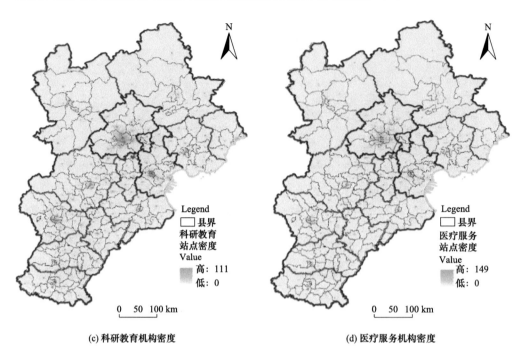

(c) 科研教育机构密度

(d) 医疗服务机构密度

图 11-11 社会经济系统适应性空间格局

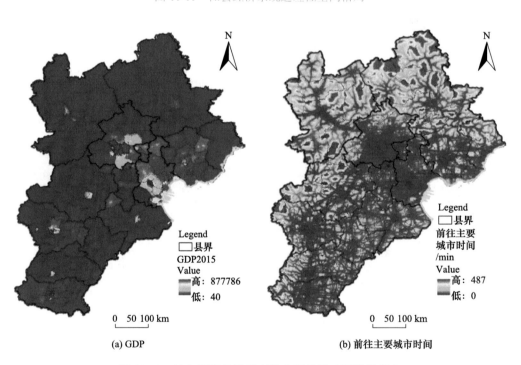

(a) GDP

(b) 前往主要城市时间

图 11-12 社会经济系统适应性空间格局（网格密度）

等（2018）在 Nature 文章中所用数据，下载后剪裁得到京津冀地区的数据。青年人口比例数据参考 Tatem（2017）的说明，为 2015 年亚洲大陆年龄/性别结构人口数据集，估算了按 5 岁年龄段划分的每个网格平方的总人数，根据中国国家统计局标准，设定为 15～34 岁为青年人口，从而计算青年人口和总人口的比例。

所有社会经济指标图层如图 11-11 和图 11-12 所示。人口、GDP、医疗服务、科研教育等都集中在北京、天津、石家庄等大城市，青年人口向大城市集中，北京、天津周围青年人口占比较高，西北的张家口以及北边的承德青年人口比例最低。GDP 北京一枝独秀，天津次之，其他地区除了石家庄外均较低。京津冀平原地区前往大城市耗时较短，燕山和太行山山区以及坝上高原地区前往主要城市耗时较长。

第二节　京津冀城市群生态风险评估结果

根据京津冀地区国土空间脆弱性的暴露-敏感性-适应性指标体系及其权重，经过综合评估，得到京津冀地区国土空间暴露、敏感性、适应性和脆弱性指数格局（图 11-13）。

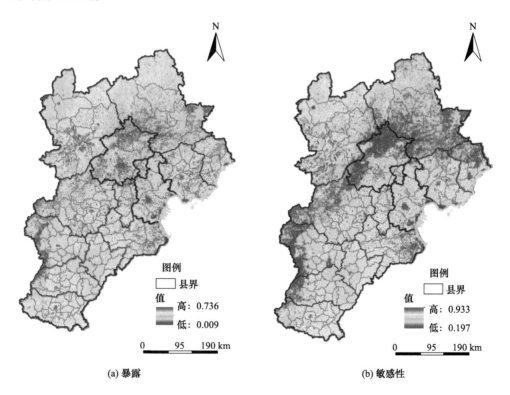

(a) 暴露　　　　　　　　　　　　(b) 敏感性

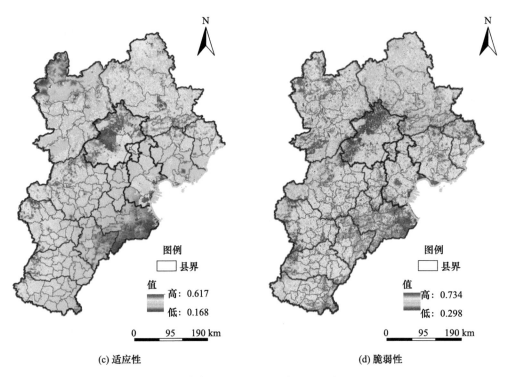

图 11-13 京津冀地区国土空间脆弱性指数空间格局

比较影响脆弱性的单项因子和脆弱性指数空间格局可以看出，京津冀国土空间的脆弱性风险格局很大程度上取决于敏感性和适应性格局。低脆弱性地区主要分布在燕山-太行山地区以及东北部地区，西北部草原和东南部广大平原农业区为高脆弱空间。暴露、敏感性和适应性在空间上分布差异较大，暴露大的地区分布在大城市及其周边和平原农业区等，坝上高原由于破碎化程度较高、气候压力大、气候敏感性高、景观连通性低等原因，抵抗力水平较低，脆弱性指数较高。敏感性格局和暴露格局存在正相关关系，敏感性高的地区也在城市和平原地区，但局部地区有差异，如承德北部暴露相对较高，敏感性却较低。燕山太行山林地区域敏感性低，西北部坝上草原敏感性较高。适应性和敏感性相关性也较强，在自然生态系统区呈现负相关，在城市区域呈现正相关（敏感性高，适应性较强）。高适应性地区主要位于大面积的自然生境区以及自然保护区等，城市的适应性水平也相对较高。需要注意的是在城市内部适应性指标多为社会经济指标，自然生态系统相关指标由于缺乏数据未能很好地体现，考虑城市空间的脆弱性更加复杂，需要更改进指标体系。

根据自然断点法，将 2015 年的国土空间脆弱性水平分为五个等级。脆弱性指数越高，风险性越大，由此得到最高风险、高风险、中等风险、低风险和极低风险五个等级（图 11-14）。各风险等级的面积如表 11-3 所示。整个京津冀地区高风险性区域比例偏大，高风险和极高风险的面积约占 46.81%。最低风险和低风险区域主要分布在燕山和太行山山区，最高风险性区域主要分布在东南平原区以及坝上高原区。北京周边地区处于中等风险区域，原本这些区域暴露较高，因为高适应性在一定程度上降低了风险水平。

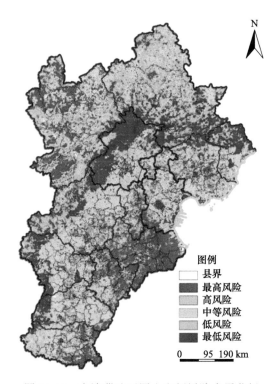

图 11-14　京津冀地区国土空间风险水平分级

表 11-3　国土空间韧性各等级面积及比例

国土空间	最高风险	高风险	中等风险	低风险	极低风险
面积/km²	32528	67234	45576	38630	29164
比例/%	15.26	31.55	21.38	18.12	13.68

第三节　不同情景下京津冀城市群生态风险预估

一、不同情景下京津冀地区国土空间格局

本节使用 CLUMondo 模型，考虑土地利用需求的界定、土地利用面积、土

地利用强度因素等,构建土地利用五种情景。CLUMondo 模型的输入数据与参数如下。

(1)土地利用需求预测:基于 Markov 模型,根据 2000 年和 2015 年土地利用图,得到转移概率矩阵;根据不同情景对 Markov 概率矩阵进行调整,再利用线性内插法得到 2050 年的土地利用需求面积。

(2)各土地利用类型的空间转换概率:逻辑回归模型确定各种 LULC 类型(响应变量)和 LULC 驱动因素(解释变量)之间的关系,以预测 LULC 的空间分布。空间因子的选择尽量具有不同的自然和人文属性,同时考虑数据的可获取性。据此,我们选择了高程、坡度、土壤有机质、到居民点距离、到海岸带距离、距主要河流的距离、距公路的距离、GDP(地区生产总值)、人口密度、温度、降水、NDVI(归一化植被指数)、人类影响指数、土地利用程度 14 个驱动因子。对各用地类型和驱动因子进行相关分析,计算 2015 年各用地类型和各驱动因子的 logistic 回归系数 β 值。对驱动因子进行共线性分析,计算共线性系数。当共线性系数大于 0.8,则只选择相关驱动因子中的一个,不能全部选择。为了保证模型模拟的准确性和可靠性,每一种土地利用类型的相关性计算都只选择出小于或等于 7 个相关性最大的驱动因子。其中,人口密度、土地利用强度、NDVI 和年降水量在各种地类均不显著而被剔除,得到表 11-4。从表中可以看出,各地类 ROC 值均在 0.7 以上,拟合度较好。其中,耕地和林地的 ROC 值超过 0.9,具有非常好的拟合度。ROC 检验结果说明,本研究对于京津冀地区土地利用变化驱动因子的选取是恰当的,得到的空间转换概率值比较可靠。

表 11-4　各土地利用的驱动因子系数及 ROC 检验结果

驱动因子	耕地	林地	草地	水体	建设用地	未利用地
常数	−0.23	−5.63	−1.98	−5.06	−1.89	−8.80
距居民点距离	3.56	4.67	−2.62	9.91	2.13	13.65
距水域距离	3.97	−0.87	−0.54	−4.02	3.44	1.41
距道路距离	1.17	0.91	0.35			
海拔	−1.57		2.79	−1.14	−4.20	3.25
坡度	−7.13	7.68	2.91	−4.75	−1.37	−18.31
土壤有机碳	−2.16	1.12		−9.72	−3.66	−5.18
年降水量	0.00	0.79		0.00		
ROC 检验值	0.90	0.93	0.79	0.77	0.73	0.89

（3）各土地类型转换规则和转换弹性系数：土地利用类型转换参数包括土地利用类型转换规则和土地利用类型转换弹性两项内容。转换规则指在一定的情景模式下，各地类之间相互转移的可能性矩阵，是一个 $n×n$ 的矩阵（n 表示地类数），值为 0 或者 1。"1"表示两种土地类型间可以转换，"0"表示不可以转换。用地转换弹性参数介于 0~1，参数越大，转化为其他用地类型的难度越高，该用地类型稳定性越高（表 11-5）。

表 11-5　土地利用类型转换弹性

土地利用类型	耕地	林地	草地	水域	建设用地	未利用地
转换弹性	0.83	0.95	0.88	0.23	0.90	0.12

（4）政策限制区域：如果不设置受限制区域，整个研究区都可发生土地类型变化，这与现实的国土空间管控政策不符。例如，一些重要的生态系统功能保护区如自然保护区是不能转换的，限制区域出自于前面的国土空间韧性测度和生态系统服评估及权衡分析结果，如生态系统服保护区、生态廊道缓冲区和阈值管控区等。

（5）模型检验：以京津冀地区 2015 年土地利用数据作为模拟的基期数据，空间分辨率为 1 km×1 km。根据 5 种情景的制定原则，模拟得到了 5 种情景下的 2050 年的土地利用空间格局数据。使用 Kappa 系数来评估 CLUMondo 模型结果的准确性，5 种情景模拟的总体精度均达到了 75%以上，表明模拟有效。

本章节构建的"现状延续"、"生态保护"、"粮食安全"、"城市扩张"和"综合最优"5 种土地利用情景，各情景内涵如表 11-6。

表 11-6　五种模拟情景及其内涵

模拟情景	内涵
现状延续	维持目前土地利用方式，保持现有城市扩展速率和环境管制措施不变
生态保护	生态用地增加（林地、草地、水体），限制生态用地向其他地类转变
粮食安全	重点保障基本农田数量和分布，严格控制耕地转变，维护粮食安全
城市扩张	放宽经济发展限制，适当增加建设用地面积以提高经济效益
综合最优	同时考虑生态保护、粮食安全和经济发展，均衡分配生态用地、耕地和建设用地

情景 1 为现状延续情景（S1）：土地利用为自发过程和自组织过程，按现有趋势进行变化，即自然演化过程下的土地利用空间格局。依据北京、天津和河北土

地利用总体规划修编和城市总体规划等资料，对转移概率矩阵进行修正得到情景2、情景3和情景4。

情景 2 为生态保护情景（S2）：限制城市用地侵占成片林地、草地和水域，强调生态环境保护，生态用地（林地、草地、水体）增加，限制生态用地向其他地类转变。

情景 3 为粮食安全情景（S3）：考虑减少耕地损失、保障粮食安全和维护社会稳定等因素，重点保障基本农田，严格控制耕地向其他地类转变。

情景 4 为城市扩张情景（S4）：对发展没有政策限制，在 2050 年前没有实施城镇开发边界的控制，特征是不受控制的城市化，城市不会转化为其他用地。

情景 5 为综合最优情景（S5）：同时考虑生态保护、粮食安全和经济发展，均衡分配生态用地、耕地和建设用地，以达到均衡发展的目标。

生态系统服务的粮食供给考虑了粮食安全，支持和调节服务考虑了生态保护。对自然保护区、生态系统服务高价值区、气候廊道缓冲区和国土空间韧性评估需要禁止开发的区域及阈值管控区进行类型转换限制。

基于对区域国土空间生态功能的考虑，研究使用 RCP2.6 气候情景。通过对前面设置的土地利用情景进行模型模拟，得到 5 种情景下的国土空间格局如表 11-7。

将未来情景下的各地类结构数量与基期比较（图 11-15），发现现状延续情景下耕地减少、建设用地增加，且建设用地增加的总量与耕地减少的数量相当。林地增加、草地减少、水域增加、未利用地减少；生态保护情景下建设用地减少耕地流失，严格限定城市扩张，增加草地面积；粮食安全情景是唯一增加耕地面积的情景，通过严格限定城市扩张并减少向林地的转换；城市发展情景下城市面积增大，耕地面积急剧减少，林地有所增加，其他地类变化不大；综合最优情景耕地轻度减少，林地增加最多，草地和未利用地面积下降明显，建设用地几乎不增加，结果相对极端。

表 11-7　不同情景下 2050 年各土地利用面积相对于基期的变化（单位：km²）

基期	耕地	林地	草地	水域	建设用地	未利用地
现状延续	−9774.98	1287.04	−1601.24	778.04	9490.90	−179.76
生态保护	−6153.49	4303.45	458.71	521.29	1223.90	−353.86
粮食安全	2013.87	216.05	−3016.63	−283.13	1595.50	−525.65
城市发展	−12086.36	1107.23	−1838.76	739.33	12278.47	−199.91
综合最优	−3491.41	7036.28	−3404.20	276.27	390.57	−807.53

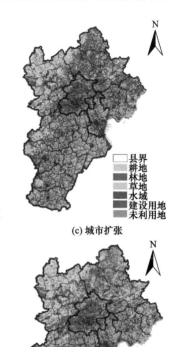

(a) 基期 (b) 现状延续 (c) 城市扩张

(d) 生态保护 (e) 粮食安全 (f) 综合最优

图 11-15 京津冀 2050 年五种情景下的国土空间格局（基期为 2015 年）

通过编码手段显示空间上转移的类型，分析不同情景下国土空间格局的变化，结果如图 11-16 所示。现状延续情景下，空间上发生较多的耕地转换，耕地、草地以及未利用地向建设用地转换较多；生态保护情景下耕地转林地较多，林地未向

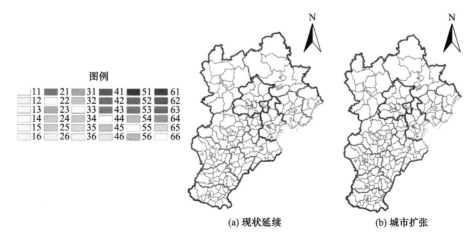

(a) 现状延续 (b) 城市扩张

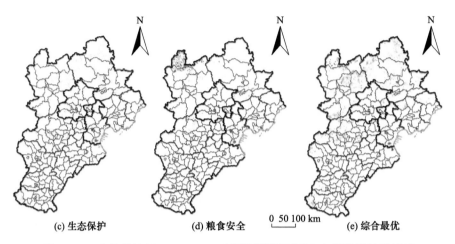

(c) 生态保护   (d) 粮食安全   0 50 100 km   (e) 综合最优

图 11-16 京津冀地区 2015～2050 年不同情景下国土空间类型转移格局

编码规则为 1：耕地；2：林地；3：草地；4：水体；5：建设用地；
6：未利用地。11 代表耕地-耕地，12 代表耕地-林地，依次类推

其他用地转换；粮食安全情景严格限制耕地流失，因此华北平原耕地很少向其他
地类转变，坝上草原发生较多的地类转换；城市扩张情景下，建设用地占用耕地
严重，也存在占用草地的现象；综合最优情景耕地转向林地较多，且耕地转向其
他用地较少，尤其限制其转为建设用地，草地转向林地比例较大。

二、不同情景下京津冀地区的国土空间风险预估

在模拟出 2050 年不同情景下的国土空间格局后，结合气候情景数据，计算在
当前适应能力下（假定适应性不变）2050 年的国土空间风险水平。指标体系和当
前的指标保持一致，暴露和敏感指标均用 2050 年情景数据计算得到（气候敏感性
指标除外），权重和当前的脆弱性评估保持一致。2050 年京津冀地区脆弱性格局如
图 11-17 所示，从图中可以看出，2050 年脆弱性格局和 2015 年非常接近，只是局

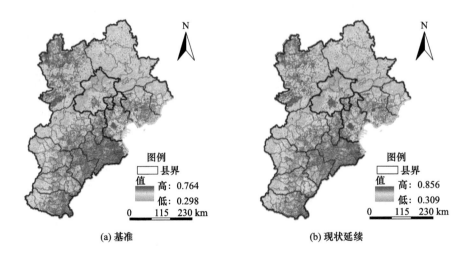

(a) 基准   (b) 现状延续

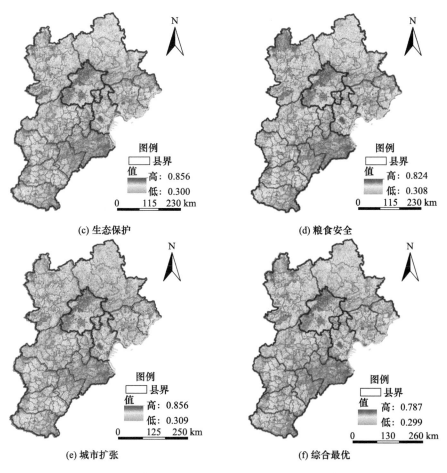

图 11-17　京津冀地区不同情景下 2050 年国土空间脆弱性格局

部有所差别。2050 年不同情景下脆弱性风险等级较高的主要分布在京津冀东南部的平原地区和西北地区，低值和极低值主要分布在北部的山地和西部的太行山地区。与 2015 年基值相比，不同情景下风险性增加的区域比例从低到高为综合最优（14.18%）、生态保护（14.58%）、粮食安全（17.22%）、现状延续（19.68%）和城市扩张情景（21.44%）。

　　京津冀地区不同情景 2050 年国土空间风险水平与基期相比，现状延续、粮食安全、城市扩张三种情景下的平均值均变大，生态保护、综合最优情景下国土空间脆弱较低，且综合最优情景国土空间脆弱性最低。意味着如果保持现在的适应能力而不提高的前提下，未来的脆弱性很大概率会升高，加强生态保护，尤其是基于多种途径进行综合保护有助于降低国土空间脆弱性风险。对五种未来情景脆弱性水平进行比较发现，城市扩张情景下脆弱性最高，综合最优情景下脆弱性风险水平最低。为了进一步分析京津冀地区的脆弱性时间变化趋势，基于京津冀地区 2015 年的韧性水平自然断点标准将其分为五类，分别定义为极低（Ⅰ）、低（Ⅱ）、中等（Ⅲ）、高（Ⅳ）和极高（Ⅴ）5 个等级（图 11-18）。和基期相比较，所有未来情景极低脆弱性风险区域面积均上升，极低风险区域面积在现状延续、粮食安全和城市扩张三个情景下出现上升趋势。五种未来情景之间比较发现，极低脆弱

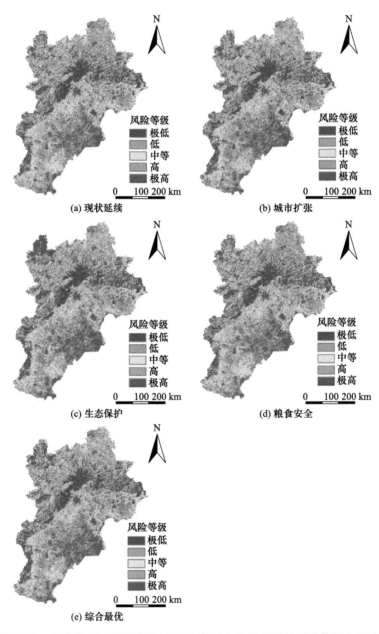

图 11-18　京津冀地区不同情景下 2050 年国土空间脆弱性风险等级空间格局

性风险和低脆弱性风险区域面积最大的为综合最优情景，其次为生态保护情景；城市扩张情景与其他情景间脆弱性风险性变化最大，且低脆弱区比例下降明显。综上，综合最优情景能在保证用地需求合理的前提下，不会提高国土空间的脆弱性风险水平，是一种可行的选择。

参 考 文 献

白立敏. 2019. 基于景观格局视角的长春市城市生态韧性评价与优化研究. 长春: 东北师范大学.

白琳. 2017. 基于遥感的北京市近地表城市热岛效应研究. 南京: 南京信息工程大学.

包玉斌, 李婷, 柳辉, 等. 2016. 基于 InVEST 模型的陕北黄土高原水源涵养功能时空变化. 地理研究, 35（4）: 664-676.

蔡鸿岩. 2013. "政府中心制" 规划酿祸 "城市病". http://blog. sina. com. cn/s/blog_475ba2990101dbp0. html.

操建华, 孙若梅. 2015. 自然资源资产负债表的编制框架研究. 生态经济, 31（10）: 25-28.

曹钟雄, 武良成. 2010. 中国 "城市病" 解析. //樊纲, 武良成主编. 城市化: 着眼于城市化的质量. 北京: 中国经济出版社.

陈晋, 卓莉, 史培军, 等. 2003. 基于 DMSP/OLS 数据的中国城市化过程研究--反映区域城市化水平的灯光指数的构建. 遥感学报, 7（003）: 168-175.

陈恺霖. 2018. 基于 CLUMondo 模型的广西北部湾沿海地区土地利用变化模拟. 南宁: 广西大学.

陈利顶. 2018. 源、汇景观格局分析及其应用. 北京: 科学出版社.

陈利顶, 孙然好, 刘海莲. 2013. 城市景观格局演变的生态环境效应研究进展. 生态学报, 33（4）: 1042-1050.

陈利顶, 周伟奇, 韩立建, 等. 2016. 京津冀城市群地区生态安全格局构建与保障对策. 生态学报, 36（22）: 7125-7129.

陈莉, 李运超. 2014. 基于遗传算法——支持向量机的我国创新型城市评价. 中国科技论坛, （11）: 126-131.

陈明星, 陆大道, 张华. 2009. 中国城市化水平的综合测度及其动力因子分析. 地理学报, 64（4）: 387-398.

陈伟莲, 张虹鸥, 李升发, 等. 2019. 新时代资源环境承载能力和国土空间开发适宜性评价思考——基于广东省评价实践. 广东土地科学, 18（2）: 4-9.

陈彦光. 2011. 地理数学方法: 基础和应用. 北京: 科学出版社.

陈彦光. 2018. 基于 Euler 公式的无尺度分布 Gini 系数估计公式. 北京大学学报, 54（6）: 1283-1289.

陈彦光. 2019. 空间和规模分布差异的组间不均衡指数. 北京大学学报, 55（6）: 1097-1102.

陈永义, 俞小鼎, 高学浩, 等. 2004. 处理非线性分类和回归问题的一种新方法（I）——支持向量机方法简介. 应用气象学报, 15（3）: 345-354.

陈哲, 刘学敏. 2012. "城市病" 研究进展和评述. 首都经济贸易大学学报, （1）: 101-108.

程迎轩, 王红梅, 刘光盛, 等. 2016. 基于最小累计阻力模型的生态用地空间布局优化. 农业工程学报, 16: 248-257.

程兆麟, 曾孟佳. 2005. 基于改进 GA 神经网络的可持续发展水平研究. 科技进步与对策, 22（4）: 74-77.

崔东文. 2014. 随机森林回归模型及其在污水排放量预测中的应用. 供水技术, 8（1）: 31-36.

戴尔阜, 王晓莉, 朱建佳, 等. 2015. 生态系统服务权衡/协同研究进展与趋势展望. 地球科学进展, 30（11）: 1250-1259.

戴尔阜, 王晓莉, 朱建佳, 等. 2016. 生态系统服务权衡: 方法、模型与研究框架. 地理研究, 35

（6）：1005-1016.

戴尔阜，王亚慧，马良，等. 2018. 中国典型山地土地利用变化与资源生态效应. 自然杂志，40
　　（1）：33-40.

戴君虎，王焕炯，王红丽，等. 2012. 生态系统服务价值评估理论框架与生态补偿实践. 地理科
　　学进展，31（7）：963-969.

丁镭，黄亚林，刘云浪，等. 2015. 1995-2012 年中国突发性环境污染事件时空演化特征及影响因
　　素. 地理科学进展，34（6）：749-760.

丁世飞. 2011. 支持向量机理论与算法研究综述. 电子科技大学学报，40（1）：2-10.

杜鹤强，薛娴，王涛，等. 2015. 1986-2013 年黄河宁蒙河段风蚀模数与风沙入河量估算. 农业工
　　程学报，10: 142-151.

杜石霞. 2018. 基于 CLUMondo 模型的抚仙湖流域土地利用变化分析及模拟预测. 昆明：昆明理
　　工大学.

杜悦悦，彭建，高阳，等. 2016. 基于三维生态足迹的京津冀城市群自然资本可持续利用分析.
　　地理科学进展，35（10）：1186-1196.

段小梅. 2001. 城市规模与"城市病"——对我国城市发展方针的反思. 中国人口·资源与环境，
　　11（4）：133-135.

樊杰. 2016. 我国国土空间开发保护格局优化配置理论创新与"十三五"规划的应对策略. 中国
　　科学院院刊，31（1）：1-12.

樊杰，陈田，孟旭光，等. 2016. 广东省国土空间开发保护格局优化配置研究. 北京：科学出版
　　社.

范淑贤，刘海坤，徐建明，等. 2009. 3.50 Ma BP 以来河北衡水地区古植被与环境演化. 现代地
　　质，23（1）：75-81.

方创琳. 2014. 中国城市群研究取得的重要进展与未来发展方向. 地理学报，69（8）：1130-1144.

方创琳，任宇飞. 2017. 京津冀城市群地区城镇化与生态环境近远程耦合能值代谢效率及环境压
　　力分析. 中国科学：地球科学，47（7）：833-846.

方创琳，宋吉涛，蔺雪芹. 2010. 中国城市群可持续发展理论与实践. 中国科技论坛，65（7）：
　　135-135.

方创琳，王岩. 2015. 中国新型城镇化转型发展战略与转型发展模式. 中国城市研究，4: 3-17.

方创琳，杨玉梅. 2006. 城市化与生态环境交互耦合系统的基本定律. 干旱区地理，29（1）：1-8.

方精云，郭兆迪，朴世龙，等. 2007. 1981～2000 年中国陆地植被碳汇的估算. 中国科学：地球科
　　学，37（6）：804-812.

方恺. 2013. 生态足迹深度和广度：构建三维模型的新指标. 生态学报，33（1）：267-274.

方恺. 2014. 1999-2008 年 G20 国家自然资本利用的空间格局变化. 资源科学，36（4）：793-800.

方恺. 2015a. 足迹家族研究综述. 生态学报，35（24）：7974-7986.

方恺. 2015b. 基于改进生态足迹三维模型的自然资本利用特征分析：选取 11 个国家为数据源.
　　生态学报，35（11）：3766-3777.

方恺，高凯，李焕承. 2013. 基于三维生态足迹模型优化的自然资本利用国际比较. 地理研究，32
　　（9）：1657-1667.

方恺，李焕承. 2012b. 基于生态足迹深度和广度的中国自然资本利用省际格局. 自然资源学报，
　　27（12）：1995-2005.

方恺，Reinout H. 2012a. 自然资本核算的生态足迹三维模型研究进展. 地理科学进展，31（12）：
　　1700-1707.

方莹，王静，黄隆杨，等. 2020. 基于生态安全格局的国土空间生态保护修复关键区域诊断与识
　　别——以烟台市为例. 自然资源学报，3501: 190-203.

符娟林, 乔标. 2008. 基于模糊物元的城市化生态预警模型及应用. 地球科学进展, 23（9）: 990-995.

傅斌, 徐佩, 王玉宽, 等. 2013. 都江堰市水源涵养功能空间格局. 生态学报, 33（3）: 789-797.

傅伯杰. 2013. 生态系统服务与生态系统管理. 中国科技奖励, 7: 6-8.

傅伯杰. 2019. 土地资源系统认知与国土生态安全格局. 中国土地, 12: 9-11.

傅伯杰, 刘焱序. 2019. 以空间优化为抓手保障生态安全. 中国科学报, 9: 09001.

傅伯杰, 田汉勤, 陶福禄, 等. 2017. 全球变化对生态系统服务的影响. 中国基础科学, 19（6）: 14-18.

傅伯杰, 张立伟. 2014. 土地利用变化与生态系统服务: 概念、方法与进展. 地理科学进展, 33（4）: 441-446.

傅伯杰, 周国逸, 白永飞, 等. 2009. 中国主要陆地生态系统服务功能与生态安全. 地球科学进展, 2406: 571-576.

高吉喜, 徐德琳, 乔青, 等. 2020. 自然生态空间格局构建与规划理论研究. 生态学报, 40（3）: 749-755.

高江波, 周巧富, 常青, 等. 2009. 基于 GIS 和土壤侵蚀方程的农业生态系统土壤保持价值评估——以京津冀地区为例. 北京大学学报（自然科学版）, 45（1）: 151-157.

高阳, 黄姣, 王羊, 等. 2011. 基于能值分析及小波变换的城市生态经济系统研究——以深圳市为例. 资源科学, 33（4）: 781-788.

龚艳冰. 2012. 基于正态云模型和熵权的河西走廊城市化生态风险综合评价. 干旱区资源与环境, 26（5）: 169-174.

巩国丽, 刘纪远, 邵全琴. 2014. 基于 RWEQ 的 20 世纪 90 年代以来内蒙古锡林郭勒盟土壤风蚀研究. 地理科学进展, 06: 825-834.

顾朝林. 2011. 城市群研究进展与展望. 地理研究, 30（5）: 771-784.

郭秀锐, 杨居荣, 毛显强. 2002. 城市生态系统健康评价初探. 中国环境科学, 22（6）: 525-529.

韩会庆, 张娇艳, 马庚, 等. 2018. 气候变化对生态系统服务影响的研究进展. 南京林业大学学报（自然科学版）, 194（2）, 187-193.

韩增林, 胡伟, 钟敬秋, 等. 2017. 基于能值分析的中国海洋生态经济可持续发展评价. 生态学报, 37（8）: 2563-2574.

韩宗伟, 焦胜, 胡亮, 等. 2019. 廊道与源地协调的国土空间生态安全格局构建. 自然资源学报, 3410: 2244-2256.

郝蕊芳, 于德永, 邬建国, 等. 2016. 约束线方法在生态学研究中的应用. 植物生态学报, 40（10）: 1100-1109.

何常清. 2019. 国土空间开发适宜性评价的若干思考. 江苏城市规划, （4）: 44-45.

何春阳, 李景刚, 陈晋, 等. 2005. 基于夜间灯光数据的环渤海地区城市化过程. 地理学报, （3）: 409-417.

何玲, 贾启建, 李超, 等. 2016. 基于生态系统服务价值和生态安全格局的土地利用格局模拟. 农业工程学报, 32（3）: 275-284.

何砚, 赵弘. 2017. 京津冀城市可持续发展效率动态测评及其分解研究——基于超效率 CCR-DEA 模型和 Malmquist 指数的度量. 经济问题探索, 11: 67-76.

和娟, 师学义, 付扬军. 2020. 基于生态系统服务的汾河源头区域生态安全格局优化. 自然资源学报, 35（4）: 814-825.

侯鹏, 杨旻, 翟俊, 等. 2017. 论自然保护地与国家生态安全格局构建. 地理研究, 3603: 420-428.

胡侯立, 魏维, 胡蒙娜. 2015. 深度学习算法的原理及应用. 信息技术, （2）: 175-177.

胡美娟, 周年兴, 李在军, 等. 2015. 南京市三维生态足迹测算及驱动因子. 地理与地理信息科学, 31（1）: 91-95.

胡廷兰, 杨志峰, 何孟常, 等. 2005. 一种城市生态系统健康评价方法及其应用. 环境科学学报, 25（2）: 269-274.

黄从红, 杨军, 张文娟. 2013. 生态系统服务功能评估模型研究进展. 生态学杂志, 32（12）: 3360-3367.

黄国和, 陈冰, 秦肖生. 2006. 现代城市"病"诊断、防治与生态调控的初步构想. 厦门理工学院学报, （3）: 1-10.

黄婕. 2018. 基于 RNN-CNN 集成深度学习模型的 $PM_{2.5}$ 小时浓度预测研究. 杭州: 浙江大学.

黄金川, 林浩曦, 漆潇潇. 2017. 面向国土空间优化的三生空间研究进展. 地理科学进展, 36（3）: 378-391.

黄琳珊. 2019. 城市形态的多分形标度分析方法研究——以京津冀为例. 北京: 北京大学.

黄琳珊, 陈彦光, 李双成. 2019. 京津冀城镇用地空间结构的多分维谱分析. 地理科学进展, 38（1）: 50-64.

黄书礼. 2004. 都市生态经济与能量. 台北: 詹氏书局.

黄贤金, 周艳. 2018. 资源环境承载力研究方法综述. 中国环境管理, 10（6）: 38-44, 56.

季曦. 2008. 生态热力学㶲值理论及其在城市系统模拟和调控中的应用. 北京: 北京大学.

贾克敬, 张辉, 徐小黎, 等. 2017. 面向空间开发利用的土地资源承载力评价技术. 地理科学进展, 36（3）, 335-341.

江凌, 肖燚, 饶恩明, 等. 2016. 内蒙古土地利用变化对生态系统防风固沙功能的影响. 生态学报, 12: 3734-3747.

姜磊, 周海峰, 柏玲. 2019. 基于空间计量模型的中国城市化发展与城市空气质量关系. 热带地理, 39（3）: 461-471.

姜昧茗. 2007. 城市系统演化的生态热力学㶲值分析. 北京: 北京大学.

蒋洪强, 张静, 王金南, 等. 2013. 中国快速城镇化的边际环境污染效应变化实证分析. 资源再生, 21（8）: 24-27.

焦雯珺, 闵庆文, 李文华, 等. 2014. 基于生态系统服务的生态足迹模型构建与应用. 资源科学, 36（11）: 2392-2400.

焦晓云. 2015. 城镇化进程中"城市病"问题研究: 涵义、类型及治理机制. 经济问题, （7）: 7-12.

金冬梅, 张继权, 韩俊山. 2005. 吉林省城市干旱缺水风险评价体系与模型研究. 自然灾害学报, 14（6）: 100-104.

靳永翥, 徐鑫钰. 2016. 我国西部"城市病"研究——基于 25 个城市的数据分析. 领导科学论坛, （5）: 54-67.

卡特琳娜·巴克, 安琪·施托克曼. 2018. 韧性设计: 重新连接人和环境. 景观设计学, 6（4）: 14-31.

蓝盛芳, 陈飞鹏, 刘新茂. 1995. 农业生态经济系统的能值分析. 生态科学, 29（2）: 1-2.

蓝盛芳, 钦佩, 陆宏芳. 2002. 生态经济系统能值分析. 北京: 化学工业出版社.

李博, 黄梓茜. 2016. "反规划"途径: 理论、应用与展望. 景观设计学, 4（5）: 18-29.

李春艳, 华德尊, 陈丹娃, 等. 2008. 人工神经网络在城市湿地生态环境质量评价中的应用. 北京林业大学学报, （s1）: 282-286.

李迪华. 2016. 碎片化是生物多样性保护的最大障碍. 景观设计学, 4（3）: 34-39.

李二珠. 2017. 遥感图像场景深度学习与应用研究. 南京: 南京大学.

李二珠. 2018. 遥感图像场景深度学习与应用研究——以城市结构类型识别为例. 地理与地理信息科学, 34（6）: 127.

李方正, 彭丹麓, 王博娅. 2019. 生态系统服务研究在景观规划中的应用. 景观设计学, 7（4）:

56-69.

李夫星. 2013. 基于 USLE 模型的河北省土壤侵蚀评价研究. 石家庄: 河北师范大学.

李刚. 2016. "城市病"的形成机理及其经济阻滞效应测度: 以北京市为例. 财经理论研究, （1）: 1-9.

李国煜, 林丽群, 罗栋燊, 等. 2019. 福州市生态用地保护格局的优化途径. 水土保持通报, 39 （2）: 234-241.

李恒, 黄民生, 姚玲, 等. 2011. 基于能值分析的合肥城市生态系统健康动态评价. 生态学杂志, 30 （1）: 183-188.

李红祥, 徐鹤, 赵立腾, 等. 2016. 中国城镇化与资源环境耦合关系实证研究. 生态经济, 32（2）: 31-33.

李军, 游松财, 黄敬峰. 2006. 基于 GIS 的中国陆地表面粗糙度长度的空间分布. 上海交通大学学报（农业科学版）, 2: 185-189.

李苗苗. 2003. 植被覆盖度的遥感估算方法研究. 北京: 中国科学院遥感应用研究所.

李清泉, 高德荃, 杨必胜. 2009. 基于模糊支持向量机的城市道路交通状态分类. 吉林大学学报, （s2）: 131-134.

李书娟, 曾辉. 快速城市化地区建设用地沿城市化梯度的扩张特征——以南昌地区为例. 生态学报, 2004（1）: 55-62.

李双成. 2019. 生态系统服务研究思辨. 景观设计学, 7（1）: 82-87.

李双成, 蔡运龙. 2002. 基于能值分析的土地可持续利用态势研究. 经济地理, 22（3）: 346-349.

李双成, 傅小锋, 郑度. 2001. 中国经济持续发展水平的能值分析. 自然资源学报, 16（4）: 297-304.

李双成, 谢爱丽, 吕春艳, 等. 2018. 土地生态系统服务研究进展及趋势展望. 中国土地科学, 3212: 82-89.

李双成, 赵志强, 王仰麟. 2009. 中国城市化过程及其资源与生态环境效应机制. 地理科学进展, 28（1）: 63-70.

李天健. 2012. 城市病评价指标体系构建及应用研究. 城市观察, （4）: 112-119.

李天健. 2014. 城市病评价指标体系构建与应用——以北京市为例. 城市规划, 38（8）: 41-47.

李文华, 张彪, 谢高地. 2009. 中国生态系统服务研究的回顾与展望. 自然资源学报, 24（1）: 1-10.

李文君, 邱林, 陈晓楠, 等. 2011. 基于集对分析与可变模糊集的河流生态健康评价模型. 水利学报, 42（7）: 775-782.

李湘梅, 周敬宣, 罗璐琴, 等. 2007. 基于支持向量机的城市生态足迹动态化评价. 资源科学, 29 （5）: 16-21.

李欣海. 2013. 随机森林模型在分类与回归分析中的应用. 应用昆虫学报, 50（4）: 1190-1197.

李琰, 李双成, 高阳, 等. 2013. 连接多层次人类福祉的生态系统服务分类框架. 地理学报, 68 （8）: 1038-1047.

李友梅. 2015. 城市发展周期与特大型城市风险的系统治理. 争鸣与探索, 3: 19-20.

李玉霞. 2018. 基于改进狼群算法的支持向量机在空气质量评价中的应用. 成都: 西华大学.

李源源, 贾晓蕾, 张煦渤. 2017. 基于 BP 神经网络的"大城市病"度量模型. 中国战略新兴产业, （40）: 47.

李卓, 孙然好, 张继超, 等. 2017. 京津冀城市群地区植被覆盖动态变化及其驱动机制. 生态学报, 37（22）: 7418-7426.

廖瑞金, 孟繁津, 周年荣, 等. 2014. 基于集对分析和证据理论融合的变压器内绝缘状态评估方法. 高电压技术, 40（2）: 474-481.

廖文华, 解建仓, 王玲, 等. 2013. 城市化进程中区域水土资源生态风险评价研究. 西安理工大学学报, 29（2）：165-171.

廖重斌. 1999. 环境与经济协调发展的定量评判及其分类体系——以珠江三角洲城市群为例. 热带地理,（2）：3-5.

林家彬. 2012. 我国"城市病"的体制性成因与对策研究. 城市规划学刊,（3）：16-22.

刘秉正, 刘世海, 郑随定. 1999. 作物植被的保土作用及作用系. 水土保持研究,（2）：3-5.

刘超, 许月卿, 孙丕苓, 等. 2016. 基于改进三维生态足迹模型的张家口市生态可持续性评价. 水土保持通报, 36（6）：169-176.

刘丹. 2015. 弹性城市的规划理念与方法研究. 杭州：浙江大学.

刘耕源. 2018. 生态系统服务功能非货币量核算研究. 生态学报, 38（4）：1487-1499.

刘耕源, 杨志峰, 陈彬, 等. 2008. 基于能值分析的城市生态系统健康评价——以包头市为例. 生态学报, 28（4）：1720-1728.

刘耕源, 杨志峰, 陈彬, 等. 2013. 基于生态网络的城市代谢结构模拟研究：以大连市为例. 生态学报, 33（18）：5926-5934.

刘耕源, 杨志峰, 陈彬, 等. 2018. 能值分析理论与实践-生态经济核算与绿色城市管理. 北京：科学出版社.

刘海燕, 程全国, 魏建兵, 等. 2017. 基于改进三维生态足迹的沈阳市自然资本动态. 应用生态学报, 28（12）：4067-4074.

刘贺贺, 杨青山. 2016. 新陈代谢视角下东北地区城市健康诊断. 干旱区资源与环境, 30（3）：25-31.

刘纪远, 刘明亮, 庄大方, 等. 2002. 中国近期土地利用变化的空间格局分析. 中国科学,（12）：1031-1040+1058-1060.

刘威. 2013. 基于支持向量机的城市空气质量时间序列预测模型探究. 电子测试,（10x）：44-46.

刘伟. 2019. 引入多中心性以提升景观韧性. 景观设计学, 7（3）：8-11.

刘小茜, 王仰麟, 彭建. 2009. 人地耦合系统脆弱性研究进展. 地球科学进展,（8）：917-927.

刘焱序, 傅伯杰, 赵文武, 等. 2018. 生态资产核算与生态系统服务评估：概念交汇与重点方向. 生态学报, 38（23）：8267-8276.

刘洋, 蒙吉军, 朱利凯. 2010. 区域生态安全格局研究进展. 生态学报, 30（24）：6980-6989.

刘耀彬, 宋学锋. 城市化与生态环境耦合模式及判别. 地理科学, 2005（4）：26-32.

龙玉清, 陈彦光. 2019. 基于灯光数据的京津冀城市多标度异速分析. 地理科学进展, 38（1）：88-100.

龙玉清, 陈彦光. 2019. 京津冀交通路网结构特征及其演变的分形刻画. 人文地理, 34（4）：115-125.

卢敏, 张展羽. 2005. 基于支持向量机的水资源可持续利用评价. 水电能源科学, 23（5）：18-21.

鲁的苗. 2017. 基于能值分析的无锡市生态系统健康评价研究. 南京：南京大学.

鲁钰雯, 翟国方, 施益军, 等. 2020. 荷兰空间规划中的韧性理念及其启示. 国际城市规划, 35（1）：102-110+117.

陆大道. 2015. 京津冀城市群功能定位及协同发展. 地理科学进展, 34（3）：265-270.

陆宏芳, 蓝盛芳, 陈飞鹏, 等. 2004. 农业生态系统能量分析. 应用生态学报, 2004, 15（1）：159-162.

陆铭. 2016. "城市病"与人口增长关系不大. 上海国资,（9）：17.

陆汝成, 黄贤金, 左天惠, 等. 2009. 基于 CLUE-S 和 Markov 复合模型的土地利用情景模拟研究——以江苏省环太湖地区为例. 地理科学, 29（4）：577-581.

陆韬. 2013. "大城市病"的空间治理. 上海：华东师范大学.

罗军刚, 解建仓, 阮本清. 2008. 基于熵权的水资源短缺风险模糊综合评价模型及应用. 水利学

报, 39（9）：1092-1104

吕政, 黄群慧, 吕铁, 等. 2005. 中国工业化、城市化的进程与问题——"十五"时期的状况与"十一五"时期的建议. 中国工业经济, （12）：5-13.

吕政宝, 杨艳琼. 2018. 产业结构调整与环境污染的联动效应——基于中国省际面板数据联立方程组的实证研究. 科技管理研究, 38（21）：243-248.

马程, 李双成, 刘金龙, 等. 2013. 基于 SOFM 网络的京津冀地区生态系统服务分区. 地理科学进展, 32（9）：1383-1393.

马程, 王晓玥, 张雅昕, 等. 2017. 北京市生态涵养区生态系统服务供给与流动的能值分析. 地理学报, 72（6）：974-985.

马克明, 傅伯杰, 黎晓亚, 等. 2004. 区域生态安全格局: 概念与理论基础. 生态学报, （4）：761-768.

马利邦, 牛叔文, 杨丽娜. 2012. 基于 Markov 和 CLUE-S 模型的敦煌市土地利用/覆盖格局情景模拟. 生态学杂志, 31（7）：1823-1831.

马维兢, 刘斌, 杨德伟, 等. 2017. 基于三维生态足迹模型的流域自然资本动态评估——以福建省九龙江流域为例. 资源科学, 39（5）：871-880.

马文涛. 2007. 支持向量机回归方法在地表水水质评价中的应用. 数学的实践与认识, （9）：45-50.

马小雯. 2017. 浙江省城市化与空气质量耦合协调关系研究. 杭州: 浙江大学.

蒙吉军, 王雅, 江颂. 2019. 基于生态系统服务的黑河中游退耕还林生态补偿研究. 生态学报, 39（15）：5404-5413.

蒙吉军, 燕群, 向芸芸. 2014. 鄂尔多斯土地利用生态安全格局优化及方案评价. 中国沙漠, 34（2）：590-596.

孟宪萌, 胡和平. 2009. 基于熵权的集对分析模型在水质综合评价中的应用. 水利学报, 40（3）：257-262.

苗秋菊, 张婉佩, 沈永平. 2007. 2006 年全球气候异常, 多项纪录被打破. 气候变化研究进展, 3（1）：54-57.

莫莉, 余新晓, 赵阳, 等. 2014. 北京市区域城市化程度与颗粒物污染的相关性分析. 生态环境学报, 23（5）：806-811.

倪鹏飞. 2011. 中国城市竞争力报告: 让世界倾斜而平坦. 北京: 社会科学文献出版社.

倪庆琳, 侯湖平, 丁忠义, 等. 2020. 基于生态安全格局识别的国土空间生态修复分区——以徐州市贾汪区为例. 自然资源学报, 35（1）：204-216.

欧阳志云. 2016. 中国生态环境现状及趋势剖析. 景观设计学, 4（5）：30-37.

欧阳志云, 王桥, 郑华, 等. 2014. 全国生态环境十年变化（2000—2010 年）遥感调查评估. 中国科学院院刊, 29（4）：462-466.

欧阳志云, 郑华. 2014. 生态安全战略. 海口: 学习出版社, 海南出版社.

欧阳志云, 朱春全, 杨广斌, 等. 2013. 生态系统生产总值核算: 概念、核算方法与案例研究. 生态学报, 33（21）：6747-6761.

彭建, 刘松, 吕婧. 2006. 区域可持续发展生态评估的能值分析研究进展与展望. 中国人口资源与环境, 16（5）：47-51.

彭建, 吴健生, 蒋依依, 等. 2006. 生态足迹分析应用于区域可持续发展生态评估的缺陷. 生态学报, 26: 2716-2722.

彭建, 赵会娟, 刘焱序, 等. 2017. 区域生态安全格局构建研究进展与展望. 地理研究, 36（3）：407-419.

彭玲, 吴同, 李高盛, 等. 2017. 基于智慧城市多源时空数据脉动规律认知的城市病研究. 地理信息世界, （4）: 29-35.

彭怡. 2010. InVEST 模型在生态系统服务功能评估中的应用研究——以四川汶川地震灾区为例. 成都: 中国科学院水利部成都山地灾害与环境研究所.

齐心. 2015. 北京城市病的综合测度及趋势分析. 现代城市研究, （12）: 71-75.

祁帆, 贾克敬, 常笑. 2019. 在国土空间规划中统筹划定三条控制线的五大趋向. 中国土地, （12）: 4-8.

秦超, 李君轶, 陈宏飞, 等. 2016. 基于三维生态足迹的陕西省自然资本动态研究. 干旱区研究, 33（4）: 837-842.

任才溶. 2018. 基于并行随机森林的城市 $PM_{2.5}$ 浓度预测. 太原: 太原理工大学.

任成好. 2016. 中国城市化进程中的城市病研究. 沈阳: 辽宁大学.

任成好, 张桂文. 2016. 中国城市病的测度研究——基于 288 个地级市的统计数据分析. 经济研究参考, （56）: 12-19.

尚梦佳, 周忠发, 王小宇, 等. 2018. 基于支持向量机的喀斯特山区土壤环境质量评价——以贵州北部一茶叶园区为例. 中国岩溶, 37（4）: 575-583.

邵超峰, 鞠美庭, 张裕芬, 等. 2008. 天津滨海新区城市化进程中的环境风险分析. 城市环境与城市生态, 21（4）: 25-28.

邵红, 张广兴. 2016. 生态完整性评价概念及应用. 环境保护与循环经济, 36（10）: 44-48.

申陆, 田美荣, 高吉喜, 等. 2016. 浑善达克沙漠化防治生态功能区防风固沙功能的时空变化及驱动力. 应用生态学报, 1: 73-82.

施益军, 翟国方, 周姝天, 等. 2020. 多生态安全格局下的国土综合适宜性评价——以淮北市为例. 生态经济, 36（2）: 97-103.

石忆邵. 2014. 中国"城市病"的测度指标体系及其实证分析. 经济地理, 34（10）: 1-6.

史亚星. 2018. 基于深度学习的交通流量预测与可视化方法研究. 北京: 北方工业大学.

苏飞, 张平宇. 2010. 基于集对分析的大庆市经济系统脆弱性评价. 地理学报, 65（4）: 454-464.

苏飞, 张平宇, 李鹤. 2008. 中国煤矿城市经济系统脆弱性评价. 地理研究, 27（4）: 907-916.

苏美蓉, 杨志峰, 陈彬. 2009. 基于能值-生命力指数的城市生态系统健康集对分析. 中国环境科学, 29（8）: 892-896.

苏美蓉, 杨志峰, 王红瑞, 等. 2006. 一种城市生态系统健康评价方法及其应用. 环境科学学报, 26（12）: 2072-2080.

隋春花, 蓝盛芳. 2006. 广州与上海城市生态系统能值的分析比较机. 城市环境与城市生态, （4）: 1-3.

孙飞, 陈敏学, 毛丽君, 等. 2011. 中国大陆省级尺度森林破碎化特征评价. 西北农林科技大学学报（自然科学版）, 39（1）: 43-51.

孙久文, 李姗姗, 张和侦. 2015. "城市病"对城市经济效率损失的影响——基于中国 285 个地级市的研究. 经济与管理研究, 36（3）: 54-61.

孙然好, 武大勇, 陈利顶. 2020. 海河流域河流生态系统健康研究. 北京: 科学出版社.

孙伟, 陈诚. 2013. 海岸带的空间功能分区与管制方法——以宁波市为例. 地理研究, 32（10）: 1878-1889.

孙晓, 刘旭升, 李锋, 等. 2016. 中国不同规模城市可持续发展综合评价. 生态学报, 36（17）: 5590-5600.

孙志军, 薛磊, 许阳明, 等. 2012. 深度学习研究综述. 计算机应用研究, 29（8）: 2806-2810.

覃剑. 2012. 我国城市病问题研究: 源起、现状与展望. 现代城市研究, （5）: 58-64.

唐尧, 祝炜平, 张慧. 2015. InVEST 模型原理及其应用研究进展生态科学, 34（3）: 204-208.

田川, 刘广奇, 李宁, 等. 2020. 国土空间规划体系下"双评价"的实践与思考. 规划师, 36（5）:

15-20.

田亚平, 向清成, 王鹏. 2013. 区域人地耦合系统脆弱性及其评价指标体系. 地理研究, 32（1）: 55-63.

汪辉, 徐蕴雪, 卢思琪, 等. 2017. 恢复力、弹性或韧性?——社会生态系统及其相关研究领域中 "Resilience" 一词翻译之辨析. 国际城市规划, 32（4）: 29-39.

王大伟, 王宇成, 苏杨. 2012. 我国的城市病到底多严重——城市病的度量及部分城市的城市病 状况定量对比. 中国发展观察, （10）: 33-35.

王桂新. 2010. "大城市病" 的破解良方. 人民论坛, （32）: 16-18.

王海燕. 1996. 论世界银行衡量可持续发展的最新指标体系. 中国人口·资源与环境, 1: 39-44.

王金亮, 邵景安, 王丹, 等. 2016. 三峡库区面源污染形成的景观阻/动力评价与 "源/汇" 格局识 别. 地理科学, 26（10）: 1431-1448.

王娟, 崔保山, 卢远. 2007. 基于生态系统服务价值核算的土地利用规划战略环境评价. 地理科 学, 27（4）: 449-554.

王军, 顿耀龙. 2015. 土地利用变化对生态系统服务的影响研究综述. 长江流域资源与环境, 24 （5）: 798-808.

王璐珏. 2012. 河北省植被净初级生产力遥感估算. 石家庄: 河北师范大学.

王祥雪, 许伦辉. 2018. 基于深度学习的短时交通流预测研究. 交通运输系统工程与信息, 18(1): 81-88.

王晓玥, 李双成. 2017. 基于多维视角的 "城市病" 诊断分析及其风险预估研究进展与发展趋势. 地理科学进展, 36（2）: 231-243.

王尧, 徐佩, 傅斌, 等. 2018. 森林生态系统水源涵养功能评估模型研究进展. 生态经济, 2（1）: 158-164.

王奕森, 夏树涛. 2018. 集成学习之随机森林算法综述. 信息通信技术, （1）: 49-55.

王振波, 方创琳, 许光, 等. 2015. 2014 年中国城市 $PM_{2.5}$ 浓度的时空变化规律. 地理学报, 70 （11）: 1720-1734.

韦春竹. 2013. 基于遗传神经网络的城市扩张模拟和城市热岛研究. 成都: 电子科技大学.

魏伟, 颉耀文, 魏晓旭, 等. 2017. 基于 CLUE-S 模型和生态安全格局的石羊河流域土地利用优 化配置. 武汉大学学报（信息科学版）, 42（9）: 1306-1315.

魏玉强, 程倩雯, 单金霞, 等. 2016. 快速城镇化大都市边缘地区耕地红线划定研究. 水土保持 研究, 1: 80-85.

文先明, 熊鹰. 2008. 基于属性理论的城市生态系统健康评价. 系统工程, （11）: 42-46.

吴次芳, 叶艳妹, 吴宇哲, 等. 2019. 国土空间规划. 北京: 地质出版社.

吴建忠, 詹圣泽. 2018. 城市病及北京非首都功能疏解的路径与对策. 经济体制改革, （1）: 38-44.

吴健生, 岳新欣, 秦维. 2017. 基于生态系统服务价值重构的生态安全格局构建——以重庆两江 新区为例. 地理研究, 36（3）: 429-440.

吴冕. 2011. 大城市: 拿什么拯救你?——问诊中国 "大城市病" (下篇). 生态经济, （6）: 18-23.

吴迎霞. 2013. 海河流域生态服务功能空间格局及其驱动机制. 武汉: 武汉理工大学.

向丽, 王红瑞, 李迎霞. 2008. 北京市城市生态系统健康评价. 广州环境科学, （1）: 34-40.

谢高地, 鲁春霞, 冷允法, 等. 2003. 青藏高原生态资产的价值评估. 自然资源学报, 18（2）: 189-196.

谢高地, 张彩霞, 张昌顺, 等. 2015a. 中国生态系统服务的价值. 资源科学, 37（9）: 1741.

谢高地, 张彩霞, 张雷明, 等. 2015b. 基于单位面积价值当量因子的生态系统服务价值化方法改 进. 自然资源学报, 30（8）.

谢高地, 甄霖, 鲁春霞, 等. 2008. 一个基于专家知识的生态系统服务价值化方法. 自然资源学报, 23（5）: 911-919.

谢花林. 2008. 土地利用生态安全格局研究进展. 生态学报, 28（12）: 6305-6311.

谢永华, 张鸣敏, 杨乐, 等. 2015. 基于支持向量机回归的城市 $PM_{2.5}$ 浓度预测. 计算机工程与设计, （11）: 3106-3111.

熊升银. 2017. 中国城镇化的生态环境效应——基于工业污染治理投资视角的实证研究. 技术经济, 36（12）: 86-90.

徐超, 王云鹏, 黎丽莉. 2018. 中国 1998—2012 年 $PM_{2.5}$ 时空分布与能源消耗总量关系研究. 生态科学, 37（1）: 108-120.

徐传谌, 秦海林. 2007. 城市经济可持续发展研究: "城市病"的经济学分析. 税务与经济, （2）: 1-5.

徐磊. 2017. 基于"三生"功能的长江中游城市群国土空间格局优化研究. 武汉: 华中农业大学.

徐丽, 何念鹏, 于贵瑞. 2019. 2010s 年中国陆地生态系统碳密度数据集. 中国科学数据, 4（1）: DOI/0.11922.

徐卫华, 栾雪菲, 欧阳志云, 等. 2014. 对我国国土生态安全格局与空间管理策略的思考. 国土资源情报, 5: 27-31.

徐新良, 刘洛, 蔡红艳. 2017. 中国农田生产潜力数据集. 中国科学院资源环境科学数据中心数据注册与出版系统.

徐中民, 张志强, 程国栋. 2000. 甘肃省 1998 年生态足迹计算与分析. 地理学报, （5）: 607-616.

许婵, 赵智聪, 文天祚. 2017. 韧性——多学科视角下的概念解析与重构. 西部人居环境学刊, 32（5）: 59-70.

许月卿. 2007. 基于生态足迹的北京市土地生态承载力评价. 资源科学, （5）: 37-42.

寻瑞, 王克林, 于闽, 等. 2012. 基于侵蚀降雨特征的湘江流域 R 因子修正算法. 中国水土保持科学, 10（1）: 32-37.

闫瑞彩. 2016. 基于支持向量机的城市综合体低碳设计评价研究. 邯郸: 河北工程大学.

严珅, 孙然好. 2018. 京津冀县域城镇化与景观格局变化的协调性研究. 生态环境学报, 27（1）: 62-70.

杨保军, 陈鹏. 2012. 城市病演变及其治理. 城乡规划, （2）: 40-43.

杨瑞君, 赵楠, 凡耀峰, 等. 2017. 基于随机森林模型的城市空气质量评价. 计算机工程与设计, 38（11）: 3151-3156.

杨姗姗, 邹长新, 沈渭寿, 等. 2016. 基于生态红线划分的生态安全格局构建——以江西省为例. 生态学杂志, 35（1）: 250-258.

杨思琪. 2017. 随机森林模型在太原市细颗粒物浓度预测中的应用. 太原: 太原理工大学.

杨天荣, 匡文慧, 刘卫东, 等. 2017. 基于生态安全格局的关中城市群生态空间结构优化布局. 地理研究, 36（3）: 441-452.

杨晓楠, 李晶, 秦克玉, 等. 2015. 关中—天水经济区生态系统服务的权衡关系. 地理学报, 70（11）: 1772.

杨卓翔. 2012. 基于能值和㶲值的北京城市生态经济系统研究. 北京: 北京大学.

姚士谋, 陈振光, 朱英明, 等. 2006. 中国城市群. 合肥: 中国科学技术大学出版社.

叶文虎, 全川. 1997. 联合国可持续发展指标体系述评. 中国人口·资源与环境, 3: 83-87.

叶鑫, 邹长新, 刘国华, 等. 2018. 生态安全格局研究的主要内容与进展. 生态学报, 38（10）: 3382-3392.

叶艳. 2013. 基于组织免疫理论的武汉市"城市病"防治策略研究. 武汉: 中南民族大学.

叶英聪. 2018. 基于空间决策模型的鹰潭市"三生用地"空间布局优化研究. 南昌: 江西农业大学.

叶正波. 2003. 基于人工神经网络的区域经济子系统可持续发展指标预测研究. 浙江大学学报, 30（1）: 109.

尹邵龙, 赵亚楠. 2015. 深度学习在城市交通流预测中的实践研究. 现代电子技术, 38（15）: 158-162.

尹文君, 张大伟, 严京海, 等. 2015. 基于深度学习的大数据空气污染预报. 中国环境管理, 7(6): 46-52.

尹燕平. 2018. 基于人工神经网络的京津冀城市群城市病诊断研究. 北京: 北京大学.

俞孔坚. 1998. 景观生态战略点识别方法与理论地理学的表面模型. 地理学报,（S1）: 11-20.

俞孔坚. 1999. 生物保护的景观生态安全格局. 生态学报,（1）: 10-17.

俞孔坚. 2016. 生态安全格局与国土空间开发格局优化. 景观设计学, 4（5）: 6-9.

俞孔坚, 李海龙, 李迪华, 等. 2009. 国土尺度生态安全格局. 生态学报, 29（10）: 5163-5175.

俞孔坚, 乔青, 李迪华, 等. 2009. 基于景观安全格局分析的生态用地研究——以北京市东三乡为例. 应用生态学报, 20（8）: 1932-1939.

俞孔坚, 王思思, 李迪华, 等. 2009. 北京市生态安全格局及城市增长预景. 生态学报, 29（3）: 1189-1204.

俞孔坚, 王思思, 李迪华, 等. 2010. 北京城市扩张的生态底线——基本生态系统服务及其安全格局. 城市规划, 34（2）: 19-24.

郁亚娟, 郭怀成, 刘永, 等. 2008. 城市病诊断与城市生态系统健康评价. 生态学报, 28（4）: 1736-1747.

郁亚娟, 王真, 郭怀成, 等. 2006. 基于人工神经网络的城市拓展区可持续发展指数序列研究. 北京大学学报: 自然科学版, 42（4）: 496-502.

岳德鹏, 于强, 张启斌, 等. 2017. 区域生态安全格局优化研究进展. 农业机械学报, 48(2): 1-10.

张达, 何春阳, 邬建国, 等. 2015. 京津冀地区可持续发展的主要资源和环境限制性要素评价——基于景观可持续科学概念框架. 地球科学进展, 30（10）: 1151-1161.

张凤. 2018. 京津冀城镇体系与水系结构的时空耦合分析. 北京: 北京大学.

张凤, 陈彦光, 李晓松. 2019. 京津冀城市生长和形态的径向维数分析. 地理科学进展, 38（1）: 65-76.

张虹波, 刘黎明. 2006. 土地资源生态安全研究进展与展望. 地理科学进展,（5）: 77-85.

张科利, 彭文英, 杨红丽. 2007. 中国土壤可蚀性值及其估算. 土壤学报,（1）: 7-13.

张锐, 罗红霞, 张茹蓓, 等. 2015. 重庆市植被净初级生产力估算及其生态服务价值评价. 西南大学学报（自然科学版）, 37（12）: 40-46.

张绍良, 杨永均, 侯湖平, 等. 2018. 基于恢复力理论的"土地整治+生态"框架模型, 中国土地科学, 32（10）: 83-89.

张喜玲. 2013. 城市病的形成机理研究——以中国城市化为例. 保定: 河北大学.

张喜玲. 2015. "城市病"的形成机理研究——基于城市人口承载力视角. 区域经济评论,（5）: 135-140.

张星星, 曾辉. 2017. 珠江三角洲城市群三维生态足迹动态变化及驱动力分析. 环境科学学报, 37（2）: 771-778.

张学工. 2000. 关于统计学习理论与支持向量机. 自动化学报, 26（1）: 32-42.

张洋子. 2017. 我国"大城市病"的指标基准、定量测度与机理分析. 城市,（11）: 3-12.

章文波, 谢云, 刘宝元. 2002. 利用日雨量计算降雨侵蚀力的方法研究. 地理科学,（6）: 705-711.

赵弘. 2014. 北京大城市病治理与京津冀协同发展. 经济与管理, 28（3）: 5-9.

赵静洁. 2017. 京津冀城镇用地形态的时空演化分析. 北京: 北京大学.

赵静洁, 陈彦光, 李双成. 2019. 京津冀城市用地形态的双分形特征及其演化. 地理科学进展, 38

（1）：77-87.

周加来. 2004. "城市病"的界定、规律与防治. 中国城市经济，（2）：32-35.

周涛，王云鹏，龚健周，等. 2015. 生态足迹的模型修正与方法改进. 生态学报，35（14）：4592-4603.

周新，冯天天，徐明. 2018. 基于网络系统的结构分析和统计学方法构建中国可持续发展目标的关键目标和核心指标. 中国科学院院刊，33（1）：20-29.

朱明峰，洪天求，王儒敬. 2005. 基于支持向量机的资源型城市可持续发展指标体系研究. 华东地质，26（1）：49-53.

朱明峰，熊焰，洪天求. 2005. 一种基于演化神经网络的资源型城市可持续发展指标预测模型. 模式识别与人工智能，18（4）：496-501.

朱文博，王阳，李双成. 2014. 生态系统服务付费的诊断框架及案例剖析. 生态学报，34（10）：2460-2469.

朱文泉，潘耀忠，张锦水. 2007. 中国陆地植被净初级生产力遥感估算. 植物生态学报，（3）：413-424.

朱颖慧. 2011. 城市六大病：中国城市发展新挑战. 今日国土，（2）：14-15.

朱玉伟，桑巴叶，王永红，等. 2015. 新疆农田防护林防风固沙服务功能价值核算. 中国农学通报，22：7-12.

祝晓坤. 2017. 基于深度学习的WorldView-3城市目标分类应用研究. 测绘通报，（s2）：40-43.

庄大方，刘纪远. 1997. 中国土地利用程度的区域分异模型研究. 自然资源学报，（2）：10-16.

曾辉，高凌云，夏洁. 2003. 基于修正的转移概率方法进行城市景观动态研究——以南昌市区为例. 生态学报，（11）：2201-2209.

Aerts J C J H, Botzen W J W, Emanuel K, et al. 2014. Evaluating flood resilience strategies for coastal megacities. Science, 344（6183）：473-475.

Ahern J. 2011. From fail-safe to safe-to-fail: Sustainability and resilience in the new urban world. Landscape and Urban Planning, 100（4）：341-343.

Akaike H. 1974. A new look at the statistical model identification. IEEE Transactions on Automatic Control, 19: 716-723.

Alagador D, Cerdeira J O, Araújo M B. 2016. Climate change, species range shifts and dispersal corridors: an evaluation of spatial conservation models. Methods in Ecology and Evolution, 7（7）：853-866.

Alahuhta J, Alahulkko T, Tukiainen H, et al. 2018. The role of geodiversity in providing ecosystem services at broad scales. Ecological Indicators, 91: 47-56.

Alahuhta J, Toivanen M, Hjort J. 2020. Geodiversity–biodiversity relationship needs more empirical evidence. Nature Ecology Evolution, 4（1）：2-3.

Allan E, Manning P, Alt F, et al. 2015. Land use intensification alters ecosystem multifunctionality via loss of biodiversity and changes to functional composition. Ecology Letters, 18（8）：834-843.

Allan P, Bryant M. 2011. Resilience as a framework for urbanism and recovery. Journal of Landscape Architecture, 6（2）：34-45.

Allen C R, Angeler D G, Chaffin B C, et al. 2019. Resilience reconciled. Nature Sustainability, 2（10）：898-900.

Andersson-Sköld Y, Klingberg J, Gunnarsson B, et al. 2018. A framework for assessing urban greenery's effects and valuing its ecosystem services. Journal of Environmental Management, 205: 274-285.

Ariza M P, Farrell K N, Gamboa G, et al. 2014. Integrating energy and land-use planning:

socio-metabolic profiles along the rural-urban continuum in Catalonia（Spain）. Environment Development and Sustainability, 16（4）: 925-956.

Arlidge W N S, Bull J W, Addison P F E, et al. 2018. A global mitigation hierarchy for nature conservation. Bioscience, 68（5）: 336-347.

Baho D L, Allen C R, Ahjond G, et al. 2017. A quantitative framework for assessing ecological resilience. Ecology & Society, 22（3）: 1-17.

Bai Y, Wong C P, Jiang B, et al. 2018. Developing China's Ecological Redline Policy using ecosystem services assessments for land use planning. Nature Communications, 9（1）: 3034.

Bailey J J, Boyd D S, Hjort J, et al. 2017. Modelling native and alien vascular plant species richness: At which scales is geodiversity most relevant? Global Ecology and Biogeography, 26（7）: 763-776.

Balmford A, Bruner A, Cooper P, et al. 2002. Economic reasons for conserving wild nature. Science, 297（5583）: 950-953.

Balocco C, Papeschi S, Grazzini G, et al. 2004. Using exergy to analyze the sustainability of an urban area. Ecological Economics, 48（2）: 231-244.

Barnes M D, Glew L, Wyborn C, et al. 2018. Prevent perverse outcomes from global protected area policy. Nature Ecology Evolution, 2（5）: 759-762.

Barnes M L, Bodin Ö, Guerrero A M, et al. 2017. The social structural foundations of adaptation and transformation in social–ecological systems. Ecology and Society, 22（4）: 16.

Barron S, Sheppard S R J, Condon P M. 2016. Urban forest indicators for planning and designing future forests. Forestry, 7（9）: 1-17.

Barth N C, Döll P. 2016. Assessing the ecosystem service flood protection of a riparian forest by applying a cascade approach. Ecosystem Services, 21: 39-52.

Bateman I J, Harwood A R, Mace, G M, et al. 2013. Bringing ecosystem services into economic decision-making: Land use in the United Kingdom. Science, 341（6141）: 45-50.

Bechle M J, Millet D B, Marshall J D. 2011. Effects of income and urban form on urban NO_2: Global evidence from satellites. Environ mental Science Technology, 45（1）: 4914-4919.

Benez S F J, Dwivedi P. 2020. Analyzing the provision of ecosystem services by conservation easements and other protected and non-protected areas in the Upper Chattahoochee Watershed. Science of The Total Environment, 717: 137218.

Beninde J, Veith M, Hochkirch A. 2015. Biodiversity in cities needs space: A meta-analysis of factors determining intra-urban biodiversity variation. Ecology Letters, 18（6）: 581-592.

Bennett E M, Peterson G D, Gordon L J. 2009. Understanding relationships among multiple ecosystem services. Ecology Letters, 12（12）: 1394-1404.

Biggs R, Maja S, Michael L. 2015. Principles for Building Resilience: Sustaining Ecosystem Services in Social-ecological Systems. Cambridge: Cambridge University Press.

Biggs R, Schlüter M, Biggs D, et al. 2012. Toward principles for enhancing the resilience of ecosystem services. Annual Review of Environment and Resources, 37: 421-448.

Blew R D. 1996. On the definition of ecosystem. Bulletin of the Ecological Society of America, 77: 171-173.

Boafo F E, Kim J T, Kim J H. 2017. Evaluating the impact of green roof evapotranspiration on annual building energy performance. International Journal of Green Energy, 149（5）: 479-489.

Bodin Ö, Alexander S M, Baggio J, et al. 2019. Improving network approaches to the study of complex social–ecological interdependencies. Nature Sustainability, 2（7）: 551-559.

Boone R B, Conant R T, Sircely J, et al. 2018. Climate change impacts on selected global rangeland ecosystem services. Global Change Biology, 24（3）: 1382-1393.

Braat L C, de Groot R. 2012. The ecosystem services agenda: bridging the worlds of natural science and economics, conservation and development, and public and private policy. Ecosystem Services, 1（1）: 4-15.

Brilha J B, Gray M, Pereira D I, et al. 2018. Geodiversity: An integrative review as a contribution to the sustainable management of the whole of nature. Environmental Science & Policy, 86: 19-28.

Brown M T, Campbell D E, Vilbiss C D, et al. 2016. The geobiosphere emergy baseline: A synthesis. Ecological Modelling, 339: 92-95.

Brown M T, Ulgiati S. 1997. Emergy-based indices and ratios to evaluate sustainability: monitoring economies and technology toward environmentally sound innovation. Ecological Engineering, 9（1-2）: 51-69.

Brown M T, Ulgiati S. 2004. Energy quality, emergy, and transformity: H. T. Odum's contributions to quantifying and understanding systems. Ecological Modelling, 178（1）: 201-213.

Brown M T, Ulgiati S. 2011. Can emergy sustainability index be improved? A response to Harizaj. Ecological Modelling, 222（12）: 2034-2035.

Brown M T, Ulgiati S. 2016. Emergy assessment of global renewable sources. Ecological Modelling, 339: 148-156.

Brown M T, Ulgiati S. 2018. Environmental Accounting Coupling Human and Natural Systems. New York: Springer.

Brudvig L A, Damschen E I, Tewksbury J J, et al. 2009. Landscape connectivity promotes plant biodiversity spillover into non-target habitats. Proceedings of the National Academy of Sciences, 106: 9328-9332.

Bryan B A. 2013. Incentives, land use, and ecosystem services: Synthesizing complex linkages. Environmental Science & Policy, 27: 124-134.

Bryan B A, Crossman N D, Nolan M, et al. 2015. Land use efficiency: anticipating future demand for land-sector greenhouse gas emissions abatement and managing trade-offs with agriculture, water, and biodiversity. Global Change Biology, 21（1）: 4098-4114.

Budyko M I. 1961. The Heat Balance of the Earth Surface. Soviet Geography, 2（4）: 3-13.

Burkhard B, Crossman N, Nedkov S, et al. 2013. Mapping and modelling ecosystem services for science, policy and practice. Ecosystem Services, 4: 1-3.

Burkhard B, Kroll F, Nedkov S, et al. 2012. Mapping ecosystem service supply, demand and budgets. Ecological Indicators, 21（3）: 17-29.

Butchart S H M, Walpole M, Collen B, et al. 2010. Global biodiversity: indicators of recent declines. Science, 328（5982）: 1164-1168.

Cabral P, Feger C M, Levrel H, et al. 2016. Assessing the impact of land-cover changes on ecosystem services: A first step toward integrative planning in Bordeaux, France. Ecosystem services, 22: 318-327.

Cade B S, Guo Q F. 2000. Estimating effects of constraints on plant performance with regression quantiles. Oikos, 91（2）: 245-254.

Cade B S, Noon B R. 2003. A gentle introduction to quantile regression for ecologists. Frontiers in Ecology and the Environment, 1（8）: 412-420.

Calabrese J M, Fagan W F. 2004. A comparison-shopper's guide to connectivity metrics. Frontiers in Ecology and the Environment, 2（10）: 529-536.

Campbell S. 2016. Green cities, growing cities, just cities? Urban planning and the contradictions of sustainable development. Journal of American Planning Association, Assoc., 62: 296-312.

Capra F. 1982. The Turning Point: A New Vision of Reality. Futurist, 16（6）: 19-24.

Carpenter S R, Brock W A. 2006. Rising variance: a leading indicator of ecological transition. Ecology Letters, 9（3）: 308-315.

Carpenter S R, Brock W A, Cole J J, et al. 2008. Leading indicators of trophic cascades. Ecology letters, 11（2）: 128-138.

Carpenter S R, Turner M G. 2000. Special issue on interactions of fast and slow variables in ecosystems. Ecosystems, 3（6）: 495-595.

Cavender B J, Polasky S, King E, et al. 2015. A sustainability framework for assessing trade-offs in ecosystem services. Ecology and Society, 20（1）: 17.

Chaplinkramer R, Sharp R, Weil C, et al. 2019. Global modeling of nature's contributions to people. Science, 366（6462）: 255-258.

Chapron G, Epstein Y, López-Bao J V. 2019. A rights revolution for nature. Science, 363（6434）: 1392-1393.

Che T, Li X, Jin R, et al. 2008. Snow depth derived from passive microwave remote-sensing data in China. Annals of Glaciology, 49: 145-154.

Chen B, Dai J, Sciubba E. 2014. Ecological accounting for China based on extended exergy. Renewable and Sustainable Energy Reviews, 37: 334-347.

Chen G Q. 2005. Exergy consumption of the earth. Ecological Modelling, 184: 363-380.

Chen G Q. 2006. Scarcity of exergy and ecological evaluation based on embodied exergy. Communications in Nonlinear Science and Numerical Simulation, 11（4）: 531-552.

Chen H, Chen G Q, Ji X. 2010. Cosmic emergy based ecological systems modelling. Communications in Nonlinear Science and Numerical Simulation, 15（9）: 2672-2700.

Chen T, Jin Y, Qiu X, Chen X. 2014. A hybrid fuzzy evaluation method for safety assessment of food-waste feed based on entropy and the analytic hierarchy process methods. Expert Systems with Applications, 41（16）: 7328-7337.

Chen X, Nordhaus W D. 2011. Using luminosity data as a proxy for economic statistics. Proceedings of the National Academy of Sciences of the United States of America, 108（21）: 8589-8594.

Chen Y G. 2017. Multi-scaling allometric analysis for urban and regional development. Physica A, 465: 673-689.

Chen Y G. 2018. Logistic models of fractal dimension growth of urban morphology. Fractals, 26（3）: 1850033.

Chen Y G. 2018. Reinterpreting the origin of bifurcation and chaos by urbanization dynamics. In: Kais A. M. Al Naimee （ed）. Chaos Theory. Rijeka: InTech, 1-25.

Chen Y G. 2020. Two sets of simple formulae to estimating fractal dimension of irregular boundaries. Mathematical Problems in Engineering, 7528703: 1-15.

Chen Y G, Huang L S. 2018. Spatial measures of urban systems: from entropy to fractal dimension. Entropy, 20（12）: 991.

Chen Y G, Huang L S. 2019. Modeling growth curve of fractal dimension of urban form of Beijing. Physica A: Statistical Mechanics and its Applications, 523: 1038-1056.

Chen Y G, Jiang B. 2018. Hierarchical scaling in systems of natural cities. Entropy, 20（6）: 432.

Chen Z M, Chen B, Chen G Q. 2011. Cosmic exergy based ecological assessment for a wetland in Beijing. Ecological Modelling, 222（2）: 322-329.

Chen Z, Deng X, Xu S, et al. 2016. An integrated approach for assessing the urban ecosystem health of megacities in China. Cities, 53: 110-119.

Cheng C W. 2013. Social vulnerability, green infrastructure, urbanization and climate change-induced flooding: A risk assessment for the Charles River watershed, Massachusetts, USA. Dissertations. Paper 781.

Cheng X, Chen L D, Sun R H, et al. 2019. Identification of regional water resource stress based on water quantity and quality: a case study in a rapid urbanization region of China. Journal of Cleaner Production, 209: 216-223.

Cinner J E, Adger W N, Allison E H, et al. 2018. Building adaptive capacity to climate change in tropical coastal communities. Nature Climate Change, 8（2）: 117-123.

Cinner J E, Barnes M L. 2019. Social Dimensions of Resilience in Social-Ecological Systems. One Earth, 1（1）: 51-56.

Clec'h S L, Oszwald J, Decaens T, et al. 2016. Mapping multiple ecosystem services indicators: toward an objective-oriented approach. Ecological Indicators, 69, 508-521.

Clements C F, Ozgul A, Metcalf J. 2018. Indicators of transitions in biological systems. Ecology Letters, 21（6）: 905-919.

Cochran F, Daniel J, Jackson L. 2020. Earth observation-based ecosystem services indicators for national and subnational reporting of the sustainable development goals. Remote Sensing of Environment, 244: 111796.

Cole L E, Bhagwat S A, Willis K J. 2014. Recovery and resilience of tropical forests after disturbance. Nature Communications, 5: 3906.

Conke L S, Ferreira T L. 2015. Urban metabolism: Measuring the city's contribution to sustainable development. Environmental Pollution, 202: 146-152.

Cord A F, Bartkowski B, Beckmann M, et al. 2017. Towards systematic analyses of ecosystem service trade-offs and synergies: Main concepts, methods and the road ahead. Ecosystem Services, 28: 264-272.

Cornelissen A M G, van den Berg J, Koops W J, et al. 2003. Elicitation of expert knowledge for fuzzy evaluation of agricultural production systems. Agriculture, Ecosystems & Environment, 95（1）: 1-18.

Costanza J K, Terando A J. 2019. Landscape connectivity planning for adaptation to future climate and land-use change. Current Landscape Ecology Reports.

Costanza R. 1980. Embodied Energy and Economic Valuation. Science, 210: 1219-1224.

Costanza R, d'arge R, de Groot R, et al. 1997. The value of the world's ecosystem services and natural capital. Nature, 387（6630）: 253-260.

Costanza R, de Groot R, Braat L, et al. 2017. Twenty years of ecosystem services: how far have we come and how far do we still need to go? Ecosystem Services, 28: 1-16.

Costanza R, de Groot R, Sutton P C, et al. 2014. Changes in the global value of ecosystem services. Global Environmental. Change, 26: 152-158.

Crépin A S. 2007. Using fast and slow processes to manage resources with thresholds. Environmental and Resource Economics, 36（2）: 191-213.

Crossman N D, Burkhard B, Nedkov S, et al. 2013. A blueprint for mapping and modelling ecosystem services. Ecosystem Services, 4: 4-14.

Cumming G S, Buerkert A, Hoffmann E M, et al. 2014. Implications of agricultural transitions and urbanization for ecosystem services. Nature, 515（7525）: 50-57.

Cutter S L. 2003. The vulnerability of science and the science of vulnerability. Annals of the Association of American Geographers, 93（1）: 1-12.

Dai L, Korolev K S, Gore J. 2013. Slower recovery in space before collapse of connected populations. Nature, 496（7445）: 355-358.

Daily G C. 1997. Nature's Services: Societal Dependence on Natural Ecosystems. Washington DC: Island Press.

Daily G C, Matson P A. 2008. Ecosystem services: From theory to implementation. Proceedings of the National Academy of Sciences of the United States of America, 105（28）: 9455-9456.

Daily G C, Söderqvist T, Aniyar S, et al. 2000. The value of nature and the nature of value. Science, 289, 395-396.

Dakos V, Nes E H V, D'Odorico P, et al. 2012. Robustness of variance and autocorrelation as indicators of critical slowing down. Ecology, 93（2）: 264-271.

De Keersmaecker W. 2015. A model quantifying global vegetation resistance and resilience to short-term climate anomalies and their relationship with vegetation cover. Global Ecology And Biogeography, 24（5）: 539-548.

Deguines N, Jono C, Baude M, et al. 2014. Large-scale trade-off between agricultural intensification and crop pollination services. Frontiers in Ecology And the Environment, 12（4）: 212-217.

Deng X, Li Z, Gibson J. 2016. A review on trade-off analysis of ecosystem services for sustainable land-use management. Journal of Geographical Sciences, 26（7）: 953-968.

Diakoulaki D, Mavrotas G, Papayanmakis L. 1995. Determining objective weights in multiple criteria problems: the critic method. Computers and Operations Research, 22（7）: 763-770.

Díaz S, Settele J, Brondízio E, et al. 2019. Pervasive human-driven decline of life on Earth points to the need for transformative change. Science, 366（6471）: eaax3100.

Dinerstein E, Vynne C, Sala E, et al. 2019. A Global Deal for Nature: guiding principles, milestones, and targets. Science Advances, 5（4）: w2869.

Dos Santos S M, Cabral J J S P, da Silva Pontes Filho I D. 2012. Monitoring of soil subsidence in urban and coastal areas due to groundwater overexploitation using GPS. Natural Hazards, 64（1）: 421-439.

Doubleday Z A, Connell S D. 2020. Shining a Brighter Light on Solution Science in Ecology. One Earth, 2（1）: 16-19.

Duan X M. 2001. Urban dimensions and urban illnesses: retrospect on city developing directions. China Population, Resources and Environment, 11（4）: 133-135.

Dudley N, Jonas H, Nelson F, et al. 2018. The essential role of other effective area-based conservation measures in achieving big bold conservation targets. Global Ecology And Conservation, 15: e00424.

Egilmez G, Gumus S, Kucukvar M. 2015. Environmental sustainability benchmarking of the U. S. and Canada metropolis: an expert judgment-based multi-criteria decision making approach. Cities, 42: 31-41.

Ehrlich P R, Kareiva P M, Daily G C. 2012. Securing natural capital and expanding equity to rescale civilization. Nature, 486: 68-73.

Eitelberg D A, van Vliet J, Verburg P H. 2015. A review of global potentially available cropland estimates and their consequences for model-based assessments. Global Change Biology, 21: 1236-1248.

Ellis E C. 2015. Ecology in an anthropogenic biosphere. Ecological Monographs, 85: 287-331.

Ellis E C. 2019. To Conserve Nature in the Anthropocene, Half Earth Is Not Nearly Enough. One Earth, 1（2）: 163-167.

Elmqvist T, Andersson E, Frantzeskaki N, et al. 2019. Sustainability and resilience for transformation in the urban century. Nature Sustainability, 2: 267-273.

Elmqvist T, McPhearson T, Gaffney O, et al. 2017. Sustainability and resilience differ. Nature, 546, 352.

Elsayed I S M. 2012. Effects of population density and land management on the intensity of urban heat islands: a case study on the city of Kuala Lumpur, Malaysia//Alam B M. Application of Geographic Information Intech Open, 268-282.

Espada R, Apan A, Mcdougall K. 2017. Vulnerability assessment of urban community and critical infrastructures for integrated flood risk management and climate adaptation strategies. International Journal of Disaster Resilience in the Built Environment, 8（4）: 375-411.

Fang K, Zhang Q, Yu H, et al. 2018. Sustainability of the use of natural capital in a city: Measuring the size and depth of urban ecological and water footprints. Science of the Total Environment, 631: 476-484.

Fang W, An H, Li H, et al. 2017. Accessing on the sustainability of urban ecological-economic systems by means of a coupled emergy and system dynamics model: A case study of Beijing. Energy Policy, 100: 326-337.

Fearnhead P, Rigaill G. 2017. Change point detection in the presence of outliers. Journal of the American Statistical Assoclation, 114: 1-15.

Fedele G, Locatelli B, Djoudi H. 2017. Mechanisms mediating the contribution of ecosystem services to human well-being and resilience. Ecosystem Services, 28: 43-54.

Foley J A. 2005. Global consequences of land use. Science, 309（80）: 570-574.

Folke C. 2016. Resilience （Republished）. Ecology and Society, 21（4）: 44.

Folke C, Biggs R, Norstrom A V, et al. 2016. Social-ecological resilience and biosphere-based sustainability science. Ecology and Society, 21（3）: art41.

Folke C, Carpenter S, Walker B, et al. 2010. Resilience thinking: integrating resilience, adaptability and transformability. Ecology and Society, 15（4）: 20.

Folke C, Hahn T, Olsson P, er al. 2005. Adaptive governance of social-ecological systems. Annual Review of Environment and Resources, 30: 441-473.

Fong Y, Huang Y, Gilbert P B, et al. 2017. Chngpt: Threshold regression model estimation and inference. BMC Bioinformatics, 18: 454.

Fryrear D W, Bilbro J D, Saleh A, et al. 2000. RWEQ: Improved Wind Erosion Technology. Journal of Soil & Water Conservation, 55（2）: 183-189.

Fu B, Zhang L, Xu Z. et al. 2015. Ecosystem services in changing land use. Journal of Soils Sediments, 15: 833-843.

Gao J, Barzel B, Barabasi A L, et al. 2016. Universal resilience patterns in complex networks. Nature, 530（7590）: 307-312.

Gao L, Bryan B A. 2017. Finding pathways to national-scale land-sector sustainability. Nature, 544: 217-222.

Gao Y, Feng Z, Li Y, et al. 2014. Freshwater ecosystem servicefootprint model: A model to evaluate regional freshwater sustainable development: A case study in Beijing-Tianjin-Hebei, China. Ecological Indicators, 39: 1-9.

Gasparatos A, Scolobig A. 2012. Choosing the most appropriate sustainability assessment tool.

Ecological Economics, 80: 1-7.

Geneletti D. 2012. Integrating Ecosystem Services in Land Use Planning: Concepts and Applications. CID Working Papers.

Goldstein J H, Caldarone G, Duarte T K, et al. 2012. Integrating ecosystem-service tradeoffs into land-use decisions. Proceedings of the National Academy of Sciences of the United States of America, 109（19）: 7565-7570.

Gómez-Baggethun E, Barton D N. 2013. Classifying and valuing ecosystem services for urban planning. Ecological Economics, 86: 235-245.

González-García A, Palomo I, González J A, et al. 2020. Quantifying spatial supply-demand mismatches in ecosystem services provides insights for land-use planning, Land Use Policy, 94: 104493.

Grafton R Q, Doyen L, Béné C. et al. 2019. Realizing resilience for decision-making. Nature Sustainability, 2: 907-913.

Grêt-Regamey A, Sirén E, Brunner S H, et al. 2017. Review of decision support tools to operationalize the ecosystem services concept. Ecosystem Services, 26（Part B）: 306-315.

Grêt-Regamey A, Weibel B, Kienast F, et al. 2015. A tiered approach for mapping ecosystem services. Ecosystem Services, 13: 16-27.

Griscom B W, Adams J, Ellis P W, et al. 2017. Natural climate solutions. Proceedings of the National Academy of Sciences of the United States of America, 114（44）: 11645-11650.

Groffman P M, Baron J S, Blett T, et al. 2006. Ecological thresholds: The key to successful environmental management or an important concept with no practical application? Ecosystems, 9: 1-13.

Gunderson L H, Holling C S. 2002. Panarchy: Understanding Transformations in Systems of Humans and Nature. Island Press, Washington DC.

Gupta N, Batta M, Arora K. 2015. Cardiovascular disease risk factors assessment in urban versus rural women of same ethnicity. International Journal of Biomedical Research, 6（5）: 334-337.

Guttal V, Jayaprakash C. 2008. Changing skewness: an early warning signal of regime shifts in ecosystems. Ecology Letters, 11（5）: 450-460.

Haines Y R, Potschin M. 2010. The links between biodiversity, ecosystem service and human well-being. Ecosystem Ecology: A New Synthesis.

Haines Y R, Potschin M, Kienast F. 2012. Indicators of ecosystem service potential at European scales: mapping marginal changes and trade-offs. Ecological Indicators, 21: 39-53.

Hall P. 2014. Cities of Tomorrow. An Intellectual History of Urban Planning and Design Since 1880, fourth ed. John Wiley and Sons Ltd. Hoboken.

Hansen R, Pauleit S. 2014. From Multifunctionality to Multiple Ecosystem Services? A Conceptual Framework for Multifunctionality in Green Infrastructure Planning for Urban Areas. AMBIO: A Journal of the Human Environment, 43（4）: 516-529.

Hao R, Yu D, Liu Y, et al. 2017. Impacts of changes in climate and landscape pattern on ecosystem services. Science of The Total Environment, 579: 718-728.

Hao R, Yu D, Wu J. 2017. Relationship between paired ecosystem services in the grassland and agro-pastoral transitional zone of China using the constraint line method. Agriculture, Ecosystems & Environment, 240: 171-181.

Harshaw H W, Sheppard S R J, Lewis J L. 2007. A review and synthesis of social indicators for sustainable forest management. BC Journal of Ecosystem Management, 8: 17-36.

Hein L, Koppen C, Ierland E, et al. 2016. Temporal scales, ecosystem dynamics, stakeholders and the valuation of ecosystems services. Ecosystem Services, 21: 109-119.

Heinrichs D, Dirk K, Kerstin H, et al. 2012. Risk Habitat megacities. Berlin: Springer-Verlag Berlin Heidelberg.

Hicks J R. 1946. Value and Capital: An Inquiry into Some Fundamental Principles of Economic Theory. Oxford: Clarendon Press.

Hirota M, Holmgren M, Van Nes E H, et al. 2011. Global resilience of tropical forest and savanna to critical transitions. Science, 334（6053）: 232-235.

Hjort J, Heikkinen R K, Luoto M. 2012. Inclusion of explicit measures of geodiversity improve biodiversity models in a boreal landscape. Biodivers Conserv, 21: 3487-3506.

Ho S H, Liao S H. 2011. A fuzzy real option approach for investment project valuation. Expert Systems with Applications, 38: 15296-15302.

Hoekstra A Y. 2003. Virtual Water Trade: Proceedings of the International Expert Meeting on Virtual Water Trade. Delft, Netherlands: IHE. 13-23.

Holling C S. 1973. Resilience and stability of ecological systems. Annual Review of Ecology and Systematics, 4: 1-23.

Holling C S. 1978. Adaptive Environmental Assessment and Management. New York: John Wiley & Sons.

Hölting L, Beckmann M, Volk M, et al. 2019. Multifunctionality assessments – More than assessing multiple ecosystem functions and services? A quantitative literature review. Ecological Indicators, 103: 226-235.

Hooper D U, Chapin F S, Ewel J J, et al. 2005. Effects of biodiversity on ecosystem functioning: a consensus of current knowledge. Ecological Monographs, 75（1）: 3-35.

Hu H, Fu B, Lü Y, et al. 2015. SAORES: a spatially explicit assessment and optimization tool for regional ecosystem services. Landscape Ecology, 30（3）: 547-560.

Huang L S, Chen Y G. 2018. A comparison between two OLS-based approaches to estimating urban multifractal parameters. Fractals, 26（1）: 1850019.

Huang S L. 1998. Urban ecosystems, energetic hierarchies, and ecological economics of Taipei metropolis. Journal of Environmental Management, 52: 39-51.

Icaga Y. 2007. Fuzzy evaluation of water quality classification. Ecological Indicators, 7: 710-718.

Inostroza L. 2014. Measuring urban ecosystem functions through 'Technomass'—A novel indicator to assess urban metabolism. Ecological Indicators, 42: 10-19.

Inostroza L, Konig H, Pickard B, et al. 2017. Putting ecosystem services into practice: Trade-off assessment tools, indicators and decision support systems. Ecosystem Services, 26: 303-305.

Inostroza L, Zasada I, König H J. 2016. Last of the wild revisited: assessing spatial patterns of human impact on landscapes in Southern Patagonia, Chile. Regional Environmental Change, 16（7）: 2071-2085.

IPBES. 2016. Intergovernmental Science-Policy Platform on Biodiversity and Ecosystem Services Summary for policymakers of the global assessment report on biodiversity and ecosystem services of the Intergovernmental Science-Policy Platform on Biodiversity and Ecosystem Services. https://www. ipbes. net/global-assessment-report-biodiversity-ecosystem-services Date: May 27.

IPCC. 1996. The IPCC Second Assessment Report. Cambridge: Cambridge University Press.

Isbell F, Craven D, Connolly J, et al. 2015. Biodiversity increases the resistance of ecosystem productivity to climate extremes. Nature, 526: 574-577.

Isbell F, Gonzalez A, Loreau M, et al. 2017. Linking the influence and dependence of people on biodiversity across scales. Nature, 546: 65-72.

Jadad A R, O'Grady L. 2008. How should health be defined? BMJ, 337（7683）: 1363-1364.

Jantz P, Goetz S, Laporte N. 2014. Carbon stock corridors to mitigate climate change and promote biodiversity in the tropics. Nature Climate Change, 4（2）: 138-142.

Jerry M S, Mariano B, Annalee Y, et al. 2001. Developing ecosystem health indicators in Centro-Habana: a community-basid approach. Ecosystem Health, 7（1）: 15-26.

Jiang J, Huang Z, Seager T, et al. 2018. Predicting tipping points in mutualistic networks through dimension reduction. Proceedings of the National Academy of Sciences of the United States of America, 115.

Jiang L, Xiao Y, Zheng H, et al. 2016. Spatio-temporal variation of wind erosion in Inner Mongolia of China between 2001 and 2010. Chinese Geographical Science, 26（2）: 155-164.

Jiang M M, Chen B. 2011. Integrated urban ecosystem evaluation and modeling based on embodied cosmic exergy. Ecological Modelling, 222（13）: 2149-2165.

Jim C Y. 2004. Green-space preservation and allocation for sustainable greening of compact cities. Cities, 21: 311-320.

Jin G, Deng X, Chu X, et al. 2017. Optimization of land-use management for ecosystem service improvement: a review. Physics and Chemistry of the Earth, 101: 70-77.

Johnson C N, Andrew B, Barry W, et al. 2017. Biodiversity losses and conservation responses in the Anthropocene. Science, 356（6335）: 270-275.

Jones C, Kammen D M. 2014. Spatial distribution of U. S. household carbon footprints reveals suburbanization undermines greenhouse gas benefits of urban population density. Environmental Science & Technology, 48: 895-902.

Jørgensen S E. 1988. Use of models as experimental tool to show that structural changes are accompanied by increased exergy. Ecological Modelling, 41: 117-126.

Jørgensen S E. 2001. Thermodynamics and Ecological Modelling. Boca Raton: Lewis Publishers.

Jørgensen S E, Nielsen S N, Mejer H. 1995. Emergy, environ, exergy and ecological modeling. Ecological Modelling, 77: 99-109.

José M, Dave R. 2010. Climate change, biotic interactions and ecosystem services. Philosophical Transactions of hte Royal Society of London series B-Biological Sciences, 365: 2013-2018.

Kaczorowska A, Kain J H, Kronenberg J, et al. 2016. Ecosystem services in urban land use planning: Integration challenges in complex urban settings—Case of Stockholm. Ecosystem Services, 22: 204-212.

Kain J H, Larondelle N, Haase D, et al. 2016. Exploring local consequences of two land-use alternatives for the supply of urban ecosystem services in Stockholm year 2050. Ecological Indicators,（70）: 615-629.

Kamal S Grodzińska-Jurczak, M Brown G. 2015. Conservation on private land: a review of global strategies with a proposed classification system. Journal of Environmental Planning and Management, 58: 576-597.

Kareiva P, Tallis H, Ricketts T H, et al. 2011. Natural Capital: Theory and Practice of Mapping Ecosystem Services. Oxford: Oxford University Press.

Keeley A T, Ackerly D D, Cameron D R, et al. 2018. New concepts, models, and assessments of climate-wise connectivity. Environmental Research Letters, 13（7）: e073002.

Keeley A T, Basson G, Cameron D R, et al. 2018. Making habitat connectivity a reality. Conservation

Biology, 32（6）: 1221-1232.

Kennedy C, Cuddihy J, Engel Y J. 2007. The changing metabolism of cities. Journal of Industrial Ecology, 11（2）: 43-59.

Knaapen J P, Scheffer M, Harms B. 1992. Estimating habitat isolation in landscape planning. Landscape and Urban Planning, 23: 1-16.

Knudson C, Kay K, Fisher S. 2018. Appraising geodiversity and cultural diversity approaches to building resilience through conservation. Nature Climate Change, 8: 678-685.

Kong P, Cheng X, Sun R H, et al. 2018. The Synergic Characteristics of Surface Water Pollution and Sediment Pollution with Heavy Metals in the Haihe River Basin, Northern China. Water, 10（1）: 73.

Kraas F. 2008. Megacities as Global Risk Areas//Marzluff J M, Shulenberger E, Endlicher W, et al. Urban Ecology. New York: Springer.

Krosby M, Theobald D M, Norheim R, et al. 2018. Identifying riparian climate corridors to inform climate adaptation planning. Plos One, 13（11）: e0205156.

Kubiszewski I, Costanza R, Anderson S, et al. 2017. The future value of ecosystem services: global scenarios and national implications. Ecosystem Services, 26: 289-301.

Kuempel C D, Adams V M, Possingham H P, et al. 2018. Bigger or better: the relative benefits of protected area network expansion and enforcement for the conservation of an exploited species. Convervation Letters, 11: e12433.

Kumar K, Parida M, Katiyar V K. 2014. Prediction of urban traffic noise using artificial neural network approach. Environmental Engineering & Management Journal, 13（4）: 817-826.

La Notte A, D'Amato D, Makinen H, et al. 2017. Ecosystem services classification: a systems ecology perspective of the cascade framework. Ecological Indicators, 74: 392-402.

Lang Y, Song W. 2018. Trade-off analysis of ecosystem services in a mountainous karst area, China. Water （Switzerland）, 10: 1-21.

Lautenbach S, Volk M, Strauch M, et al. 2013. Optimization-based trade-off analysis of biodiesel crop production for managing an agricultural catchment. Environmental Modelling Software, 48: 98-112.

Lavorel S, Locatelli B, Colloff M J, et al. 2020. Co-producing ecosystem services for adapting to climate change. Philosophical Transactions of the Royal Society B, 375（1794）: 20190119.

Lawler J J, Lewis D J, Nelson E, et al. 2014. Projected land-use change impacts on ecosystem services in the United States. Proceedings of the National Academy of Sciences of the United States of Ameñca , 111: 7492-7497.

Lester S E, Costello C, Halpern B S, et al. 2013. Evaluating tradeoffs among ecosystem services to inform marine spatial planning. Marine Policy, 38: 80-89.

Levin N, Duke Y. 2012. High spatial resolution night-time light images for demographic and socio-economic studies. Remote Sensing of Environment, 119: 1-10.

Li D L, Wu S Y, Liu L B, et al. 2017. Evaluating regional water security through a freshwater ecosystem service flow model: A case study in Beijing-Tianjian-Hebei region, China. Ecological Indicators, 81: 159-170.

Li D, Wu S, Liu L, et al. 2018. Vulnerability of the global terrestrial ecosystems to climate change. Global Change Biology, 24: 4095-4106.

Li H, Kwan M P. 2017. Advancing analytical methods for urban metabolism studies. Resources Conservation & Recycling, 132: 239-245.

Li H, Yu L. 2011. Chinese Eco-city indicator construction (in Chinese). Urban Study, 18: 81-86.

Li T, Cui Y, Liu A. 2017. Spatiotemporal dynamic analysis of forest ecosystem services using "big data": A case study of Anhui province, central-eastern China. Journal of cleaner production, 142: 589-599.

Lin Y, Dong Z, Zhang W, et al. 2020. Estimating inter-regional payments for ecosystem services: Taking China's Beijing-Tianjin-Hebei region as an example. Ecological Economics, 168: e106154.

Liu G, Yang Z, Chen B, et al. 2011. Extended exergy analysis of urban socioeconomic system: a case study of Beijing, 1996-2006. International Journal of Exergy, 9 (2): 168-191.

Liu L, Wang Z, Wang Y, et al. 2019. Trade-off analyses of multiple mountain ecosystem services along elevation, vegetation cover and precipitation gradients: A case study in the Taihang Mountains. Ecological Indicators, 103: 94-104.

Liu Z, Verburg P H, Wu J, et al. 2017. Understanding Land System Change Through Scenario-Based Simulations: A Case Study from the Drylands in Northern China. Environmental Management, 59: 440-454.

Liu Z, Wang D Y, Li G, et al. 2017. Cosmic exergy-based ecological assessment for farmland-dairy-biogas agroecosystems in North China. Journal of Cleaner Production, 159: 317-325.

Livina V N, Lenton T M. 2007. A modified method for detecting incipient bifurcations in a dynamical system. Geophysical Research Letters, 34: L03712.

Loarie S R. 2009. The velocity of climate change. Nature, 462: 1052-1055.

Locatelli B. 2016. Ecosystem services and climate change. //Potschin M, Haines Y R, Fish R, et al. Routledge Handbook of Ecosystem Services. London: Routledge.

Loreau M. 2001. Biodiversity and ecosystem functioning: current knowledge and future challenges. Science, 294 (5543): 804-808.

Losasso M. 2016. Climate risk, environmental planning, urban design. Journal of Urban Planning, Landscape & Environment Design, 1: 219-232.

Lotka A J. 1922. Natural Selection as a Physical Principle. Proceedings of the National Academy of Sciences, 8: 147-155.

Lu H F, Kang W L, Campbell D E, et al. 2009. Emergy and economic evaluations of four fruit production systems on reclaimed wetlands surrounding the Pearl River Estuary, China. Ecological Engineering, 35 (12): 1743-1757.

Luc A A, Kouikoglou V S, Phillis Y A. 2004. Evaluating strategies for sustainable development: fuzzy logic reasoning and sensitivity analysis. Ecological Economics, 48 (2): 149-172.

Ma Z, Liu H, Mi Z, et al. 2017. Climate warming reduces the temporal stability of plant community biomass production. Nature Communications, 8: 15378.

Maes J, Egoh B, Willemen L, et al. 2012. Mapping ecosystem services for policy support and decision making in the European Union. Ecosystem services, 1 (1): 31-39.

Maes J, Paracchini M L, Zulian G, et al. 2012. Synergies and trade-offs between ecosystem service supply, biodiversity, and habitat conservation status in Europe. Biological Conservation, 155: 1-12.

Magis K. 2010. Community resilience: An indicator of social sustainability. Society and Natural Resources, 23 (5): 401-416.

Manning P, Der Plas F V, Soliveres S, et al. 2018. Redefining ecosystem multifunctionality. Nature Ecology and Evolution, 2 (3): 427-436.

Mascarenhas A, Coelho P, Subtil E, et al. 2010. The role of common local indicators in regional sustainability assessment. Ecological Indicators, 10: 646-656.

Matzek V, Wilson K A, Kragt M. 2019. Mainstreaming of ecosystem services as a rationale for ecological restoration in australia. Ecosystem Services, 35: 79-86.

Mazzocchi M, Ragona M, Zanoli A. 2013. A fuzzy multi-criteria approach for the ex-ante impact assessment of food safety policies. Food Policy, 38: 177-189.

Mcdowell N G, Michaletz S T, Bennett K E, et al. 2018. Predicting Chronic Climate-Driven Disturbances and Their Mitigation. Trends in Ecology and Evolution, 33（1）: 15-27.

McGuire J L, Lawler J J, McRae B H, et al. 2016. Achieving climate connectivity in a fragmented landscape. Proceedings of the National Academy of Sciences, 113（26）: 195-200.

McNeill F M, Thro E. 1994. Fuzzy Logic: A Practical Approach. Chestnut Hill: Academic Press Inc.

Mcphearson T, Andersson E, Elmqvist T, et al. 2015. Resilience of and through urban ecosystem services. Ecosystem services, 152-156.

Meerow S, Newell J P, Stults M. 2016. Defining urban resilience: A review. Landscape and Urban Planning, 147: 38-49.

Mehrabi Z, Ellis E C, Ramankutty N. 2018. The challenge of feeding the world while conserving half the planet. Nature Sustainability, 1: 409-412.

Memarianfard M, Hatami A M. 2017. Artificial neural network forecast application for fine particulate matter concentration using meteorological data. Global Journal of Environmental Science and Management, 3（3）: 333-340.

Millennium Ecosystem Assessment. 2003. Ecosystems and Human Well-being: A Framework for Assessment. Report of the Conceptual Framework Working Group of the Millennium Ecosystem Assessment. Washington DC: Island Press.

Millennium Ecosystem Assessment. 2005. Ecosystems and Human Well- being: Our Human Planet: Summary for Decision-makers. Washington DC: Island Press.

More R, Mugal A, Rajgure S, et al. 2017. Road traffic prediction and congestion control using Artificial Neural Networks. International Conference on Computing, Analytics and Security Trends. IEEE, 52-57.

Morikawa M. 2012. Population density and efficiency in energy consumption: an empirical analysis of service establishments. Energy Economics, 34: 1617-1622.

Morris D R, Szargut J. 1986. Standard chemical exergy of some elements and compounds on the planet earth. Energy, 11（8）: 733-755.

Nelson E, Mendoza G, Regetz J, et al. 2009. Modeling multiple ecosystem services, biodiversity conservation, commodity production, and tradeoffs at landscape scales. Front in Ecology and the Environment, 7: 4-11.

Niccolucci V, Bastianoni S, Tiezzi E B P, et al. 2009. How deep is the footprint? A 3D representation. Ecological Modelling, 220（20）: 2819-2823.

Niccolucci V, Galli A, Reed A, et al. 2011. Towards a 3D national ecological footprint geography. Ecological Modelling, 222（16）: 2939-2944.

Niccolucci V, Pulselli F M, Tiezzi E. 2007. Strengthening the threshold hypothesis: Economic and biophysical limits to growth. Ecological Economics, 60（4）: 667-672.

Nielsen S N, Jørgensen S E. 2015. Sustainability analysis of a society based on exergy studies: A case study of the island of Samsø （Denmark）. Journal of Cleaner Production, 96: 12-29.

Nikinmaa L, Lindner M, Cantarello E, et al. 2020. Reviewing the Use of Resilience Concepts in

Forest Sciences. Current Forestry Reports, 6（2）：61-80.

Nunez T A, Lawler J J, Mcrae B H, et al. 2013. Connectivity Planning to Address Climate Change. Conservation Biology, 27（2）：407-416.

Nyström M, Jouffray J B, Norström A V, et al. 2019. Anatomy and resilience of the global production ecosystem. Nature, 575（7781）：98-108.

Odum H T. 1971. Environment, Power, and Society. New York: Wiley-Interscience.

Odum H T. 1983. System Ecology: An Introduction. New York: John Wiley & Sons.

Odum H T. 1988. Self-Organization, transformity and information. Science, 242（4882）：1132-1139.

Odum H T. 1996. Environmental Accounting: Emergy and Environmental Decision Making. New York: John Wiley.

Odum H T, Odum E C. 1994. Computers Minimodels and Simulations. Exercises for Science and Social Science, Center for Environmental Policy, University of Florida, Florida. http: //emsim. sourceforge. net. April 16.

Odum H T, Odum E C, Frankel E. 1976. Energy basis for man and nature. American Journal of Physics, 45（2）：226-227.

Odum H T, Peterson N. 1996. Simulation and evaluation with energy systems blocks. Ecological Modelling, 93: 155-173.

Okada Norio. 2004. Urban Diagnosis and Integrated Disaster Risk Management. Journal of Natural Disaster Science, 26（2）：49 -54.

Oliver T H, Heard M S, Isaac N J, et al. 2015. Biodiversity and resilience of ecosystem functions. Trends in Ecology and Evolution, 30（11）：673-684.

Olsen E R, Ramsey R D, Winn D S. 1993. "A modified fractal dimension as a measure of landscape diversity," Photo-grammetric Engineering and Remote Sensing, vol. 59, no. 10, pp. 1517-1520.

Omidvari M, Lavasani S M R, Mirza S. 2014. Presenting of failure probability assessment pattern by FTA in fuzzy logic （case study: distillation tower unit of oil refinery process）. Journal of Chemical Health and Safety, 21（6）：14-22.

Ornetsmüller C, Verburg P, Heinimann A. 2016. Scenarios of land system change in the Lao PDR: Transitions in response to alternative demands on goods and services provided by the land. Applied Geography, 75: 1-11.

Ouyang Z, Zheng H, Xiao Y, et al. 2016. Improvements in ecosystem services from investments in natural capital. Science, 352（6292）：1455-1459.

Ouyang Z Y. et al. 2017. Developing Gross Ecosystem Product and Ecological Asset Accounting for Eco-compensation. Beijing: Economic Science Press.

Palomo I, Felipe L M R, Bennett E M, et al. 2016. Disentangling the pathways and effects of ecosystem service co-production. Advances in Ecological Research, 54: 245-283.

Pang M, Zhang L, Ulgiati S, et al. 2015. Ecological impacts of small hydropower in China: Insights from an emergy analysis of a case plant. Energy Policy, 76: 112-122.

Pastor B R, Guallar E, Coresh J. 2003. Transition models for change-point estimation in logistic regression. Statistics Medicine, 22: 1141-1162.

Patel N, Rawat A. 2015. Comparative assessment between area based and patch based gibbs-martin diversification index for land use pattern analysis. Theoretical and Empirical Researches in Urban Management, 10: 66-76.

Peng J, Du Y Y, Ma J, et al. 2015. Sustainability evaluation of natural capital utilization based on 3DEF model: A case study in Beijing City, China. Ecological Indicators, 58: 254-266.

Peng J, Liu Y, Liu Z, et al. 2017. Mapping spatial non-stationarity of human-natural factors associated with agricultural landscape multifunctionality in Beijing-Tianjin-Hebei region, China. Agriculture, Ecosystems & Environment, 246: 221-233.

Phillis Y A, Kouikoglou V S, Verdugo C. 2017. Urban sustainability assessment and ranking of cities. Computers, Environment and Urban Systems, 64: 254-265.

Ponzini D. 2016. Introduction: crisis and renewal of contemporary urban planning. European Planning Studies, 24: 1237-1245.

Post K, Zhang M, Fortney J, et al. 1998. Rural-urban differences in depression treatment and suicidality. Medical Care, 36（7）: 1098-1107.

Potschin Y M, Haines Y R, Görg C, et al. 2018. Understanding the role of conceptual frameworks: Reading the ecosystem service cascade. Ecosystem Services, 29: 428-440.

Pradhan P, Costa L, Rybski D, et al. 2017. A systematic study of Sustainable Development Goal （SDG） interactions. Earths Future, 5: 1169-1179.

Prato T. 2007. Assessing ecosystem sustainability and management using fuzzy logic. Ecological Economics, 61: 171-177.

Primmer E, Jokinen P, Blicharska M, et al. 2015. Governance of ecosystem services: A framework for empirical analysis. Ecosystem services, 158-166.

Qiu J, Turner M G. 2013. Spatial interactions among ecosystem services in an urbanizing agricultural watershed. Proceedings of the National Academy of Sciences of the United of America, 110: 12149-12154.

Rao A M, Rao K R. 2012. Measuring urban traffic congestion-a review. International Journal for Traffic & Transport Engineering, 2（4）: 286-305.

Raudsepp H C, Peterson G D, Bennett E M. 2010. Ecosystem service bundles for analyzing tradeoffs in diverse landscapes. Proceedings of the National Academy of Sciences of the United of America, 107: 5242-5247.

Rees W E. 1992. Ecological footprint and appropriated carrying capacity: what urban economics leaves out. Environment and Urbanization, 4（2）: 121-130.

Ruijs A, Wossink A, Kortelainen M, et al. 2013. Trade-off analysis of ecosystem services in Eastern Europe. Ecosystem services, 4: 82-94.

Runting R K, Bryan B A, Dee L E, et al. 2017. Incorporating climate change into ecosystem service assessments and decisions: a review. Global Change Biology, 23（1）: 28-41.

Ryan H D P. 1985. Vegetation's impact on urban infrastructure. Journal of Arboriculture, 11（4）: 112-115.

Saaty T L. 1980. The Analytic Hierarchy Process: Planning, Priority Setting, Resource Allocation. New York: McGrawHill.

Saaty T L, Paola P D. 2017. Rethinking design and urban planning for the cities of the future. Buildings, 7: 76.

Sakschewski B, von Bloh W, Boit A, et al. 2016. Resilience of Amazon forests emerges from plant trait diversity. Nature Climate Change, 6: 1032-1036.

Santos-Martín F, Zorrilla M P, Palomo I, et al. 2019. Protecting nature is necessary but not sufficient for conserving ecosystem services: A comprehensive assessment along a gradient of land-use intensity in Spain. Ecosystem Services, 35: 43-51.

Schägner J P, Brander L, Maes J, et al. 2013. Mapping ecosystem services' values: current practice and future prospects. Ecosystem Services, 4: 33-46.

Scheffer M, Carpenter S R. 2003. Catastrophic regime shifts in ecosystems: linking theory to observation. Trends in Ecology & Evolution, 18（12）: 648-656.

Scheffer M, Carpenter S, Foley J A, et al. 2001. Catastrophic shifts in ecosystems. Nature, 413: 591-596.

Scheffer M, Hirota M, Holmgren M, et al. 2012. Thresholds for boreal biome transitions. Proceedings of the National Academy of Sciences of the United of America, 109: 21384-21389.

Schmitt S, Maréchaux I, Chave J, et al. 2020. Functional diversity improves tropical forest resilience: Insights from a long-term virtual experiment. Journal of Ecology, 108（3）: 831-843.

Scholes R J. 2016. Climate change and ecosystem services. Wiley Interdisciplinary Reviews: Climate Change, 7（4）: 537-550.

Schrodt F, Bailey J J, Kissling W D, et al. 2019. Opinion: To advance sustainable stewardship, we must document not only biodiversity but geodiversity. Proceedings of the National Academy of Sciences of the United States of America, 116（33）: 16155-16158.

Sciubba E, Ulgiati S. 2005. Emergy and exergy analyses: complementary methods or irreducible ideological options? Energy, 30: 1953-1988.

Seddon A W R, Macias F M, Long P R, et al. 2016. Sensitivity of global terrestrial ecosystems to climate variability. Nature, 531, 229-232.

Senior R A, Hill J K, Edwards D P. 2019. Global loss of climate connectivity in tropical forests. Nature Climate Change, 9: 623-626.

Seppelt R, Lautenbach S, Volk M. 2013. Identifying trade-offs between ecosystem services, land use, and biodiversity: a plea for combining scenario analysis and optimization on different spatial scales. Current Opinion in Environmental Sustainability,（5）: 458-463.

Shao L, Wu Z, Chen G Q. 2013. Exergy based ecological footprint accounting for China. Ecological Modelling, 252（Complete）: 83-96.

Shen L Y, Ochoa J J, Shah M N, et al. 2011. The application of urban sustainability indicators – a comparison between various practices. Habitat International, 35: 17-29.

Shi X, Yang J. 2014. A material flow-based approach for diagnosing urban ecosystem health. Journal of Cleaner Production, 64: 437-446.

Silva J D. 2014. City resilience framework: city resilience index. New York, The Rockefeller Foundation.

Silva M J C. 2016. A metabolic profile of Peru: an application of multi-scale integrated analysis of societal and ecosystem metabolism （MuSIASEM）to the mining sector's exosomatic energy flows. Journal of Industrial Ecology, 20: 1072-1082.

Song X, Kong F, Zhan C. 2011. Assessment of water resources carrying capacity in Tianjin city of China. Water Resources Management, 25: 857-873.

Spangenberg J H, Haaren C V, Settele J. 2014. The ecosystem service cascade: further developing the metaphor. Integrating societal processes to accommodate social processes and planning, and the case of bioenergy. Ecological Economics, 104（8）: 22-32.

Su H, Wei H, Zhao J. 2017. Density effect and optimum density of the urban population in China. Urban Studies, 54: 1760-1777.

Su M R, Chen B, Xu L Y, et al. 2011. An emergy-based analysis of urban ecosystem health characteristics for Beijing city. International Journal of Exergy, 9（2）: 192.

Sun R H, Cheng X, Chen L D. 2018a. A precipitation-weighted landscape structure model to predict potential pollution contributions at watershed scales. Landscape Ecology, 33: 1603-1616.

Sun R H, Xie W, Chen L D. 2018b. A landscape connectivity model to quantify contributions of heat sources and sinks in urban regions. Landscape and Urban Planning, 178: 43-50.

Sunyer J. 2001. Urban air pollution and chronic obstructive pulmonary disease: a review. European Respiratory Journal, 17（5）: 1024-1033.

Sutherland J P. 1990. Perturbations, resistance, and alternative views of the existence of multiple stable points in nature. America Naturalist, 136: 270-275.

Sutherland W J, Armstrong B S, Armsworth P R, et al. 2006. The identification of 100 ecological questions of high policy relevance in the UK. Journal of Applied Ecology, 43: 617-627.

Sutton P C, Costanza R. 2002. Global estimates of market and non-market values derived from nighttime satellite imagery, land cover, and ecosystem service valuation. Ecological Economics, 41（3）: 509-527.

Szargut J. 1978. Minimization of the consumption of natural resources. Bulletin de l'Academie Polonaise des Sciences. Serie des Sciences Techniques, 26（6）: 41-51.

Tammi I, Mustajarvi K, Rasinmaki J. 2017. Integrating spatial valuation of ecosystem services into regional planning and development. Ecosystem Services, 26: Part B, 329-344.

Tanguay G A, Rajaonson J, Lefebvre J F, et al. 2010. Measuring the sustainability of cities: an analysis of the use of local indicators. Ecological Indicators, 10: 407-418.

Tardieu L A, Roussel S B, Salles J. 2013. Assessing and mapping global climate regulation service loss induced by Terrestrial Transport Infrastructure construction. Ecosystem services, 4(1): 73-81.

Tatem A J. 2017. World Pop, open data for spatial demography. Scientific Data, 4: e170004.

Taylan O. 2017. Modelling and analysis of ozone concentration by artificial intelligent techniques for estimating air quality. Atmospheric Environment, 150: 356-365.

Turkelboom F, Leone M, Jacobs S, et al. 2018. When we cannot have it all: Ecosystem services trade-offs in the context of spatial planning. Ecosystem Services, 29: 566-578.

Uitto J I. 1998. The geography of disaster vulnerability in megacities: A theoretical framework. Applied Geography, 18（1）: 7-16.

Ulgiati S, Odum H T, Bastianoni S, et al. 1994. Emergy use, environmental loading and sustainability. An emergy analysis of Italy. Ecological Modelling, 73（3-4）: 215-268.

UNCSD. 1996. Indicators of Sustainable Development Framework & Methodologies. New York.

UNDESA. 2014. Revision of the World Urbanization Prospects. http: //www. un. org/en/development/ desa/ publications/2014-revision-world-urbanization-prospects. html.

UNEP. 2012. Global Initiative for Resource efficient Cities: Engine to Sustainability. http: //gallery. mailchimp. com/ca9c1fdc492e0cdf6766c8a26/files/GI_REC_flyer_4pager_EN_CF. pdf.

UNCCD. 2017. The Global Land Outlook, first edition. Bonn, Germany.

UNEP. 2008. GEO cities application manual/Guidelines for integrated environmental assessment of urban areas. http: //web. unep. org/resources/report/ geo-cities- manual-guidelines-integrated-environmental-assessment-urban-areas[2017-07-27].

UNEP. 2016. Green Is Gold: The Strategy and Actions of China's Ecological Civilization. Geneva, Switzerland: UNEP.

UN-Habitat. 2012. State of the World's cities report 2012/ 2013: Prosperity of cities. Progress Press Ltd., Malta.

Vallet A, Locatelli B, Levrel H, et al. 2018. Relationships Between Ecosystem Services: Comparing Methods for Assessing Tradeoffs and Synergies. Ecological Economics, 150: 96-106.

van Vliet J, Verburg P H. 2018. A Short Presentation of CLUMondo//Camacho Olmedo M, Paegelow

M, Mas J F, et al. Geomatic Approaches for Modeling Land Change Scenarios. Lecture Notes in Geoinformation and Cartography. New York: Springer.

Vassallo P, Fabiano M, Vezzulli L, et al. 2006. Assessing the health of coastal marine ecosystems: A holistic approach based on sediment micro and meio-benthic measures. Ecological Indicators, 6 （3）: 525-542.

Velasco-Fernández R, Ramos-Martín J, Giampietro M. 2015. The energy metabolism of China and India between 1971 and 2010: Studying the bifurcation. Renewable & Sustainable Energy Reviews, 41: 1052-1066.

Verbesselt J, Umlauf N, Hirota M. et al. 2016. Remotely sensed resilience of tropical forests. Nature Clim Change, 6: 1028-1031.

Viguié V, Hallegatte S. 2012. Trade-offs and synergies in urban climate policies. Nature Climate Change, 2: 334-337.

Viotti P, Liuti G, Genova P D. 2002. Atmospheric urban pollution: applications of an artificial neural network （ANN）to the city of Perugia. Ecological Modelling, 148（1）: 27-46.

Vogt P, Riitters K. 2017. GuidosToolbox: universal digital image object analysis. European Journal of Remote Sensing, 50 （1）: 352-361.

Wackernagel M, Kitzes J, Moran D, et al. 2006. The ecological footprint of cities and regions: comparing resource availability with resource demand. Environment and Urbanization, 18: 103-112.

Wackernagel M, Rees W E, Testemale P. 1996. Our Ecological Footprint: Reducing Human Impact on the Earth. Gabriola Island: New Society Publisher.

Wackernagel M, Schulz N B, Deumling D, et al. 2002. Tracking the ecological overshoot of the human economy. Proceedings of the National Academy of Sciences of the USA, 99（14）: 9266-9271.

Walker B, Carpenter S R, Rockstrom J, et al. 2012. Drivers, "Slow" Variables, "Fast" Variables, Shocks, and Resilience. Ecology and Society, 17（3）: 30.

Walker B, Holling C S, Carpenter S R, et al. 2004. Adaptability and Transformability in Social-Ecological Systems. Ecology and Society, 9: 5.

Wall G. 1977. Exergy: a useful concept within resource accounting. Institute of Theoretical Physics, Report No. 77-42: http: //www. exergy. se/ftp/paper1. pdf.

Wall G. 1987. Exergy Conversion in the Swedish Society. Resources and Energy, 9（1）: 55-73.

Wamsler C, Brink E, Rivera C. 2013. Planning for climate change in urban areas. Journal of Cleaner Production, 50: 68-81.

Wang L, Li F, Gong Y, et al. 2016. A Quality Assessment of National Territory Use at the City Level: A Planning Review Perspective. Sustainability, 8（2）: 145.

Wang R, Yuan Q. 2017. Are denser cities greener? Evidence from China, 2000-2010. Natural Resources Forum, 41: 179-189.

Weiss D, Nelson A, Gibson H, et al. 2018. A global map of travel time to cities to assess inequalities in accessibility in 2015. Nature, 553: 333-336.

Wessely J, Hulber K, Gattringer A, et al. 2017. Habitat-based conservation strategies cannot compensate for climate-change-induced range loss. Nature Climate Change, 7: 823-827.

Wiedmann T, Minx J. 2008. A definition of 'carbon footprint'. A Definition of 'Carbon Footprint'. //Pertsova C C, Ecological Economics Research Trends: Chapter 1. Hauppauge: Nova Science Publishers.

Wienhues A. 2018. Situating the Half-Earth proposal in distributive justice: conditions for just conservation. Biological Conservation, 228: 44-51.

Wilson E O. 2016. Half-Earth: Our Planet's Fight for Life. New York: W. W. Norton and Company.

Wintle B A, Kujala H, Whitehead A, et al. 2019. Global synthesis of conservation studies reveals the importance of small habitat patches for biodiversity. Proceedings of the National Academy of Sciences of the United States of America, 116: 909-914.

Wolman A. 1965. The metabolism of cities. Scientific American, 213（3）: 179-190.

Wong C. 2015. A framework for 'City Prosperity Index': linking indicators, analysis and policy. Habitat International, 45: 3-9.

Wood S L R, Jones S K, Johnson J A, et al. 2018. Distilling the role of ecosystem services in the Sustainable Development Goals. Ecosystem Services, 29: 70-82.

Woodruff S C, BenDor T K. 2016. Ecosystem services in urban planning: Comparative paradigms and guidelines for high quality plan. Landscape and Urban Planning, （152）: 90-100.

Wu S, Li D, Wang X, et al. 2018. Examining component-based city health by implementing a fuzzy evaluation approach. Ecological Indicators, 93: 791-803.

Xie G D, Chen W H, Cao S Y, et al. 2014. The outward extension of an ecological footprint in city expansion: The case of Beijing. Sustainability, 6（12）: 9371-9386.

Xu W, Xiao Y, Zhang J, et al. 2017. Strengthening protected areas for biodiversity and ecosystem services in China. Proceedings of the National Academy of Sciences of the United States of America, 114（7）: 1601-1606.

Yang Q, Liu G, Hao Y, et al. 2018. Quantitative analysis of the dynamic changes of ecological security in the provinces of China through emergy-ecological footprint hybrid indicators. Journal of Cleaner Production, 184: 678-695.

Yin J, Ye M, Yin Z, et al. 2015. A review of advances in urban flood risk analysis over China. Stochastic Environmental Research and Risk Assessment, 29: 1063-1070.

Yizhaq H, Stavi I, Shachak M, et al. 2017. Geodiversity increases ecosystem durability to prolonged droughts. Ecological Complexity, 96-103.

Yue D, Xu X, Li Z, et al. 2006. Spatiotemporal analysis of ecological footprint and biological capacity of Gansu, China 1991–2015: Down from the environmental cliff. Ecological Economics, 58（2）: 393-406.

Zardo L, Geneletti D, Pérez-Soba M, et al. 2017. Estimating the cooling capacity of green infrastructures to support urban planning. Ecosystem Services, 26: 225-235.

Zarnetske P L, Read Q D, Record S, et al. 2019. Towards connecting biodiversity and geodiversity across scales with satellite remote sensing. Global Ecology and Biogeography, 28（5）: 548-556.

Zarrineh N, Abbaspour K C, Holzkämper A. 2020. Integrated assessment of climate change impacts on multiple ecosystem services in Western Switzerland. Science of the Total Environment, 708: e135212.

Zhang K, Dearing J A, Tong S, et al. 2016. China's Degraded Environment Enters A New Normal. Trends in Ecology and Evolution, 31（3）: 175-177.

Zhang Y, Singh S, Bakshi B R. 2010. Accounting for ecosystem services in life cycle assessment, Part I: a critical review. Environmental Science & Technology, 44（7）: 2232-2242.

Zhao S, Li Z, Li W. 2005. A modified method of ecological footprint calculation and its application. Ecological Modelling, 185（1）: 65-75.

Zhao Y B, Sun R H, Ni Z Y. 2019. Identification of Natural and Anthropogenic Drivers of Vegetation

Change in the Beijing-Tianjin-Hebei Megacity Region. Remote Sensing, 11: 1224.

Zheng H, Li Y, Brian E, et al. 2016. Using ecosystem service trade-offs to inform water conservation policies and management practices. Frontiers in Ecology and the Environment, 14（10）: 527-532.

Zheng H, Robinson B E, Liang Y, et al. 2013. Benefits, costs, and livelihood implications of a regional payment for ecosystem service program. PNAS, 110（41）: 16681-16686.

Zhou N, He G, Williams C, et al. 2015. ELITE cities: A low-carbon eco-city evaluation tool for China. Ecological Indicators, 48: 448-456.

Zhu J, Hu H, Tao S, et al. 2017. Carbon stocks and changes of dead organic matter in China's forests. Nature communications, 8（1）: 1-10.

Zucaro A, Ripa M, Mellino S, et al. 2014. Urban resource use and environmental performance indicators. An application of decomposition analysis. Ecological Indicators, 47: 16-25.

Zucchetto J, Jansson A M. 1985. Resources and Society. Springer-Verlag.